普通高等教育“十一五”国家级规划教材
“十三五”国家重点出版物出版规划项目
住房和城乡建设部“十四五”规划教材

结构力学

第4版

主　编　刘　纲　张来仪
副主编　黄国庆　陈名弟　孙　瑞
参　编　王达诠　顾水涛　张志超
主　审　魏德敏

机械工业出版社

本套书分Ⅰ、Ⅱ两册，是在2006年第1版《结构力学（Ⅰ、Ⅱ）》（普通高等教育“十一五”国家级规划教材）、2013年第2版和2018年第3版的基础上修订而成的。

第Ⅰ册共10章，内容包括：绪论、平面体系的几何组成分析、静定梁和静定刚架的受力分析、三铰拱和悬索结构的受力分析、静定桁架和组合结构的受力分析、虚功原理和结构的位移计算、力法、位移法、渐近法和近似法、影响线及其应用；第Ⅱ册共3章，内容包括：矩阵位移法（附有用C语言编制的平面刚架静力分析程序结构）、结构的动力计算、结构的稳定计算。

本套书采用“条理化”的论述方式，图文并茂，一目了然。本次修订着重于增强课程思政、工程联系和信息化支持，同时精炼纸质教材内容，力争打造成一部适应新时代要求、内容更新、教师好用、学生易读的教学用书。

本套书可作为普通高等学校宽口径的“大土木”专业（包括建筑工程、路桥、岩土工程、水利工程、城市地下工程和建筑安装等）的教材，也可供有关工程技术人员参考。为便于教师讲授，本套书配有电子课件，教师可通过 http://www.cmpedu.com（机工教育服务网）注册后免费下载使用。

图书在版编目（CIP）数据

结构力学. Ⅱ/刘纲，张来仪主编. —4版. —北京：机械工业出版社，2023.12

普通高等教育“十一五”国家级规划教材 “十三五”国家重点出版物出版规划项目 住房和城乡建设部“十四五”规划教材

ISBN 978-7-111-73963-0

Ⅰ.①结… Ⅱ.①刘… ②张… Ⅲ.①结构力学-高等学校-教材 Ⅳ.①O342

中国国家版本馆CIP数据核字（2023）第185998号

机械工业出版社（北京市百万庄大街22号 邮政编码100037）

策划编辑：张金奎 责任编辑：张金奎 李 乐

责任校对：李可意 牟丽英 韩雪清 责任印制：常天培

北京机工印刷厂有限公司印刷

2024年1月第4版第1次印刷

184mm×260mm · 13.75印张 · 325千字

标准书号：ISBN 978-7-111-73963-0

定价：45.00元

电话服务 网络服务

客服电话：010-88361066 机工官网：www.cmpbook.com

010-88379833 机工官博：weibo.com/cmp1952

010-68326294 金书网：www.golden-book.com

机工教育服务网：www.cmpedu.com

第 4 版前言

本套书第 1 版于 2006 年 8 月出版，是以萧允徽老师为代表的老一辈结构力学教学团队总结三十余年教学经验，秉持“四个基本”原则（见第 1 版前言）编写的教师好用、学生好学的教材，被遴选为“普通高等教育‘十一五’国家级规划教材”。第 2 版、第 3 版分别于 2013 年 2 月、2018 年 8 月出版，主要从“三个加强”（见第 3 版前言）方面入手，新增数字资源在线支持，该系列教材被重庆大学校史馆选作“立德树人”主题展板。第 4 版是对前三版的扩展和升级，被遴选为“住房和城乡建设部‘十四五’规划教材”。

在对经典教材传承与发扬的指导思想下，本次修订未对第 3 版的基本框架和内容做重大调整，而是从国家对新工科人才培养的规划、实际工程对课堂教学的重塑、新时代教育信息技术的融入三个方面出发，进行“三增一精”的修订。具体修订内容如下：

一、增强思政元素。根据党的二十大精神以及中共中央、国务院《关于加强和改进新形势下高校思想政治工作的意见》，在正文中有机融入课程思政；在原有“历史回顾”“趣味力学”等优质教学资源基础上，增加拓展阅读内容。采用纸媒与数字资源结合的形式，多方位呈现、展示思政元素。

二、增强工程联系。每章至少设置一道与实际工程相关的例题，让学生从工程中悟力学，从力学中见工程。考虑当前工程中电算普遍，但电算过程中荷载与结构模型简化的基础仍为力学，故加强了力学概念和通用方法的阐释，同时弱化非必要和近淘汰的计算技巧等内容。

三、增强信息化支持。将本教学团队在混合式教学中取得的部分成果纳入教材，并结合自研的“结构力学智能交互平台”，助力教师日常在线或混合式教学应用场景的智慧化升级，并尽量满足学生个性化定制自学及其对力学知识深入探究的兴趣。同时，在静定结构、超静定结构及动力学部分设置三个翻转任务，通过综合训练提升学生的电算分析能力。

四、精炼纸质教材内容。信息化时代学生的阅读和学习习惯愈发电子化，纸质教材宜转身为弥合知识碎片化等信息技术冲击所带来的不利影响的组织基架，起到提纲挈领的作用。故将判断题、单项选择题、填空题均移入数字资源。为照顾学生学习习惯，第 4 版恢复为常规的 16 开版式。

本次修订承蒙华南理工大学魏德敏教授精心审阅，谨此致谢。

为便于教师讲授，本套书配套编制有高质量电子课件，教师可通过 http://www.cmpedu.com（机工教育服务网）注册后免费下载使用。

为帮助读者深入学习结构力学，还配套出版有《结构力学辅导》（机械工业出版社出版，文国治主编），供读者学习参考。

恳请专家及其他读者对本套书不足之处给予批评和指正。

编　者

2023 年 5 月于重庆大学

第 3 版前言

本套书第 1 版于 2006 年 8 月出版，被遴选为“普通高等教育‘十一五’国家级规划教材”。第 2 版于 2013 年 2 月出版，对第 1 版从八个方面进行了修订和完善。第 3 版是第 1 版和第 2 版的升级版。

本次修订的着眼点和着力点为“三个加强”——**加强力学基础理论与土木工程应用相结合，加强自然科学教育与人文素质教育相结合，加强传统教学方式与现代教学手段相结合。**

本版对原第 2 版的章节编排及其具体内容未做大的变动和修改，而主要是在**新增数字资源在线支持，力求融图、文、声、像为一体**方面做了一些新的探索，其具体做法是：于每章末设置“数字资源页”，引入数字资源，并列出明细菜单，方便读者扫描，讲求实效。

章末所附“数字资源页”内容，由“基本部分”和“特色栏目”两部分组成：

1. 基本部分

（1）本章回顾：基本内容归纳与解题方法提示。

（2）思辨试题：为加深基本概念理解，培养学生思辨能力，编写有思考题 128 个，判断题 174 个，单选题 138 个，填空题 155 个，均附有题目解析和答案。

（3）自测试卷：为加强基本功训练和分阶段检测学习效果，给学生提供了“静定梁及静定刚架内力图的绘制自测题（含答案）3 套，《结构力学》（Ⅰ）期末自测题（含答案）3 套和《结构力学》（Ⅱ）期末自测题（含答案）3 套”。

（4）动画演示：在“第 12 章 结构的动力计算”中，对每个例题所求出的体系主振型均给出相应的动画演示。

（5）难题解析：选择有关基本分析方法和基本计算方法的部分难题，通过视频进行重点讲解。

2. 特色栏目

（1）**“专家论坛”**：注重学术性、可读性和前瞻性。

紧密结合各章内容的学习，特别编辑了我国力学界、工程界 8 位专家、教授关于力学在土木工程中的重要作用、广泛应用及发展前景的深刻见解和精辟论述，奉献给读者，以期激励莘莘学子拓宽视野，启迪思维，开创未来。

（2）**“知识拓展”**：注重启发性和应用性。

对第Ⅱ册（专题部分）所学有关基本知识做适当的拓展和延伸，向读者介绍我国相关科研成果在国家工程设计规范和规程编制中的实际应用。

（3）**“趣味力学”**：注重知识性和趣味性。

从日常生活、艺术创作和工程实例中，揭示力学的知识性和趣味性，从而增强年轻读者联系实际学习和研究力学课题的兴趣和能力。

本版由萧允徽和张来仪担任主编。参加修订和编写工作的还有：刘纲、文国治、陈名弟、王达诠。具体编写分工（以“数字资源”内容分）为：文国治、刘纲编写“本章回顾”；

文国治、王达诠编写“思辨试题”“自测试卷”“难题解析”；陈名弟编写“动画演示”；萧允徽编写“专家论坛”“知识拓展”；刘纲编写“趣味力学”。全书由萧允徽和张来仪负责统稿，封面和“数字资源页”版面由萧力设计。

本版再次承蒙西安建筑科技大学刘铮教授精心审阅，谨此致谢。

本版所设“专家论坛”，得到重庆大学李开禧、张希黔、李英民、李正良、杨庆山、华建民、黄国庆等专家、教授的大力支持和热情参与，在此表示由衷感谢；同时，通过在“专家论坛”中选编和学习“谈计算力学”一文，表达对我国著名力学家、教育家钱令希院士的缅怀之情。

为便于教师讲授，本套书配套编制有各章高质量电子教案，教师可通过 http://www. cmpedu. com（机工教育服务网）注册后免费下载使用。

为帮助读者深入学习结构力学，还配套编写出版有《结构力学辅导》一书（文国治主编，刘纲副主编，机械工业出版社出版），供读者学习参考。

恳请专家及其他读者对本套书不足之处给予批评和指正。

编 者

2018年5月

第 2 版前言

本版是在第 1 版《结构力学（Ⅰ、Ⅱ）》（普通高等教育“十一五”国家级规划教材）的基础上，根据教育部 2008 年审定的《结构力学课程教学基本要求（A 类）》以及全国土木工程专业指导委员会 2011 年 10 月制定的《高等学校土木工程本科指导性专业规范》，并认真总结近七年来的教学实践经验修订而成的。

本次修订工作，仍遵循第 1 版关于“四个基本”的编写原则，并保持第 1 版原有的鲜明特色，在以下几个方面进行了修订、完善和探索。

（1）为了加强本课程与专业课程以及工程实际的紧密联系，改写和充实了第 1 章绪论的内容。

（2）为了弥补第 1 版在培养学生对内力图绘制正误性判断能力上的不足，在第 3 章中强调了对静定结构内力图的校核。

（3）为了加深对变形图的正确理解，凡绘制各插图中的变形曲线时，均力求更能符合变形规律和反映变形特征；同时，通过贯穿于第 6~9 章中相关的例题和习题，着意培养学生勾绘变形曲线的能力。

（4）为了加强矩阵位移法基本原理的介绍，并与后续相关课程相衔接，改写了第 11 章；同时，考虑到目前程序编制的发展趋势，改用 C 语言编写了附录 A 中的平面刚架静力分析程序。

（5）为了贯彻“少而精”的原则，更方便本科教学，对于第 13 章第 3 节，即“13.3 确定临界荷载的能量法”一节，进行了重新编写，精选其中一种解法，而删去对多种解法的介绍及综述。

（6）为了论述更加严密和便于阅读了解，对一些文字和例题进行了修改和调整。

（7）为了更好地体现各个插图对诠释文中内容的作用，对所有插图的名称和标注，重新进行了规范和必要修改。

（8）为了更好地发挥“板书式”排版方式其“图文并茂，一目了然”的优点，本次修订对教材版式也做了进一步的完善。

本版由萧允徽、张来仪担任主编。参加修订工作的还有：文国治、王达诠（第Ⅰ册）和陈名弟（第Ⅱ册）。

本版再次承蒙西安建筑科技大学刘铮教授精心审阅，谨致谢意。

本版封面照片是编者自摄的重庆朝天门长江大桥（该桥为我国自行设计和建造的“世界第一钢桁架拱桥”）。

欢迎专家及其他读者继续批评和指正。

编　者

2013 年 1 月

第 1 版前言

本套书是按照教育部审定的《结构力学课程教学基本要求》新编的教材，适用于普通高等学校宽口径的“大土木”专业（包括建筑工程、路桥、岩土工程、水利工程和建筑安装等），也可供有关工程技术人员参考。

为培养高素质创新型专门人才，本套书的编写坚持“基本概念的阐述要准确，基本原理的论证要透彻，基本方法的分析要具体，基本能力的培养要加强”的编写原则，在学习、继承的基础上，结合编者多年来从事结构力学教学、科研的实践，力求为读者提供一部内容精炼、版式新颖、教师好用、学生易读的新教材。本套书在以下几方面做了一些新的探索：

（1）专门为教师上课，特别是采用多媒体教学，设计了“板书式”（书横排，强调文、图、公式紧密结合）的排版方式，图文并茂，一目了然，以利于教师使用和学生理解。

（2）刻意依次编排推理层次，纲目清晰，采用多层次并对小节次也多冠以标题的“条理化”的论述方式，以突出结构变形行为的因果关系和逻辑环链。

（3）精选措辞，务求准确覆盖力学概念的内涵。

（4）丰富示例，用以验证理论的工程实用价值，为后续深化认识奠定坚实的基础。

（5）适当引入新的科研成果，以充实和更新教材内容，使力学原理和计算更贴近和反映工程实际。

本套书由萧允徽、张来仪主编，萧允徽、张来仪、陈名弟、王达诠共同编写完成。

本套书承蒙西安建筑科技大学刘铮教授和重庆大学张汝清教授精心审阅，提出了许多宝贵的意见，对提高书的质量起了重要作用。

本套书的编写得到重庆大学教材建设基金的资助，同时还得到了重庆大学土木工程学院及建筑力学教研室同仁的大力支持。赵更新、游渊、文国治为各章编写了思考题和习题，黎娟、刘纲绘制了插图。

藉本套书出版之际，编者在此一并致以衷心的谢忱。

限于编者水平，书中可能还存在不少问题，恳请读者批评指正。

编　者

2006 年 7 月

目　录

第 11 章　矩阵位移法

● **本章教学的基本要求**：掌握用矩阵位移法计算平面杆件结构的基本原理和方法，包括单元和结点的划分、单元和结构坐标系中单元刚度矩阵的形成、用单元定位向量形成结构刚度矩阵、结构综合结点荷载列阵的形成、结构刚度方程的形成及其求解、结构各杆内力的计算。掌握矩阵位移法的计算步骤。

● **本章教学内容的重点**：用先处理法形成结构刚度矩阵和综合结点荷载列阵。

● **本章教学内容的难点**：用先处理法形成结构刚度矩阵中各步骤的物理意义；单元刚度矩阵和结构刚度矩阵中刚度系数的物理意义和求法；矩阵位移法与位移法之间的联系与区别。

● **本章内容简介**：

11.1　概述

11.2　杆件结构的离散化

11.3　单元坐标系中的单元刚度矩阵

11.4　结构坐标系中的单元刚度矩阵

11.5　用先处理法形成结构刚度矩阵

11.6　结构的综合结点荷载列阵

11.7　求解结点位移和单元杆端力

11.8　矩阵位移法的计算步骤和算例

11.9　平面刚架程序设计

11.1　概述

11.1.1　结构矩阵分析

【专家论坛】
谈计算力学

结构矩阵分析是 20 世纪 60 年代迅速发展起来的一种将经典的力学理论（力法和位移法）、传统的数学工具（矩阵代数）与现代的计算手段（电子计算机）三者有机结合的、高效实用的结构分析方法。

结构矩阵分析以结构力学的原理为基础，采用矩阵进行运算，不仅公式紧凑，而且形式统一，便于计算过程的规格化和程序化，因而满足计算机进行自动化计算的要求。

结构矩阵分析已普遍应用于结构的内力分析、位移计算和截面设计工作中，也是计算机辅助设计（CAD）的基础。

11.1.2 结构矩阵分析的两类基本方法

【趣味力学】超级计算机——银河与神威

根据所选基本未知量的不同，与传统的力法和位移法相对应，结构矩阵分析也有**矩阵力法**（又称柔度法）和**矩阵位移法**（又称刚度法）两类基本解法。此外，将矩阵位移法与矩阵力法结合起来，即为**矩阵混合法**。由于矩阵位移法计算过程更为规格化，程序简单，通用性强，故应用最广。本章主要介绍分析杆件结构的矩阵位移法。

杆件结构的矩阵分析有时也称为**杆件结构的有限单元法**，所得结果为精确解。将该方法推广应用于分析连续体结构，则称为**有限单元法**，所得结果为近似解。

11.1.3 矩阵位移法的三个基本环节

简单说来，矩阵位移法就是以矩阵形式表达的位移法。它与位移法的基本原理总体上是相同的，即它们都是以结点位移为基本未知量，通过先“拆散”、后“组装”，利用平衡方程求解，然后再计算结构内力的方法。按照矩阵位移法的术语，矩阵位移法主要有以下三个基本环节：

1. 结构的离散化

结构的离散化，就是把结构划分为有限个较小的单元，各单元只在有限个结点处相连。对于杆件结构，一般以一根等截面直杆为一个单元，因此，整个结构可看作有限个单元的集合体。这一环节，相当于建立位移法的基本结构。

2. 单元分析

单元分析的任务在于，分析杆件单元的杆端内力与杆端位移之间的关系，以矩阵形式表示，建立单元刚度方程。这一环节，与位移法中建立转角位移方程相对应。

3. 整体分析

整体分析就是把各杆单元集合成原来的结构。整体分析的任务是，在单元分析的基础上，进一步分析整个结构各结点荷载与结点位移之间的关系，通过考虑各结点的变形协调条件和平衡条件，建立整个结构的刚度方程，以求解原结构的结点位移。这一环节，与建立和求解位移法的基本方程相对应。据此，可进一步计算出各单元的杆端内力。

下面，将遵循结构的离散化→单元分析→整体分析这三个基本环节，对矩阵位移法进行讨论。

11.2 杆件结构的离散化

11.2.1 单元与结点的划分和编号

进行结构矩阵分析，首先就需要将结构离散化，包括划分单元和结点，并进行编号。

1. 关于单元与结点的划分

在矩阵位移法中，从理论上讲，单元和结点的划分可不受任何限制。但为了计算方便，通常在杆件结构中使用等截面直杆单元进行分析。这样，结构中的某些点就必须作为结点，包括杆件转折点、汇交点、支承点、截面突变点、自由端、材料交界点等。这些结点都是根据结构本身的构造特征来确定的，故称为**构造结点**。图 11-1a 中结点 1~6 和 8~10 以及图 11-1b 中结点 1~5 都是构造结点。对于集中力作用点，为了保证结构只承受结点荷载，也可将它作为一个结点来处理（图 11-1a 中结点 7），这种结点则称为**非构造结点**；若不把它看作结点，则可按本章 11.6 节讨论的方法，改用等效结点荷载来替代。除此之外，杆件中任何位置都可设置非构造结点，如图 11-1a 中的结点 5。

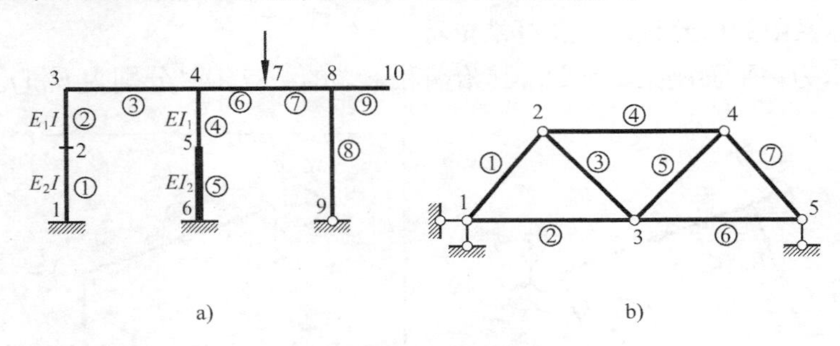

图 11-1　单元与结点的划分和编号

对于一些特殊杆，有时需做特殊处理。例如，对于渐变截面杆，可将单元中点截面几何参数作为该单元的截面几何参数；对于曲杆，则把它划分成若干个单元，用一段段直线组成的折线近似地代替原曲杆。

结构的所有结点确定以后，结点间的单元也就随之确定了。

2. 关于单元与结点的编号

为了有所区别，单元号用①,②,③,…表示；结点号用 1,2,3,…表示，如图 11-1a、b 所示。

11.2.2　两种直角坐标系

结构各杆方向不尽相同，为了分析的方便，需要采用两种直角坐标系。一是整体分析时对整个结构建立的坐标系，为**结构坐标系**或**整体坐标系**，以 x-y 表示。另一是单元分析时对每个单元建立的坐标系，为该单元的**单元坐标系**或**局部坐标系**，用 $\bar{x}$-$\bar{y}$ 表示。结构坐标系的原点位置可任意选取（但应便于确定各结点坐标值），x 轴水平向右为正。单元坐标系的原点设在单元某一端点（称该端点为单元的**始端**，另一端为**末端**），$\bar{x}$ 轴与单元的轴线重合，从单元的始端到末端为正。结构坐标系和单元坐标系可采用右手旋转直角坐标系，即从 x（或 $\bar{x}$）轴的正方向顺时针旋转 90° 就得到 y（或 $\bar{y}$）轴的正方向，如图 11-2a 所示。

为了减少图上的标注，使图形看上去更简洁，各单元的单元坐标系可不画出，而在单元的 $\bar{x}$ 轴方向加画一箭头表示，如图 11-2b 所示。

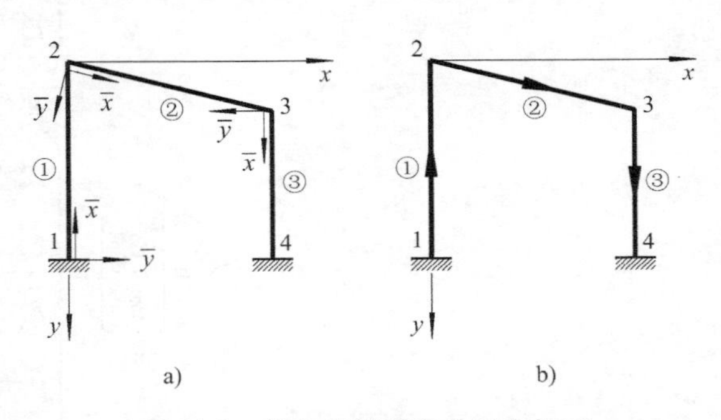

图 11-2　结构坐标系和单元坐标系

11.2.3 单元杆端力和杆端位移

单元杆端截面的内力和位移，分别称为单元杆端力和杆端位移。

1. 正负号规定

无论是在单元坐标系还是在结构坐标系中，沿坐标轴正方向的杆端力和杆端位移为正，顺时针方向的杆端弯矩和杆端转角为正；反之皆为负。

2. 单元坐标系中的单元杆端力和杆端位移

图 11-3 所示为一平面刚架单元ⓔ，其始端和末端的结点编号分别为 i 和 j。

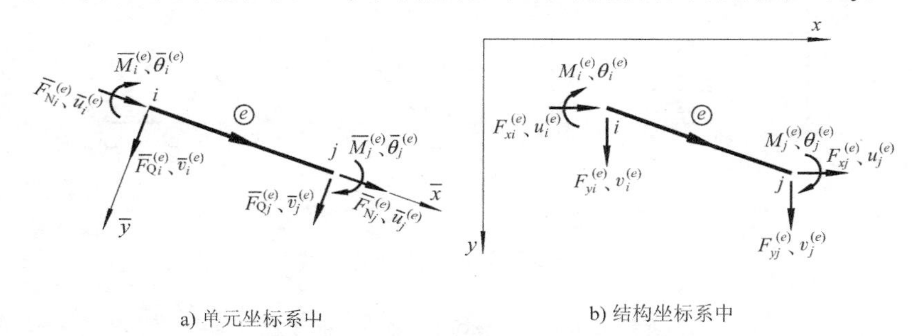

a) 单元坐标系中　　b) 结构坐标系中

图 11-3　单元杆端力和杆端位移

单元坐标系中，平面刚架单元的每个杆端有三个杆端力分量，即沿 $\overline{x}$、$\overline{y}$ 方向的杆端力 $\overline{F}_N^{(e)}$、$\overline{F}_Q^{(e)}$ 和杆端弯矩 $\overline{M}^{(e)}$。与之对应的三个杆端位移分量分别用 $\overline{u}^{(e)}$、$\overline{v}^{(e)}$ 和 $\overline{\theta}^{(e)}$ 表示，如图 11-3a 所示。于是，单元杆端力列阵 $\overline{F}^e$ 和杆端位移列阵 $\overline{\delta}^e$（按从始端到末端的顺序，且每端按 $\overline{F}_N(\overline{u})$、$\overline{F}_Q(\overline{v})$、$\overline{M}(\overline{\theta})$ 的次序）可分别表示为

$$\overline{F}^e=\begin{bmatrix}\overline{F}_i^e\\ \hdashline \overline{F}_j^e\end{bmatrix}=\begin{bmatrix}\overline{f}_1^{(e)}\\ \overline{f}_2^{(e)}\\ \overline{f}_3^{(e)}\\ \hdashline \overline{f}_4^{(e)}\\ \overline{f}_5^{(e)}\\ \overline{f}_6^{(e)}\end{bmatrix}=\begin{bmatrix}\overline{F}_{Ni}^{(e)}\\ \overline{F}_{Qi}^{(e)}\\ \overline{M}_i^{(e)}\\ \hdashline \overline{F}_{Nj}^{(e)}\\ \overline{F}_{Qj}^{(e)}\\ \overline{M}_j^{(e)}\end{bmatrix}\tag{11-1}$$

$$\overline{\delta}^e=\begin{bmatrix}\overline{\delta}_i^e\\ \hdashline \overline{\delta}_j^e\end{bmatrix}=\begin{bmatrix}\overline{\delta}_1^{(e)}\\ \overline{\delta}_2^{(e)}\\ \overline{\delta}_3^{(e)}\\ \hdashline \overline{\delta}_4^{(e)}\\ \overline{\delta}_5^{(e)}\\ \overline{\delta}_6^{(e)}\end{bmatrix}=\begin{bmatrix}\overline{u}_i^{(e)}\\ \overline{v}_i^{(e)}\\ \overline{\theta}_i^{(e)}\\ \hdashline \overline{u}_j^{(e)}\\ \overline{v}_j^{(e)}\\ \overline{\theta}_j^{(e)}\end{bmatrix}\tag{11-2}$$

3. 结构坐标系中的单元杆端力和杆端位移

在结构坐标系中，平面刚架单元杆端力和杆端位移如图 11-3b 所示。单元杆端力列阵 $\boldsymbol{F}^e$ 和杆端位移列阵 $\boldsymbol{\delta}^e$（排序方式与 $\overline{\boldsymbol{F}}^e$ 和 $\overline{\boldsymbol{\delta}}^e$ 类似）可分别表示为

$$\boldsymbol{F}^e=\begin{bmatrix}\boldsymbol{F}_i^e\\ \hdashline \boldsymbol{F}_j^e\end{bmatrix}=\begin{bmatrix}f_1^{(e)}\\ f_2^{(e)}\\ f_3^{(e)}\\ \hdashline f_4^{(e)}\\ f_5^{(e)}\\ f_6^{(e)}\end{bmatrix}=\begin{bmatrix}F_{xi}^{(e)}\\ F_{yi}^{(e)}\\ M_i^{(e)}\\ \hdashline F_{xj}^{(e)}\\ F_{yj}^{(e)}\\ M_j^{(e)}\end{bmatrix} \tag{11-3}$$

$$\boldsymbol{\delta}^e=\begin{bmatrix}\boldsymbol{\delta}_i^e\\ \hdashline \boldsymbol{\delta}_j^e\end{bmatrix}=\begin{bmatrix}\delta_1^{(e)}\\ \delta_2^{(e)}\\ \delta_3^{(e)}\\ \hdashline \delta_4^{(e)}\\ \delta_5^{(e)}\\ \delta_6^{(e)}\end{bmatrix}=\begin{bmatrix}u_i^{(e)}\\ v_i^{(e)}\\ \theta_i^{(e)}\\ \hdashline u_j^{(e)}\\ v_j^{(e)}\\ \theta_j^{(e)}\end{bmatrix} \tag{11-4}$$

11.2.4 单元坐标转换

在结构矩阵分析中，单元分析采用的是单元坐标系，而整体分析采用的是结构坐标系。一般情况下，各单元坐标系的方向互不相同。为了便于利用单元坐标系中的单元杆端力和杆端位移来建立结构坐标系中的结构刚度方程，有必要建立单元杆端力和杆端位移在两种坐标系之间的转换关系。

图 11-4a、b 所示分别为平面刚架单元ⓔ在两种坐标系中的杆端力，规定 α 由 x 轴顺时针转到 $\overline{x}$ 轴为正。

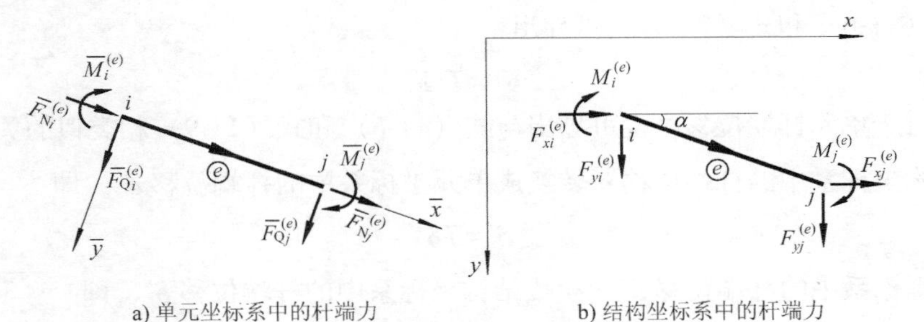

a) 单元坐标系中的杆端力　　b) 结构坐标系中的杆端力

图 11-4　单元坐标转换

根据两种坐标系之间杆端力的等效关系，对 i 端可写出

$$\left.\begin{aligned}\overline{F}_{Ni}^{(e)}&=F_{xi}^{(e)}\cos\alpha+F_{yi}^{(e)}\sin\alpha\\ \overline{F}_{Qi}^{(e)}&=-F_{xi}^{(e)}\sin\alpha+F_{yi}^{(e)}\cos\alpha\\ \overline{M}_i^{(e)}&=M_i^{(e)}\end{aligned}\right\} \tag{a}$$

同理，对j端有

$$\left.\begin{aligned}\overline{F}_{Nj}^{(e)}&=F_{xj}^{(e)}\cos\alpha+F_{yj}^{(e)}\sin\alpha\\ \overline{F}_{Qj}^{(e)}&=-F_{xj}^{(e)}\sin\alpha+F_{yj}^{(e)}\cos\alpha\\ \overline{M}_{j}^{(e)}&=M_{j}^{(e)}\end{aligned}\right\}\tag{b}$$

将式（a）、式（b）两式合并写成矩阵形式，则有

$$\begin{bmatrix}\overline{F}_{Ni}\\ \overline{F}_{Qi}\\ \overline{M}_{i}\\ \overline{F}_{Nj}\\ \overline{F}_{Qj}\\ \overline{M}_{j}\end{bmatrix}^{(e)}=\begin{bmatrix}\cos\alpha & \sin\alpha & 0 & 0 & 0 & 0\\ -\sin\alpha & \cos\alpha & 0 & 0 & 0 & 0\\ 0 & 0 & 1 & 0 & 0 & 0\\ 0 & 0 & 0 & \cos\alpha & \sin\alpha & 0\\ 0 & 0 & 0 & -\sin\alpha & \cos\alpha & 0\\ 0 & 0 & 0 & 0 & 0 & 1\end{bmatrix}\begin{bmatrix}F_{xi}\\ F_{yi}\\ M_{i}\\ F_{xj}\\ F_{yj}\\ M_{j}\end{bmatrix}^{(e)}\tag{11-5}$$

或简记为

$$\overline{\boldsymbol{F}}^{e}=\boldsymbol{T}\boldsymbol{F}^{e}\tag{11-6}$$

其中

$$\boldsymbol{T}=\begin{bmatrix}\cos\alpha & \sin\alpha & 0 & 0 & 0 & 0\\ -\sin\alpha & \cos\alpha & 0 & 0 & 0 & 0\\ 0 & 0 & 1 & 0 & 0 & 0\\ 0 & 0 & 0 & \cos\alpha & \sin\alpha & 0\\ 0 & 0 & 0 & -\sin\alpha & \cos\alpha & 0\\ 0 & 0 & 0 & 0 & 0 & 1\end{bmatrix}\tag{11-7}$$

称为平面刚架单元坐标转换矩阵，它是正交矩阵，因而满足

$$\boldsymbol{T}^{-1}=\boldsymbol{T}^{\mathrm{T}}\tag{11-8}$$

结合式（11-6）和式（11-8），可导出

$$\boldsymbol{F}^{e}=\boldsymbol{T}^{\mathrm{T}}\overline{\boldsymbol{F}}^{e}\tag{11-9}$$

显然，对于单元杆端位移，也可导出与式（11-6）和式（11-9）相类似的关系式。既可将单元在结构坐标系中的杆端位移δ^{e}转换成单元坐标系中的杆端位移$\overline{\boldsymbol{\delta}}^{e}$，即

$$\overline{\boldsymbol{\delta}}^{e}=\boldsymbol{T}\boldsymbol{\delta}^{e}\tag{11-10}$$

又可将单元坐标系中的杆端位移$\overline{\boldsymbol{\delta}}^{e}$转换成结构坐标系中的杆端位移$\boldsymbol{\delta}^{e}$，即

$$\boldsymbol{\delta}^{e}=\boldsymbol{T}^{\mathrm{T}}\overline{\boldsymbol{\delta}}^{e}\tag{11-11}$$

11.3 单元坐标系中的单元刚度矩阵

11.3.1 单元刚度方程与单元刚度矩阵

单元杆端力和杆端位移之间的转换关系，称为单元刚度方程。它表示单元在给定任意的

杆端位移时所产生的杆端力。

在单元坐标系中，单元刚度方程可表示为

$$\overline{\boldsymbol{F}}^{e}=\overline{\boldsymbol{k}}^{e}\overline{\boldsymbol{\delta}}^{e} \tag{11-12}$$

式中，$\overline{\boldsymbol{k}}^{e}$称为平面刚架单元在单元坐标系中的单元刚度矩阵，简称单刚，它是杆端力与杆端位移之间的转换矩阵。

图 11-5 所示为一等截面平面刚架单元ⓔ的杆端力与杆端位移，忽略轴向变形与弯曲变形之间的相互影响。

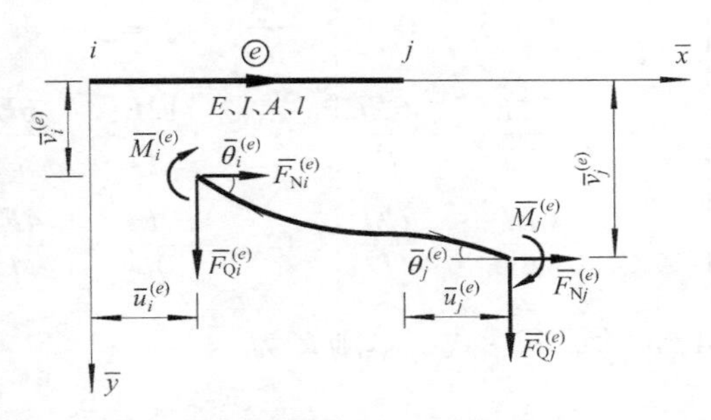

图 11-5　平面刚架单元杆端力与杆端位移之间的关系

其轴向力 $\overline{F}_{\mathrm{N}i}^{(e)}$、$\overline{F}_{\mathrm{N}j}^{(e)}$ 与轴向位移 $\overline{u}_i^{(e)}$、$\overline{u}_j^{(e)}$（图 11-6）之间的关系，由材料力学可得

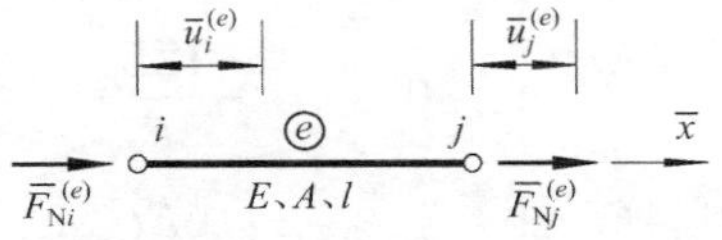

图 11-6　轴向力与轴向位移之间的关系

$$\overline{F}_{\mathrm{N}j}^{(e)}=\frac{EA}{l}(\overline{u}_j^{(e)}-\overline{u}_i^{(e)})=-\frac{EA}{l}\overline{u}_i^{(e)}+\frac{EA}{l}\overline{u}_j^{(e)} \tag{a}$$

再根据单元的平衡条件，有

$$\overline{F}_{\mathrm{N}i}^{(e)}=-\overline{F}_{\mathrm{N}j}^{(e)}=\frac{EA}{l}\overline{u}_i^{(e)}-\frac{EA}{l}\overline{u}_j^{(e)} \tag{b}$$

而杆端剪力和杆端弯矩 $\overline{F}_{\mathrm{Q}i}^{(e)}$、$\overline{F}_{\mathrm{Q}j}^{(e)}$、$\overline{M}_i^{(e)}$、$\overline{M}_j^{(e)}$ 与横向位移和杆端转角 $\overline{v}_i^{(e)}$、$\overline{v}_j^{(e)}$、$\overline{\theta}_i^{(e)}$、$\overline{\theta}_j^{(e)}$ 之间的关系，可由无荷载作用时的等截面直杆转角位移方程直接写出，为

$$\left.\begin{aligned}
-\overline{F}_{\mathrm{Q}i}^{(e)}&=-\frac{6EI}{l^2}\overline{\theta}_i^{(e)}-\frac{6EI}{l^2}\overline{\theta}_j^{(e)}+\frac{12EI}{l^3}(\overline{v}_j^{(e)}-\overline{v}_i^{(e)})\\
\overline{M}_i^{(e)}&=\frac{4EI}{l}\overline{\theta}_i^{(e)}+\frac{2EI}{l}\overline{\theta}_j^{(e)}-\frac{6EI}{l^2}(\overline{v}_j^{(e)}-\overline{v}_i^{(e)})\\
\overline{F}_{\mathrm{Q}j}^{(e)}&=-\frac{6EI}{l^2}\overline{\theta}_i^{(e)}-\frac{6EI}{l^2}\overline{\theta}_j^{(e)}+\frac{12EI}{l^3}(\overline{v}_j^{(e)}-\overline{v}_i^{(e)})\\
\overline{M}_j^{(e)}&=\frac{2EI}{l}\overline{\theta}_i^{(e)}+\frac{4EI}{l}\overline{\theta}_j^{(e)}-\frac{6EI}{l^2}(\overline{v}_j^{(e)}-\overline{v}_i^{(e)})
\end{aligned}\right\} \tag{c}$$

将式（a）~式（c）合为一式，并写成矩阵形式，得

$$
\begin{bmatrix} \overline{F}_{Ni} \\ \overline{F}_{Qi} \\ \overline{M}_i \\ \overline{F}_{Nj} \\ \overline{F}_{Qj} \\ \overline{M}_j \end{bmatrix}^{(e)} = \begin{bmatrix} \frac{EA}{l} & 0 & 0 & -\frac{EA}{l} & 0 & 0 \\ 0 & \frac{12EI}{l^3} & \frac{6EI}{l^2} & 0 & -\frac{12EI}{l^3} & \frac{6EI}{l^2} \\ 0 & \frac{6EI}{l^2} & \frac{4EI}{l} & 0 & -\frac{6EI}{l^2} & \frac{2EI}{l} \\ -\frac{EA}{l} & 0 & 0 & \frac{EA}{l} & 0 & 0 \\ 0 & -\frac{12EI}{l^3} & -\frac{6EI}{l^2} & 0 & \frac{12EI}{l^3} & -\frac{6EI}{l^2} \\ 0 & \frac{6EI}{l^2} & \frac{2EI}{l} & 0 & -\frac{6EI}{l^2} & \frac{4EI}{l} \end{bmatrix} \begin{bmatrix} \overline{u}_i \\ \overline{v}_i \\ \overline{\theta}_i \\ \overline{u}_j \\ \overline{v}_j \\ \overline{\theta}_j \end{bmatrix}^{(e)} \tag{11-13}
$$

式（11-13）就是式（11-12）的展开形式，单刚 $\overline{\boldsymbol{k}}^e$ 为

$$
\begin{matrix} & 1 & 2 & 3 & 4 & 5 & 6 \\ & (\overline{u}_i=1) & (\overline{v}_i=1) & (\overline{\theta}_i=1) & (\overline{u}_j=1) & (\overline{v}_j=1) & (\overline{\theta}_j=1) \end{matrix}
$$

$$
\overline{\boldsymbol{k}}^e = \begin{bmatrix} \frac{EA}{l} & 0 & 0 & -\frac{EA}{l} & 0 & 0 \\ 0 & \frac{12EI}{l^3} & \frac{6EI}{l^2} & 0 & -\frac{12EI}{l^3} & \frac{6EI}{l^2} \\ 0 & \frac{6EI}{l^2} & \frac{4EI}{l} & 0 & -\frac{6EI}{l^2} & \frac{2EI}{l} \\ -\frac{EA}{l} & 0 & 0 & \frac{EA}{l} & 0 & 0 \\ 0 & -\frac{12EI}{l^3} & -\frac{6EI}{l^2} & 0 & \frac{12EI}{l^3} & -\frac{6EI}{l^2} \\ 0 & \frac{6EI}{l^2} & \frac{2EI}{l} & 0 & -\frac{6EI}{l^2} & \frac{4EI}{l} \end{bmatrix}^{(e)} \begin{matrix} 1(\overline{F}_{Ni}) \\ 2(\overline{F}_{Qi}) \\ 3(\overline{M}_i) \\ 4(\overline{F}_{Nj}) \\ 5(\overline{F}_{Qj}) \\ 6(\overline{M}_j) \end{matrix} \tag{11-14}
$$

11.3.2 单元刚度矩阵的性质

单元坐标系中的单刚 $\overline{\boldsymbol{k}}^e$ 具有如下性质：

1. $\overline{k}^e$ 是单元固有的性质

$\overline{\boldsymbol{k}}^e$ 中各元素只与单元的弹性模量 E、横截面面积 A、惯性矩 I 及杆长 l 等有关，而与外荷载等其他因素无关。

2. 单元刚度矩阵中各元素（也称为单元刚度系数）**的物理意义**

1）单刚 $\overline{\boldsymbol{k}}^e$ 中任一元素 $\overline{k}_{lm}^{(e)}$，表示 $\overline{\boldsymbol{\delta}}^e$ 中第 m 个杆端位移分量等于1（其他杆端位移分量为零）时，所引起的 $\overline{\boldsymbol{F}}^e$ 中第 l 个杆端力分量的值。例如，式（11-14）中元素 $\overline{k}_{35}^{(e)}=-6EI/l^2$，

表示 $\overline{v}_j^e=1$ 时，所引起的第 3 个杆端力分量 $\overline{M}_i^{(e)}$ 的值。

2）$\overline{\boldsymbol{k}}^e$ 中第 m 列的 6 个元素，分别表示仅由第 m 个杆端位移分量发生单位位移时，所引起的 6 个杆端力分量的值。图 11-7 表示仅当 $\overline{v}_j^{(e)}=1$ 所引起的 6 个杆端力分量，将它们按顺序排列，就得到式（11-14）中的第五列的 6 个元素。

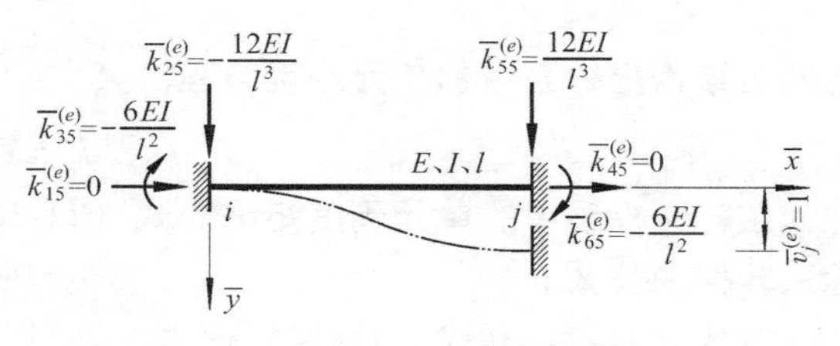

图 11-7　单刚中第五列元素

3）$\overline{\boldsymbol{k}}^e$ 中第 l 行的 6 个元素，分别表示各个杆端位移分量分别等于 1 时，所引起的 $\overline{\boldsymbol{F}}^e$ 中第 l 个杆端力分量的值。例如，第二行的 6 个元素，对应于各个杆端位移分量分别等于 1 时，所引起的该单元 i 端的相应剪力 $\overline{F}_{Qi}$ 的值。

3. 单元刚度矩阵是对称矩阵

这一性质可由单刚元素的物理意义及支反力互等定理加以证明。例如，在式（11-14）中，$\overline{k}_{25}^{(e)}=-12EI/l^3$ 表示两端固定的单元ⓔ中，末端支座位移 $\overline{v}_j^{(e)}=1$ 时引起的始端支座位移 $\overline{v}_i^{(e)}$ 方向的支反力值；而 $\overline{k}_{52}^{(e)}=-12EI/l^3$ 则表示始端 $\overline{v}_i^{(e)}=1$ 时引起的末端 $\overline{v}_j^{(e)}$ 方向的支反力值。根据支反力互等定理，必有 $\overline{k}_{25}^{(e)}=\overline{k}_{52}^{(e)}$。由此可知，$\overline{\boldsymbol{k}}^e$ 中，位于主对角线两边处于对称位置上的两个元素相等，即 $\overline{k}_{ij}^{(e)}=\overline{k}_{ji}^{(e)}\,(i\neq j)$。

4. 单元刚度矩阵是奇异矩阵

单刚的奇异性是指其对应的行列式 $|\overline{\boldsymbol{k}}^e|$ 的值为零，即不存在逆矩阵。这表明，如果给定单元的杆端位移 $\overline{\boldsymbol{\delta}}^e$，可由单元刚度方程表达式（11-12）或式（11-13）确定唯一的杆端力 $\overline{\boldsymbol{F}}^e$；反之，若给定杆端力 $\overline{\boldsymbol{F}}^e$，却不能由式（11-12）或式（11-13）求得杆端位移 $\overline{\boldsymbol{\delta}}^e$ 的唯一解。从物理概念来理解，这是由于所讨论的单元是两端没有任何支承的自由单元，在杆端力 $\overline{\boldsymbol{F}}^e$ 作用下，单元本身除产生弹性变形外，还可以产生任意的刚体位移，故某一组满足平衡条件的杆端力可与弹性位移和任意刚体位移组成的多组杆端位移相对应。

5. 单元刚度元素值的性质

单元刚度矩阵 $\overline{\boldsymbol{k}}^e$ 中，主对角线上各元素 $\overline{k}_{ii}^{(e)}$ 皆为正（这可由刚度系数的物理意义理解，实际上也就是位移法基本方程中的主系数）；第二列与第五列各非零元素等值反号（这是因为第二列对应着 $\overline{v}_i^{(e)}=1$ 与第五列对应着 $\overline{v}_j^{(e)}=1$ 各自所产生的单元变形刚好相反，因而各自所引起的四个杆端力大小相等而符号相反）；同理，第二行与第五行各非零元素也等值反号。

11.4　结构坐标系中的单元刚度矩阵

将式（11-12）代入式（11-9），并考虑到式（11-10），得

$$\boldsymbol{F}^e=\boldsymbol{T}^{\mathrm{T}}\overline{\boldsymbol{F}}^e=\boldsymbol{T}^{\mathrm{T}}\overline{\boldsymbol{k}}^e\overline{\boldsymbol{\delta}}^e=\boldsymbol{T}^{\mathrm{T}}\overline{\boldsymbol{k}}^e\boldsymbol{T}\boldsymbol{\delta}^e$$

上式可写为

$$\boldsymbol{F}^e = \boldsymbol{k}^e \boldsymbol{\delta}^e \tag{11-15}$$

这就是结构坐标系中的单元刚度方程。其中

$$\boldsymbol{k}^e = \boldsymbol{T}^{\mathrm{T}} \overline{\boldsymbol{k}}^e \boldsymbol{T} \tag{11-16}$$

称为结构坐标系中的单元刚度矩阵。式（11-16）即为单元刚度矩阵由单元坐标系向结构坐标系转换的公式。

将式（11-7）和式（11-14）代入式（11-16），可求出平面刚架单元在结构坐标系中的单刚为

$$k^e = \begin{bmatrix} S_1 & S_2 & -S_3 & -S_1 & -S_2 & -S_3 \\ S_2 & S_4 & S_5 & -S_2 & -S_4 & S_5 \\ -S_3 & S_5 & 2S_6 & S_3 & -S_5 & S_6 \\ -S_1 & -S_2 & S_3 & S_1 & S_2 & S_3 \\ -S_2 & -S_4 & -S_5 & S_2 & S_4 & -S_5 \\ -S_3 & S_5 & S_6 & S_3 & -S_5 & 2S_6 \end{bmatrix} \tag{11-17}$$

其中

$$\left.\begin{aligned} S_1 &= \frac{EA}{l}\cos^2\alpha + \frac{12EI}{l^3}\sin^2\alpha \\ S_2 &= \left(\frac{EA}{l} - \frac{12EI}{l^3}\right)\sin\alpha\cos\alpha \\ S_3 &= \frac{6EI}{l^2}\sin\alpha \\ S_4 &= \frac{EA}{l}\sin^2\alpha + \frac{12EI}{l^3}\cos^2\alpha \\ S_5 &= \frac{6EI}{l^2}\cos\alpha \\ S_6 &= \frac{2EI}{l} \end{aligned}\right\} \tag{11-18}$$

顺便指出，在编制程序形成结构坐标系中的单刚 $\boldsymbol{k}^e$ 时，既可由式（11-16）按矩阵乘法计算，也可按式（11-17）的展开形式直接形成。

结构坐标系中的单刚 $\boldsymbol{k}^e$ 中的任一元素 $k_{lm}^{(e)}$，表示结构坐标系中的杆端位移 $\boldsymbol{\delta}^e$ 中第 m 个分量等于1（其他杆端位移分量为零）时，所引起的结构坐标系中的杆端力 $\boldsymbol{F}^e$ 中第 l 个分量的值。它不仅与单元的弹性模量 E、横截面面积 A、惯性矩 I 及杆长 l 等有关，还与两种坐标系之间的夹角 α 有关。与单元坐标系中的单刚 $\overline{\boldsymbol{k}}^e$ 类似，$\boldsymbol{k}^e$ 也是对称矩阵和奇异矩阵。

11.5 用先处理法形成结构刚度矩阵

前面讨论了杆件结构的离散化和结构的单元分析这两个矩阵位移法的基本环节，现在来讨论第三个基本环节——结构的整体分析。

11.5.1 结构刚度方程

在结构坐标系中，平面刚架整体分析的主要任务，就是要建立**结构的结点位移列阵** $\boldsymbol{\Delta}$ 与**结构的综合结点荷载列阵** $\boldsymbol{F}$ 之间的关系式，称为**结构刚度方程**（即矩阵位移法的基本方程），以求解作为基本未知量的各结点位移。

结构刚度方程可写作

$$\boldsymbol{K\Delta}=\boldsymbol{F} \tag{11-19}$$

式中，$\boldsymbol{K}$ 称为**结构刚度矩阵**（简称总刚）。本节主要讨论 $\boldsymbol{K}$ 的形成。关于 $\boldsymbol{F}$ 的形成及方程（11-19）的求解，则将分别在 11.6 节和 11.7 节中予以讨论。

11.5.2 先处理法和后处理法

1. 先处理法

所谓**先处理法**，就是一开始即考虑结构的支承条件，把已知的支座位移排除在基本未知量之外，不列入结构的结点位移列阵 $\boldsymbol{\Delta}$ 中。相应地，结构的综合结点荷载列阵 $\boldsymbol{F}$ 中也不包括支反力。因而，所形成的结构刚度方程阶数较小，且不用再修正。先处理法可以很方便地处理内部有铰结点的结构、具有各种不同支承的结构及忽略轴向变形的结构等。

2. 后处理法

所谓**后处理法**，就是先不考虑支承条件，即使已知的支座结点位移，也一并列入结构的结点位移列阵 $\boldsymbol{\Delta}$ 中，结构的综合结点荷载列阵 $\boldsymbol{F}$ 中同时包括支反力。先形成不受约束的**原始刚度方程**，再根据结构的实际支承条件修改而形成结构刚度方程，以求解结点位移。一般用于结点多而支座约束少、考虑轴向变形的结构。

本章只介绍先处理法。

11.5.3 结点位移分量的统一编号

在结构坐标系中，若要考虑平面刚架的轴向变形，则其每个刚结点有 3 个互相独立的位移分量，即沿 x 轴和 y 轴方向的线位移 u、v（与坐标轴一致时为正），以及角位移 θ（顺时针为正）。采用先处理法时，对于已知的支座结点位移分量（零位移或非零的支座位移），均不作为结构的未知量。

有几个约定，说明如下：

1）若结构共有 n 个未知结点位移分量，必须按照其结点编号从小到大的顺序，依次对每个结点的未知位移分量 u、v、θ 按照 $1,2,\cdots,n$ 的次序进行统一编号，此编号称为**结点位移分量统一编号**（或称为**结点位移总码**）。显然，此编号也是相应的结点荷载分量的编号，两者是一一对应的。在支座结点处，其 u、v、θ 对应的任一方向若有约束，则给以“0”编号。如图 11-8a 所示刚架共有 4 个结点，位移分量的编号写在结点号旁的圆括号内。该结构的结点位移列阵 $\boldsymbol{\Delta}$ 中共有 6 个未知结点位移分量。

2）当刚架内部有铰（全铰或半铰）结点时，则应将相互铰结的杆端编以不同的结点号（即进行双编号）。如图 11-8b 中的结点 2 与结点 3（分别为①、②两个单元的杆端结点），它们的线位移分量相同，则编号相同；而转角不同，则应分别编号。图 11-8b 中进行双编号的结点4与结点5也属于此种情况。

3）组合结构中，仅连接桁架单元的铰结点，其转角位移可不作为未知量，给以“0”编号，如图11-8c中的结点3所示。至于连接梁单元与桁架单元之间的铰结点（见图11-8c中的结点1、2、4），因其角位移分量仅仅影响与其连接的梁单元，而不影响与其连接的桁架单元，故这些结点仍可按具有三个独立的位移未知量进行编号（分别为0,0,1;2,3,4;7,0,8），不需要进行任何处理。

4）当忽略刚架杆件的轴向变形时，则每个刚结点就不一定都有3个独立的位移分量。如图11-8d所示刚架，若忽略各杆的轴向变形，则结点2、3的竖向位移 $v_2=v_3=0$；而结点2、3、5的水平位移 $u_2=u_3=u_5$，它们是同一个未知量，则相应的位移分量编号相同。

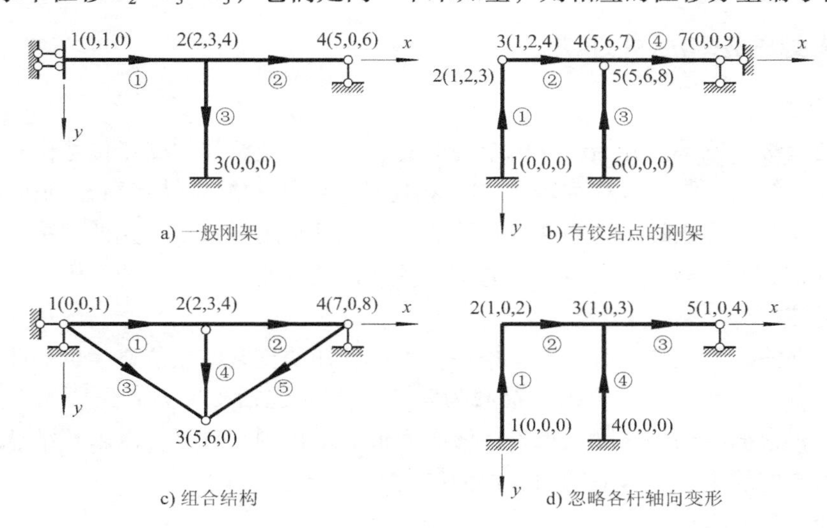

图11-8 结点位移分量统一编号

11.5.4 单元定位向量

将单元两端结点位移分量的统一编号按从始端到末端的顺序排列而成的向量称为单元定位向量。通常，单元ⓔ的定位向量用 $\boldsymbol{\lambda}^e$ 表示。例如，图11-8b中单元②、③的定位向量分别为

$$\boldsymbol{\lambda}^{(2)}=[1\quad 2\quad 4\ \vdots\ 5\quad 6\quad 7]^{\mathrm{T}}$$

$$\boldsymbol{\lambda}^{(3)}=[0\quad 0\quad 0\ \vdots\ 5\quad 6\quad 8]^{\mathrm{T}}$$

图11-8c中单元③的定位向量为

$$\boldsymbol{\lambda}^{(3)}=[0\quad 0\quad 1\ \vdots\ 5\quad 6\quad 0]^{\mathrm{T}}$$

图11-8d中单元③的定位向量为

$$\boldsymbol{\lambda}^{(3)}=[1\quad 0\quad 3\ \vdots\ 1\quad 0\quad 4]^{\mathrm{T}}$$

在后面的讨论中将会看到，利用单元定位向量可以确定单元刚度矩阵 $\boldsymbol{k}^e$ 中各元素在结构刚度矩阵 $\boldsymbol{K}$ 中的位置；也可以确定单元杆端位移 $\boldsymbol{\delta}^e$ 中各元素在结构的结点位移列阵 $\boldsymbol{\Delta}$ 中的位置；还可以确定单元的等效结点荷载 $\boldsymbol{F}_{\mathrm{E}}^e$ 中各元素在结构的等效结点荷载列阵 $\boldsymbol{F}_{\mathrm{E}}$ 中的位

置。由此可见，单元定位向量在结构分析的全过程中，实际上起着组织整个计算流程图实施的重要作用。

11.5.5 按照直接平衡法形成结构刚度方程和结构刚度矩阵

下面，结合图 11-9a 所示在结点荷载作用下的平面刚架，讨论结构刚度方程的建立。

该刚架有 5 个结点、8 个结点位移未知量，在结点 1、结点 2（或 3）和结点 4 上作用有结点荷载。

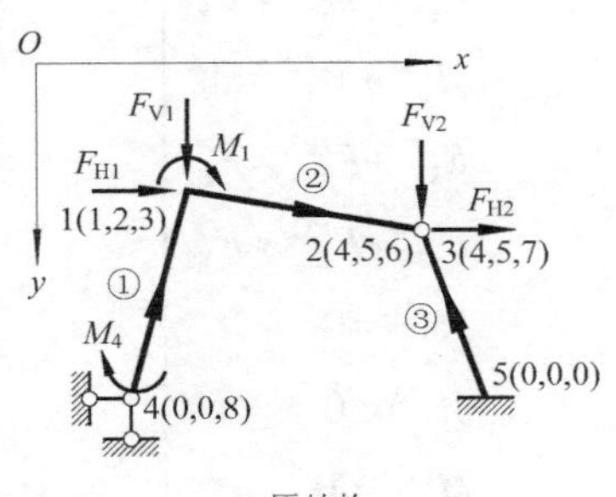

a) 原结构

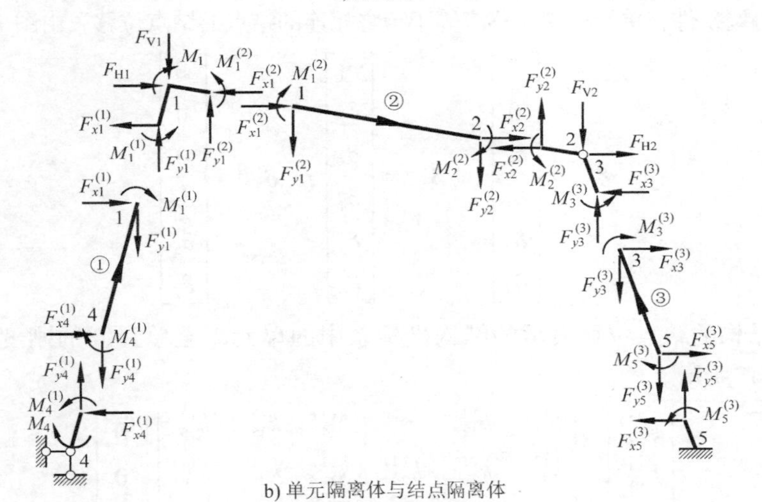

b) 单元隔离体与结点隔离体

图 11-9　平面刚架结构的整体分析

结构的结点位移列阵 $\boldsymbol{\Delta}$ 和结点荷载列阵 $\boldsymbol{F}$ 分别为

$$\boldsymbol{\Delta}=\begin{bmatrix}\delta_1\\\delta_2\\\delta_3\\\delta_4\\\delta_5\\\delta_6\\\delta_7\\\delta_8\end{bmatrix}=\begin{bmatrix}u_1\\v_1\\\theta_1\\u_2\\v_2\\\theta_2\\\theta_3\\\theta_4\end{bmatrix},\quad \boldsymbol{F}=\begin{bmatrix}f_1\\f_2\\f_3\\f_4\\f_5\\f_6\\f_7\\f_8\end{bmatrix}=\begin{bmatrix}F_{\mathrm{H1}}\\F_{\mathrm{V1}}\\M_1\\F_{\mathrm{H2}}\\F_{\mathrm{V2}}\\0\\0\\M_4\end{bmatrix} \tag{a}$$

在结构坐标系中，结点线位移 u、v 和结点荷载 F_H、F_V 的方向与坐标轴正向一致时为正，反之为负；结点角位移 θ 和结点力偶 M 以顺时针方向为正，反之为负。

图 11-9b 所示为结构坐标系中单元隔离体和结点隔离体的受力情况。

根据结点 1、2、3 和 4 的平衡条件，可以得到与结构的未知结点位移相应的 8 个平衡方程为

$$\left.\begin{array}{l} F_{x1}^{(1)}+F_{x1}^{(2)}=F_{H1} \\ F_{y1}^{(1)}+F_{y1}^{(2)}=F_{V1} \\ M_1^{(1)}+M_1^{(2)}=M_1 \\ F_{x2}^{(2)}+F_{x3}^{(3)}=F_{H2} \\ F_{y2}^{(2)}+F_{y3}^{(3)}=F_{V2} \\ M_2^{(2)}=0 \\ M_3^{(3)}=0 \\ M_4^{(1)}=M_4 \end{array}\right\} \tag{b}$$

根据变形协调条件，单元杆端位移应等于与之相连的结点的结点位移，由图 11-9a，可得

$$\boldsymbol{\delta}^{(1)}=\begin{bmatrix} 0 \\ 0 \\ \delta_8 \\ \hdashline \delta_1 \\ \delta_2 \\ \delta_3 \end{bmatrix},\quad \boldsymbol{\delta}^{(2)}=\begin{bmatrix} \delta_1 \\ \delta_2 \\ \delta_3 \\ \hdashline \delta_4 \\ \delta_5 \\ \delta_6 \end{bmatrix},\quad \boldsymbol{\delta}^{(3)}=\begin{bmatrix} 0 \\ 0 \\ 0 \\ \hdashline \delta_4 \\ \delta_5 \\ \delta_7 \end{bmatrix} \tag{c}$$

于是，用结构的结点位移表示的结构坐标系中的单元①至单元③的刚度方程，分别如式（d）~式（f）所示。

$$\begin{bmatrix} F_{x4}^{(1)} \\ F_{y4}^{(1)} \\ M_4^{(1)} \\ \hdashline F_{x1}^{(1)} \\ F_{y1}^{(1)} \\ M_1^{(1)} \end{bmatrix}=\left[\begin{array}{ccc:ccc} k_{11}^{(1)} & k_{12}^{(1)} & k_{13}^{(1)} & k_{14}^{(1)} & k_{15}^{(1)} & k_{16}^{(1)} \\ k_{21}^{(1)} & k_{22}^{(1)} & k_{23}^{(1)} & k_{24}^{(1)} & k_{25}^{(1)} & k_{26}^{(1)} \\ k_{31}^{(1)} & k_{32}^{(1)} & k_{33}^{(1)} & k_{34}^{(1)} & k_{35}^{(1)} & k_{36}^{(1)} \\ \hdashline k_{41}^{(1)} & k_{42}^{(1)} & k_{43}^{(1)} & k_{44}^{(1)} & k_{45}^{(1)} & k_{46}^{(1)} \\ k_{51}^{(1)} & k_{52}^{(1)} & k_{53}^{(1)} & k_{54}^{(1)} & k_{55}^{(1)} & k_{56}^{(1)} \\ k_{61}^{(1)} & k_{62}^{(1)} & k_{63}^{(1)} & k_{64}^{(1)} & k_{65}^{(1)} & k_{66}^{(1)} \end{array}\right]\begin{bmatrix} 0 \\ 0 \\ \delta_8 \\ \hdashline \delta_1 \\ \delta_2 \\ \delta_3 \end{bmatrix} \tag{d}$$

$$\begin{bmatrix} F_{x1}^{(2)} \\ F_{y1}^{(2)} \\ M_1^{(2)} \\ \hdashline F_{x2}^{(2)} \\ F_{y2}^{(2)} \\ M_2^{(2)} \end{bmatrix}=\left[\begin{array}{ccc:ccc} k_{11}^{(2)} & k_{12}^{(2)} & k_{13}^{(2)} & k_{14}^{(2)} & k_{15}^{(2)} & k_{16}^{(2)} \\ k_{21}^{(2)} & k_{22}^{(2)} & k_{23}^{(2)} & k_{24}^{(2)} & k_{25}^{(2)} & k_{26}^{(2)} \\ k_{31}^{(2)} & k_{32}^{(2)} & k_{33}^{(2)} & k_{34}^{(2)} & k_{35}^{(2)} & k_{36}^{(2)} \\ \hdashline k_{41}^{(2)} & k_{42}^{(2)} & k_{43}^{(2)} & k_{44}^{(2)} & k_{45}^{(2)} & k_{46}^{(2)} \\ k_{51}^{(2)} & k_{52}^{(2)} & k_{53}^{(2)} & k_{54}^{(2)} & k_{55}^{(2)} & k_{56}^{(2)} \\ k_{61}^{(2)} & k_{62}^{(2)} & k_{63}^{(2)} & k_{64}^{(2)} & k_{65}^{(2)} & k_{66}^{(2)} \end{array}\right]\begin{bmatrix} \delta_1 \\ \delta_2 \\ \delta_3 \\ \hdashline \delta_4 \\ \delta_5 \\ \delta_6 \end{bmatrix} \tag{e}$$

$$
\begin{bmatrix} F_{x5}^{(3)} \\ F_{y5}^{(3)} \\ M_5^{(3)} \\ \hdashline F_{x3}^{(3)} \\ F_{y3}^{(3)} \\ M_3^{(3)} \end{bmatrix} = \begin{bmatrix} k_{11}^{(3)} & k_{12}^{(3)} & k_{13}^{(3)} & k_{14}^{(3)} & k_{15}^{(3)} & k_{16}^{(3)} \\ k_{21}^{(3)} & k_{22}^{(3)} & k_{23}^{(3)} & k_{24}^{(3)} & k_{25}^{(3)} & k_{26}^{(3)} \\ k_{31}^{(3)} & k_{32}^{(3)} & k_{33}^{(3)} & k_{34}^{(3)} & k_{35}^{(3)} & k_{36}^{(3)} \\ \hdashline k_{41}^{(3)} & k_{42}^{(3)} & k_{43}^{(3)} & k_{44}^{(3)} & k_{45}^{(3)} & k_{46}^{(3)} \\ k_{51}^{(3)} & k_{52}^{(2)} & k_{53}^{(3)} & k_{54}^{(3)} & k_{55}^{(3)} & k_{56}^{(3)} \\ k_{61}^{(3)} & k_{62}^{(3)} & k_{63}^{(3)} & k_{64}^{(3)} & k_{65}^{(3)} & k_{66}^{(3)} \end{bmatrix} \begin{bmatrix} 0 \\ 0 \\ 0 \\ \hdashline \delta_4 \\ \delta_5 \\ \delta_7 \end{bmatrix} \tag{f}
$$

展开式（d）~式（f），就可得到用结构的结点位移表示的单元杆端力。如式（b）中第一个方程所需的杆端力 $F_{x1}^{(1)}$ 和 $F_{x1}^{(2)}$ 可分别由式（d）和式（e）展开，为

$$
\left.\begin{aligned} F_{x1}^{(1)} &= k_{43}^{(1)}\delta_8 + k_{44}^{(1)}\delta_1 + k_{45}^{(1)}\delta_2 + k_{46}^{(1)}\delta_3 \\ F_{x1}^{(2)} &= k_{11}^{(2)}\delta_1 + k_{12}^{(2)}\delta_2 + k_{13}^{(2)}\delta_3 + k_{14}^{(2)}\delta_4 + k_{15}^{(2)}\delta_5 + k_{16}^{(2)}\delta_6 \end{aligned}\right\} \tag{g}
$$

将式（g）代入式（b）中的第一个方程，可得

$$
\begin{aligned} &(k_{44}^{(1)} + k_{11}^{(2)})\delta_1 + (k_{45}^{(1)} + k_{12}^{(2)})\delta_2 + (k_{46}^{(1)} + k_{13}^{(2)})\delta_3 + \\ &k_{14}^{(2)}\delta_4 + k_{15}^{(2)}\delta_5 + k_{16}^{(2)}\delta_6 + k_{43}^{(1)}\delta_8 = F_{\mathrm{H1}} \end{aligned} \tag{h}
$$

同理，式（b）中的第二至第八个方程可写为

$$
\left.\begin{aligned} (k_{54}^{(1)} + k_{21}^{(2)})\delta_1 + (k_{55}^{(1)} + k_{22}^{(2)})\delta_2 + (k_{56}^{(1)} + k_{23}^{(2)})\delta_3 + k_{24}^{(2)}\delta_4 + k_{25}^{(2)}\delta_5 + k_{26}^{(2)}\delta_6 + k_{53}^{(1)}\delta_8 &= F_{\mathrm{V1}} \\ (k_{64}^{(1)} + k_{31}^{(2)})\delta_1 + (k_{65}^{(1)} + k_{32}^{(2)})\delta_2 + (k_{66}^{(1)} + k_{33}^{(2)})\delta_3 + k_{34}^{(2)}\delta_4 + k_{35}^{(2)}\delta_5 + k_{36}^{(2)}\delta_6 + k_{63}^{(1)}\delta_8 &= M_1 \\ k_{41}^{(2)}\delta_1 + k_{42}^{(2)}\delta_2 + k_{43}^{(2)}\delta_3 + (k_{44}^{(2)} + k_{44}^{(3)})\delta_4 + (k_{45}^{(2)} + k_{45}^{(3)})\delta_5 + k_{46}^{(2)}\delta_6 + k_{46}^{(3)}\delta_7 &= F_{\mathrm{H2}} \\ k_{51}^{(2)}\delta_1 + k_{52}^{(2)}\delta_2 + k_{53}^{(2)}\delta_3 + (k_{54}^{(2)} + k_{54}^{(3)})\delta_4 + (k_{55}^{(2)} + k_{55}^{(3)})\delta_5 + k_{56}^{(2)}\delta_6 + k_{56}^{(3)}\delta_7 &= F_{\mathrm{V2}} \\ k_{61}^{(2)}\delta_1 + k_{62}^{(2)}\delta_2 + k_{63}^{(2)}\delta_3 + k_{64}^{(2)}\delta_4 + k_{65}^{(2)}\delta_5 + k_{66}^{(2)}\delta_6 &= 0 \\ k_{64}^{(3)}\delta_4 + k_{65}^{(3)}\delta_5 + k_{66}^{(3)}\delta_7 &= 0 \\ k_{34}^{(1)}\delta_1 + k_{35}^{(1)}\delta_2 + k_{36}^{(1)}\delta_3 + k_{33}^{(1)}\delta_8 &= M_4 \end{aligned}\right\} \tag{i}
$$

将式（h）、式（i）汇总写成矩阵形式，得

$$
\begin{bmatrix} k_{44}^{(1)} + k_{11}^{(2)} & k_{45}^{(1)} + k_{12}^{(2)} & k_{46}^{(1)} + k_{13}^{(2)} & k_{14}^{(2)} & k_{15}^{(2)} & k_{16}^{(2)} & 0 & k_{43}^{(1)} \\ k_{54}^{(1)} + k_{21}^{(2)} & k_{55}^{(1)} + k_{22}^{(2)} & k_{56}^{(1)} + k_{23}^{(2)} & k_{24}^{(2)} & k_{25}^{(2)} & k_{26}^{(2)} & 0 & k_{53}^{(1)} \\ k_{64}^{(1)} + k_{31}^{(2)} & k_{65}^{(1)} + k_{32}^{(2)} & k_{66}^{(1)} + k_{33}^{(2)} & k_{34}^{(2)} & k_{35}^{(2)} & k_{36}^{(2)} & 0 & k_{63}^{(1)} \\ k_{41}^{(2)} & k_{42}^{(2)} & k_{43}^{(2)} & k_{44}^{(2)} + k_{44}^{(3)} & k_{45}^{(2)} + k_{45}^{(3)} & k_{46}^{(2)} & k_{46}^{(3)} & 0 \\ k_{51}^{(2)} & k_{52}^{(2)} & k_{53}^{(2)} & k_{54}^{(2)} + k_{54}^{(3)} & k_{55}^{(2)} + k_{55}^{(3)} & k_{56}^{(2)} & k_{56}^{(3)} & 0 \\ k_{61}^{(2)} & k_{62}^{(2)} & k_{63}^{(2)} & k_{64}^{(2)} & k_{65}^{(2)} & k_{66}^{(2)} & 0 & 0 \\ 0 & 0 & 0 & k_{64}^{(3)} & k_{65}^{(3)} & 0 & k_{66}^{(3)} & 0 \\ k_{34}^{(1)} & k_{35}^{(1)} & k_{36}^{(1)} & 0 & 0 & 0 & 0 & k_{33}^{(1)} \end{bmatrix} \begin{bmatrix} \delta_1 \\ \delta_2 \\ \delta_3 \\ \delta_4 \\ \delta_5 \\ \delta_6 \\ \delta_7 \\ \delta_8 \end{bmatrix} = \begin{bmatrix} F_{\mathrm{H1}} \\ F_{\mathrm{V1}} \\ M_1 \\ F_{\mathrm{H2}} \\ F_{\mathrm{V2}} \\ 0 \\ 0 \\ M_4 \end{bmatrix} \tag{j}
$$

式（j）就是图 11-9a 所示平面刚架的结构刚度方程。与式（11-19）$\boldsymbol{K\Delta}=\boldsymbol{F}$ 比较可知

$$
\boldsymbol{K}=\begin{bmatrix}
k_{44}^{(1)}+k_{11}^{(2)} & k_{45}^{(1)}+k_{12}^{(2)} & k_{46}^{(1)}+k_{13}^{(2)} & k_{14}^{(2)} & k_{15}^{(2)} & k_{16}^{(2)} & 0 & k_{43}^{(1)} \\
k_{54}^{(1)}+k_{21}^{(2)} & k_{55}^{(1)}+k_{22}^{(2)} & k_{56}^{(1)}+k_{23}^{(2)} & k_{24}^{(2)} & k_{25}^{(2)} & k_{26}^{(2)} & 0 & k_{53}^{(1)} \\
k_{64}^{(1)}+k_{31}^{(2)} & k_{65}^{(1)}+k_{32}^{(2)} & k_{66}^{(1)}+k_{33}^{(2)} & k_{34}^{(2)} & k_{35}^{(2)} & k_{36}^{(2)} & 0 & k_{63}^{(1)} \\
k_{41}^{(2)} & k_{42}^{(2)} & k_{43}^{(2)} & k_{44}^{(2)}+k_{44}^{(3)} & k_{45}^{(2)}+k_{45}^{(3)} & k_{46}^{(2)} & k_{46}^{(3)} & 0 \\
k_{51}^{(2)} & k_{52}^{(2)} & k_{53}^{(2)} & k_{54}^{(2)}+k_{54}^{(3)} & k_{55}^{(2)}+k_{55}^{(3)} & k_{56}^{(2)} & k_{56}^{(3)} & 0 \\
k_{61}^{(2)} & k_{62}^{(2)} & k_{63}^{(2)} & k_{64}^{(2)} & k_{65}^{(2)} & k_{66}^{(2)} & 0 & 0 \\
0 & 0 & 0 & k_{64}^{(3)} & k_{65}^{(3)} & 0 & k_{66}^{(3)} & 0 \\
k_{34}^{(1)} & k_{35}^{(1)} & k_{36}^{(1)} & 0 & 0 & 0 & 0 & k_{33}^{(1)}
\end{bmatrix} \tag{k}
$$

11.5.6 按照直接刚度法形成结构刚度矩阵

如果每个结构都从变形协调条件和结点平衡方程出发，按照式（b）~式（k）的过程建立结构刚度矩阵，虽然其物理意义十分清楚，但显然是相当麻烦的。对复杂结构来说，既不可能也无必要。事实上，结构刚度矩阵的元素是由单刚元素按照一定规律组成的，只要确定了单刚元素在结构刚度矩阵中的位置，就可以由各单元的单刚 $\boldsymbol{k}^e$ 直接集成结构刚度矩阵 $\boldsymbol{K}$。

利用单元定位向量确定单刚元素在结构刚度矩阵中的行码和列码后，直接将单刚元素送入结构总刚中的对应位置，这种装配结构总刚的方法，称为直接刚度法。

1. 装配过程

1）计算单元ⓔ在结构坐标系中的单刚 $\boldsymbol{k}^e$，将其定位向量中各分量（始末两端结点位移分量编号）及单元自身的结点位移分量编号（用数字 $\bar{1},\bar{2},\cdots,\bar{6}$ 表示），分别写在 $\boldsymbol{k}^e$ 的上方和右侧。

2）按照单元定位向量中的非零分量所指定的行码和列码，将各单元单刚 $\boldsymbol{k}^e$ 中的元素，正确地叠加到结构总刚 $\boldsymbol{K}$ 中去，行、列码相同的元素则相加。这一做法称为“对号入座，同号相加”。

例如，图 11-9a 所示刚架，各单元的定位向量分别为

$$
\begin{aligned}
\boldsymbol{\lambda}^{(1)} &= [0\quad 0\quad 8 \;\vdots\; 1\quad 2\quad 3]^{\mathrm{T}} \\
\boldsymbol{\lambda}^{(2)} &= [1\quad 2\quad 3 \;\vdots\; 4\quad 5\quad 6]^{\mathrm{T}} \\
\boldsymbol{\lambda}^{(3)} &= [0\quad 0\quad 0 \;\vdots\; 4\quad 5\quad 7]^{\mathrm{T}}
\end{aligned}
$$

各单元的单刚如图 11-10 所示。

$$
\begin{array}{c}
\begin{array}{cccccc} 0 & 0 & 8 & 1 & 2 & 3 \\ \bar{1} & \bar{2} & \bar{3} & \bar{4} & \bar{5} & \bar{6} \end{array} \\
\boldsymbol{k}^{(1)}=\left[\begin{array}{ccc|ccc}
 & & & & & \\
 & & & & & \\
 & & k_{33}^{(1)} & k_{34}^{(1)} & k_{35}^{(1)} & k_{36}^{(1)} \\ \hline
 & & k_{43}^{(1)} & k_{44}^{(1)} & k_{45}^{(1)} & k_{46}^{(1)} \\
 & & k_{53}^{(1)} & k_{54}^{(1)} & k_{55}^{(1)} & k_{56}^{(1)} \\
 & & k_{63}^{(1)} & k_{64}^{(1)} & k_{65}^{(1)} & k_{66}^{(1)}
\end{array}\right]
\begin{array}{cc} \bar{1} & 0 \\ \bar{2} & 0 \\ \bar{3} & 8 \\ \bar{4} & 1 \\ \bar{5} & 2 \\ \bar{6} & 3 \end{array}
\end{array}
$$

a) 单元①的单刚

$$
\begin{array}{c}
\begin{array}{cccccc} 1 & 2 & 3 & 4 & 5 & 6 \\ \bar{1} & \bar{2} & \bar{3} & \bar{4} & \bar{5} & \bar{6} \end{array} \\
\boldsymbol{k}^{(2)}=\left[\begin{array}{ccc|ccc}
k_{11}^{(2)} & k_{12}^{(2)} & k_{13}^{(2)} & k_{14}^{(2)} & k_{15}^{(2)} & k_{16}^{(2)} \\
k_{21}^{(2)} & k_{22}^{(2)} & k_{23}^{(2)} & k_{24}^{(2)} & k_{25}^{(2)} & k_{26}^{(2)} \\
k_{31}^{(2)} & k_{32}^{(2)} & k_{33}^{(2)} & k_{34}^{(2)} & k_{35}^{(2)} & k_{36}^{(2)} \\ \hline
k_{41}^{(2)} & k_{42}^{(2)} & k_{43}^{(2)} & k_{44}^{(2)} & k_{45}^{(2)} & k_{46}^{(2)} \\
k_{51}^{(2)} & k_{52}^{(2)} & k_{53}^{(2)} & k_{54}^{(2)} & k_{55}^{(2)} & k_{56}^{(2)} \\
k_{61}^{(2)} & k_{62}^{(2)} & k_{63}^{(2)} & k_{64}^{(2)} & k_{65}^{(2)} & k_{66}^{(2)}
\end{array}\right]
\begin{array}{cc} \bar{1} & 1 \\ \bar{2} & 2 \\ \bar{3} & 3 \\ \bar{4} & 4 \\ \bar{5} & 5 \\ \bar{6} & 6 \end{array}
\end{array}
$$

b) 单元②的单刚

图 11-10 各单元的单刚

$$
\begin{array}{c} \\ \\ \boldsymbol{k}^{(3)}= \end{array}
\begin{array}{c}
\begin{array}{cccccc} 0 & 0 & 0 & 4 & 5 & 7 \\ \overline{1} & \overline{2} & \overline{3} & \overline{4} & \overline{5} & \overline{6} \end{array} \\
\left[\begin{array}{ccc:ccc}
 & & & & & \\
 & & & & & \\
 & & & & & \\ \hdashline
 & & & k_{44}^{(3)} & k_{45}^{(3)} & k_{46}^{(3)} \\
 & & & k_{54}^{(3)} & k_{55}^{(3)} & k_{56}^{(3)} \\
 & & & k_{64}^{(3)} & k_{65}^{(3)} & k_{66}^{(3)}
\end{array}\right]
\begin{array}{ll} \overline{1} & 0 \\ \overline{2} & 0 \\ \overline{3} & 0 \\ \overline{4} & 4 \\ \overline{5} & 5 \\ \overline{6} & 7 \end{array}
\end{array}
$$

c) 单元③的单刚

图 11-10　各单元的单刚（续）

注：为清楚起见，定位向量中 0 分量所对应的单元刚度系数均省去，未标出。

为使装配过程的物理概念更加明晰，可先将本例中各单刚在行、列方向上，定位向量元素均为非零值时所对应的单元刚度系数，按照单元定位向量的指引，分别送入 8×8 的结构总刚中“对号入座”，这样形成的 $\boldsymbol{K}_1$、$\boldsymbol{K}_2$ 和 $\boldsymbol{K}_3$ 矩阵（图 11-11）称为每个单元对总刚的贡献矩阵。

$$
\begin{array}{cccccccc} \overline{4} & \overline{5} & \overline{6} & & & & & \overline{3} \\ 1 & 2 & 3 & 4 & 5 & 6 & 7 & 8 \end{array}
$$
$$
\boldsymbol{K}_1=\begin{bmatrix}
k_{44}^{(1)} & k_{45}^{(1)} & k_{46}^{(1)} & 0 & 0 & 0 & 0 & k_{43}^{(1)} \\
k_{54}^{(1)} & k_{55}^{(1)} & k_{56}^{(1)} & 0 & 0 & 0 & 0 & k_{53}^{(1)} \\
k_{64}^{(1)} & k_{65}^{(1)} & k_{66}^{(1)} & 0 & 0 & 0 & 0 & k_{63}^{(1)} \\
0 & 0 & 0 & 0 & 0 & 0 & 0 & 0 \\
0 & 0 & 0 & 0 & 0 & 0 & 0 & 0 \\
0 & 0 & 0 & 0 & 0 & 0 & 0 & 0 \\
0 & 0 & 0 & 0 & 0 & 0 & 0 & 0 \\
k_{34}^{(1)} & k_{35}^{(1)} & k_{36}^{(1)} & 0 & 0 & 0 & 0 & k_{33}^{(1)}
\end{bmatrix}
\begin{array}{ll} 1 & \overline{4} \\ 2 & \overline{5} \\ 3 & \overline{6} \\ 4 & \\ 5 & \\ 6 & \\ 7 & \\ 8 & \overline{3} \end{array}
$$

a) 单元①的贡献矩阵

$$
\begin{array}{cccccccc} \overline{1} & \overline{2} & \overline{3} & \overline{4} & \overline{5} & \overline{6} & & \\ 1 & 2 & 3 & 4 & 5 & 6 & 7 & 8 \end{array}
$$
$$
\boldsymbol{K}_2=\begin{bmatrix}
k_{11}^{(2)} & k_{12}^{(2)} & k_{13}^{(2)} & k_{14}^{(2)} & k_{15}^{(2)} & k_{16}^{(2)} & 0 & 0 \\
k_{21}^{(2)} & k_{22}^{(2)} & k_{23}^{(2)} & k_{24}^{(2)} & k_{25}^{(2)} & k_{26}^{(2)} & 0 & 0 \\
k_{31}^{(2)} & k_{32}^{(2)} & k_{33}^{(2)} & k_{34}^{(2)} & k_{35}^{(2)} & k_{36}^{(2)} & 0 & 0 \\
k_{41}^{(2)} & k_{42}^{(2)} & k_{43}^{(2)} & k_{44}^{(2)} & k_{45}^{(2)} & k_{46}^{(2)} & 0 & 0 \\
k_{51}^{(2)} & k_{52}^{(2)} & k_{53}^{(2)} & k_{54}^{(2)} & k_{55}^{(2)} & k_{56}^{(2)} & 0 & 0 \\
k_{61}^{(2)} & k_{62}^{(2)} & k_{63}^{(2)} & k_{64}^{(2)} & k_{65}^{(2)} & k_{66}^{(2)} & 0 & 0 \\
0 & 0 & 0 & 0 & 0 & 0 & 0 & 0 \\
0 & 0 & 0 & 0 & 0 & 0 & 0 & 0
\end{bmatrix}
\begin{array}{ll} 1 & \overline{1} \\ 2 & \overline{2} \\ 3 & \overline{3} \\ 4 & \overline{4} \\ 5 & \overline{5} \\ 6 & \overline{6} \\ 7 & \\ 8 & \end{array}
$$

b) 单元②的贡献矩阵

$$
\begin{array}{cccccccc} & & & \overline{4} & \overline{5} & & \overline{6} & \\ 1 & 2 & 3 & 4 & 5 & 6 & 7 & 8 \end{array}
$$
$$
\boldsymbol{K}_3=\begin{bmatrix}
0 & 0 & 0 & 0 & 0 & 0 & 0 & 0 \\
0 & 0 & 0 & 0 & 0 & 0 & 0 & 0 \\
0 & 0 & 0 & 0 & 0 & 0 & 0 & 0 \\
0 & 0 & 0 & k_{44}^{(3)} & k_{45}^{(3)} & 0 & k_{46}^{(3)} & 0 \\
0 & 0 & 0 & k_{54}^{(3)} & k_{55}^{(3)} & 0 & k_{56}^{(3)} & 0 \\
0 & 0 & 0 & 0 & 0 & 0 & 0 & 0 \\
0 & 0 & 0 & k_{64}^{(3)} & k_{65}^{(3)} & 0 & k_{66}^{(3)} & 0 \\
0 & 0 & 0 & 0 & 0 & 0 & 0 & 0
\end{bmatrix}
\begin{array}{ll} 1 & \\ 2 & \\ 3 & \\ 4 & \overline{4} \\ 5 & \overline{5} \\ 6 & \\ 7 & \overline{6} \\ 8 & \end{array}
$$

c) 单元③的贡献矩阵

图 11-11　各单元的贡献矩阵

显然，结构总刚 $\boldsymbol{K}$ 与三个单元贡献矩阵的关系为

$$\boldsymbol{K}=\boldsymbol{K}_1+\boldsymbol{K}_2+\boldsymbol{K}_3$$

将三个单元贡献矩阵中相同行、列的各元素“同号相加”，即可最后装配成结构刚度矩阵（总刚），所得结果与式（k）完全相同。

实际装配总刚时，无须将每个单元的单刚逐个扩大形成对总刚的贡献矩阵，而是直接利用单元定位向量，逐一将各单元单刚中与定位向量非零分量所对应的单元刚度系数，按照“对号入座，同号相加”的原则，送入总刚中相应位置，即可十分方便地形成结构刚度矩阵。

2. 直接刚度法的正确性说明

上述做法的正确性，可由单刚中刚度系数与结构总刚中刚度系数的物理意义加以说明。总刚 $\boldsymbol{K}$ 中任一元素 k_{ij}，表示结点位移列阵 $\boldsymbol{\Delta}$ 中第 j 个结点位移分量 $\delta_j=1$（其余结点位移分量均为零）时，所引起的结点荷载列阵 $\boldsymbol{F}$ 中第 i 个结点力分量 f_i 的值。

例如，式（k）中结构总刚的刚度系数 k_{12}，表示当结点位移分量 $\delta_2=1$（其余结点位移分量为零）时，所引起的结点荷载列阵 $\boldsymbol{F}$ 中第 1 个结点力分量 f_1 的值，如图 11-12a 所示。

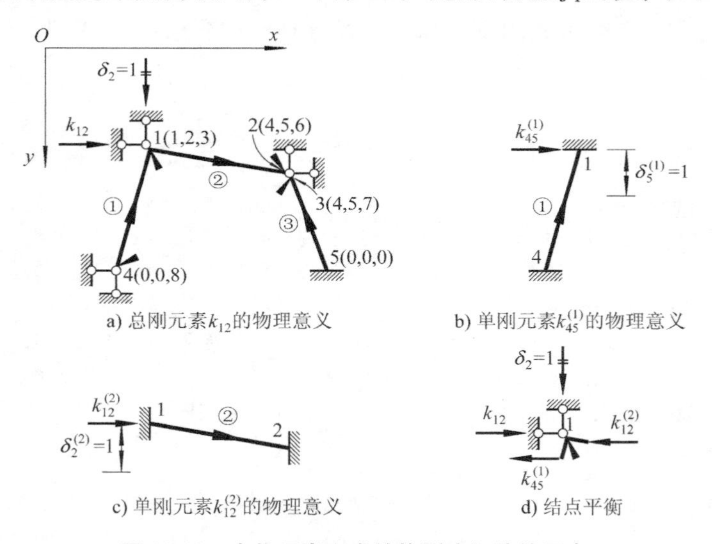

a) 总刚元素 k_{12} 的物理意义　b) 单刚元素 $k_{45}^{(1)}$ 的物理意义

c) 单刚元素 $k_{12}^{(2)}$ 的物理意义　d) 结点平衡

图 11-12　由物理意义求结构刚度矩阵的元素

当 $\delta_2=1$ 时，则应有单元①的 $\delta_5^{(1)}=1$ 和单元②的 $\delta_2^{(2)}=1$，分别如图 11-12b、c 所示。再由结点 1 水平方向的受力（图 11-12d）及其平衡条件 $\sum F_x=0$，可得 $k_{12}=k_{45}^{(1)}+k_{12}^{(2)}$，与式（k）中结果一致。

3. 结构刚度矩阵 K 中元素的组成规律

如果将单元定位向量中有编号 i 的所有单元称为未知量 δ_i 的相关单元，将与未知量 δ_i 同属一个单元的其他未知量称为未知量 δ_i 的相关未知量，则结构刚度矩阵 $\boldsymbol{K}$ 具有如下组成规律：

（1）主对角线元素（简称主元）k_{ii}　k_{ii} 由未知量 δ_i 的相关单元的单刚中的相应主对角线元素叠加而成。如式（k）中 $k_{55}=k_{55}^{(2)}+k_{55}^{(3)}$。

（2）非主对角线元素 k_{ij}（$i \neq j$）　k_{ij}有两种情况：若δ_i和δ_j是相关未知量，那么必有某些单元的相应单刚元素对 k_{ij}和 k_{ji}产生贡献，故一般 $k_{ij}=k_{ji}\neq 0$；若 δ_i和 δ_j不是相关未知量，自然无任何单元的单刚元素对 k_{ij}和 k_{ji}产生贡献，则必有 $k_{ij}=k_{ji}=0$。

例如，式（k）中，由于δ_1和 δ_4是相关未知量，则 $\boldsymbol{k}^{(2)}$中元素 $k_{14}^{(2)}$和 $k_{41}^{(2)}$分别对 k_{14}和 k_{41}产生贡献，只要 $k_{14}^{(2)}(=k_{41}^{(2)})$ 不为零，则 $k_{14}=k_{41}\neq 0$；而 δ_6和 δ_7不是相关未知量，故 $k_{67}=k_{76}=0$。

11.5.7　结构刚度矩阵 K 的性质

1）结构刚度矩阵 $\boldsymbol{K}$ 是一个 $N\times N$ 的方阵，N 为结点的位移未知量总数。

2）结构刚度矩阵 $\boldsymbol{K}$ 是一个对称矩阵，即 $\boldsymbol{K}=\boldsymbol{K}^{\mathrm{T}}$。可由支反力互等定理证明 $\boldsymbol{K}$ 中对称于主对角线的元素两两相等，即 $k_{ij}=k_{ji}$。

3）可以证明结构刚度矩阵 $\boldsymbol{K}$ 是正定的。因此，$|\boldsymbol{K}|>0$，任一主元素 $k_{ii}>0$。这时的结构是几何不变的。

4）结构刚度矩阵 $\boldsymbol{K}$ 是一个带状矩阵，即非零元素分布在主对角线的附近。因此，在同一单元内的未知量编码差值应尽量保持最小值。

在实际结构分析中，所遇到的结构刚度矩阵一般都是大型稀疏矩阵，非零元素很少，往往只占 10%左右。

【例 11-1】　试形成图 11-13 所示刚架的结构刚度矩阵。已知各杆 $EA=4.8\times10^6\text{kN}$，$EI=0.9\times10^5\text{kN}\cdot\text{m}^2$。

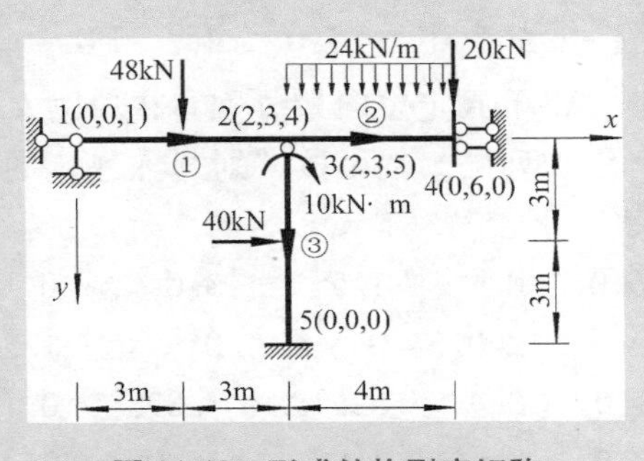

图 11-13　形成结构刚度矩阵

解：（1）结构离散化　结构与单元坐标系、结点编号、单元编号及结点位移分量统一编号，如图 11-13 所示。

各单元定位向量为

$$\boldsymbol{\lambda}^{(1)}=[0\quad 0\quad 1\ \vdots\ 2\quad 3\quad 4]^{\mathrm{T}}$$
$$\boldsymbol{\lambda}^{(2)}=[2\quad 3\quad 4\ \vdots\ 0\quad 6\quad 0]^{\mathrm{T}}$$
$$\boldsymbol{\lambda}^{(3)}=[2\quad 3\quad 5\ \vdots\ 0\quad 0\quad 0]^{\mathrm{T}}$$

（2）形成结构坐标系中的单刚　按式（11-17）和式（11-18）直接计算，各单元单刚分别为

$$
\begin{array}{cccccc} 0 & 0 & 1 & 2 & 3 & 4 \end{array}
$$

$$
\boldsymbol{k}^{(1)}=10^4\times\left[\begin{array}{ccc|ccc}
80 & 0 & 0 & -80 & 0 & 0 \\
0 & 0.5 & 1.5 & 0 & -0.5 & 1.5 \\
0 & 1.5 & 6.0 & 0 & -1.5 & 3.0 \\
\hline
-80 & 0 & 0 & 80 & 0 & 0 \\
0 & -0.5 & -1.5 & 0 & 0.5 & -1.5 \\
0 & 1.5 & 3.0 & 0 & -1.5 & 6.0
\end{array}\right]\begin{array}{c} 0 \\ 0 \\ 1 \\ 2 \\ 3 \\ 4 \end{array}
$$

$$
\begin{array}{cccccc} 2 & 3 & 4 & 0 & 6 & 0 \end{array}
$$

$$
\boldsymbol{k}^{(2)}=10^4\times\left[\begin{array}{ccc|ccc}
120 & 0 & 0 & -120 & 0 & 0 \\
0 & 1.688 & 3.375 & 0 & -1.688 & 3.375 \\
0 & 3.375 & 9.0 & 0 & -3.375 & 4.5 \\
\hline
-120 & 0 & 0 & 120 & 0 & 0 \\
0 & -1.688 & -3.375 & 0 & 1.688 & -3.375 \\
0 & 3.375 & 4.5 & 0 & -3.375 & 9.0
\end{array}\right]\begin{array}{c} 2 \\ 3 \\ 4 \\ 0 \\ 6 \\ 0 \end{array}
$$

$$
\begin{array}{cccccc} 2 & 3 & 5 & 0 & 0 & 0 \end{array}
$$

$$
\boldsymbol{k}^{(3)}=10^4\times\left[\begin{array}{ccc|ccc}
0.5 & 0 & -1.5 & -0.5 & 0 & -1.5 \\
0 & 80 & 0 & 0 & -80 & 0 \\
-1.5 & 0 & 6.0 & 1.5 & 0 & 3.0 \\
\hline
-0.5 & 0 & 1.5 & 0.5 & 0 & 1.5 \\
0 & -80 & 0 & 0 & 80 & 0 \\
-1.5 & 0 & 3.0 & 1.5 & 0 & 6.0
\end{array}\right]\begin{array}{c} 2 \\ 3 \\ 5 \\ 0 \\ 0 \\ 0 \end{array}
$$

（3）集成结构刚度矩阵　将单元定位向量分别写在单刚 $\boldsymbol{k}^e$ 的上方和右侧，根据定位向量中非零分量所指明的行码和列码，就可按“对号入座，同号相加”的原则，将单刚中各元素送入 $\boldsymbol{K}$ 中。于是得

$$
\boldsymbol{K}=10^4\times\begin{bmatrix}
6.0 & 0 & -1.5 & 3.0 & 0 & 0 \\
0 & 200.5 & 0 & 0 & -1.5 & 0 \\
-1.5 & 0 & 82.188 & 1.875 & 0 & -1.688 \\
3.0 & 0 & 1.875 & 15.0 & 0 & -3.375 \\
0 & -1.5 & 0 & 0 & 6.0 & 0 \\
0 & 0 & -1.688 & -3.375 & 0 & 1.688
\end{bmatrix}
$$

11.6　结构的综合结点荷载列阵

在上节中推导结构刚度方程时，只讨论了**结点荷载**作用的情况。当实际结构中单元（即杆件）上作用有荷载时，称为**非结点荷载**。这时，应根据叠加原理及结点位移相同的原则，将非结点荷载转换为**等效结点荷载**，才能用矩阵位移法进行求解。

11.6.1 等效结点荷载

图 11-14a 所示刚架的单元②上作用有垂直于杆轴的均布荷载 q，对此非结点荷载，欲求单元②的杆端内力，可以先分两步计算，再按叠加法来处理。

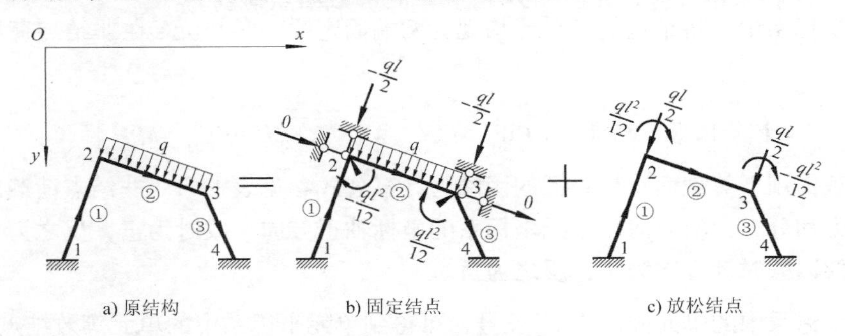

图 11-14 等效结点荷载

首先，用附加链杆（沿单元②的单元坐标轴方向）和附加刚臂将结点 2 和结点 3 固定，使其不能产生位移，如图 11-14b 所示。这样，单元②成为两端固定梁，在非结点荷载作用下的杆端截面内力又称为**单元坐标系中的单元固端力**，用 $\overline{\boldsymbol{F}}_{\mathrm{P}}^{(2)}$ 表示。设单元②的杆长为 l，则有

$$\overline{\boldsymbol{F}}_{\mathrm{P}}^{(2)}=\left[\begin{array}{ccc:ccc}0 & -\frac{1}{2}ql & -\frac{1}{12}ql^2 & 0 & -\frac{1}{2}ql & \frac{1}{12}ql^2\end{array}\right]^{\mathrm{T}}$$

单元固端力 $\overline{\boldsymbol{F}}_{\mathrm{P}}^{e}$ 的正负号规定与单元杆端力 $\overline{\boldsymbol{F}}^{e}$ 的相同。

然后，去掉附加链杆和附加刚臂，即将图 11-14b 中由 $\overline{\boldsymbol{F}}_{\mathrm{P}}^{(2)}$ 引起的附加约束中的支反力反向（即为$-\overline{\boldsymbol{F}}_{\mathrm{P}}^{(2)}$）并作用在相应的结点上。于是，得到一组结点荷载如图 11-14c 所示。结构在这一组结点荷载作用下的内力可用矩阵位移法求解。

最后，叠加图 11-14b、c 所对应的两组杆端内力，便得到图 11-14a 所示原结构在非结点荷载作用下的杆端内力。

由于图 11-14b 中的结点位移等于零，故图 11-14a 所示原结构在非结点荷载作用下的结点位移，与该结构在图 11-14c 所示结点荷载作用下的结点位移相等。因此，就结点位移而言，这两组荷载是等效的。所以，把图 11-14c 中的结点荷载称为图 11-14a 所示非结点荷载**在单元坐标系中的单元等效结点荷载**，用 $\overline{\boldsymbol{F}}_{\mathrm{E}}^{(2)}$ 表示，即

$$\overline{\boldsymbol{F}}_{\mathrm{E}}^{(2)}=-\overline{\boldsymbol{F}}_{\mathrm{P}}^{(2)}$$

由于结构刚度方程中的结点荷载列阵 $\boldsymbol{F}$ 是在结构坐标系中建立的，故还应将按单元坐标系形成的 $\overline{\boldsymbol{F}}_{\mathrm{E}}^{(2)}$ 进行坐标转换，以得到在结构坐标系中单元②的等效结点荷载 $\boldsymbol{F}_{\mathrm{E}}^{(2)}$。由式（11-9），得

$$\boldsymbol{F}_{\mathrm{E}}^{(2)}=(\boldsymbol{T}^{(2)})^{\mathrm{T}}\overline{\boldsymbol{F}}_{\mathrm{E}}^{(2)}=-(\boldsymbol{T}^{(2)})^{\mathrm{T}}\overline{\boldsymbol{F}}_{\mathrm{P}}^{(2)}$$

11.6.2 计算结构的综合结点荷载列阵的步骤

一般情况下，作用在结构上的荷载既有直接结点荷载，也有非结点荷载。求出非结点

荷载作用下的结构等效结点荷载列阵 $\boldsymbol{F}_{\mathrm{E}}$，并与结构直接结点荷载列阵 $\boldsymbol{F}_{\mathrm{J}}$叠加，所得到的总结点荷载列阵 $\boldsymbol{F}$ 即为结构的综合结点荷载列阵。计算结构综合结点荷载列阵的步骤如下。

1. 在单元坐标系中计算单元固端力 $\overline{\boldsymbol{F}}_{\mathrm{P}}^{e}$和单元等效结点荷载 $\overline{\boldsymbol{F}}_{\mathrm{E}}^{e}$

在单元坐标系中，将结构的各单元均视为两端固定梁。某单元ⓔ在非结点荷载作用下的固端力为

$$\overline{\boldsymbol{F}}_{\mathrm{P}}^{e}=[\overline{\boldsymbol{F}}_{\mathrm{P}i}^{e}\quad \overline{\boldsymbol{F}}_{\mathrm{P}j}^{e}]^{\mathrm{T}}=[\overline{F}_{\mathrm{PN}_i}^{(e)}\quad \overline{F}_{\mathrm{PQ}_i}^{(e)}\quad \overline{M}_{\mathrm{P}_i}^{(e)}\ \vdots\ \overline{F}_{\mathrm{PN}_j}^{(e)}\quad \overline{F}_{\mathrm{PQ}_j}^{(e)}\quad \overline{M}_{\mathrm{P}_j}^{(e)}]^{\mathrm{T}} \tag{a}$$

常见荷载作用下等截面直杆单元的固端力计算公式参见表 11-1。非结点荷载的正负号规定为：集中力和分布力的方向与单元坐标系的坐标轴正方向一致时为正，反之为负；集中力偶和分布力偶以顺时针方向为正，反之为负。

将单元坐标系中的单元固端力 $\overline{\boldsymbol{F}}_{\mathrm{P}}^{e}$反号，可得到单元坐标系中的单元等效结点荷载，即

$$\overline{\boldsymbol{F}}_{\mathrm{E}}^{e}=-\overline{\boldsymbol{F}}_{\mathrm{P}}^{e} \tag{b}$$

2. 在结构坐标系中计算单元等效结点荷载 $\boldsymbol{F}_{\mathrm{E}}^{e}$

将单元坐标系中的单元等效结点荷载 $\overline{\boldsymbol{F}}_{\mathrm{E}}^{e}$进行坐标转换，可得到在结构坐标系中的单元等效结点荷载 $\boldsymbol{F}_{\mathrm{E}}^{e}$，即

$$\boldsymbol{F}_{\mathrm{E}}^{e}=\boldsymbol{T}^{\mathrm{T}}\overline{\boldsymbol{F}}_{\mathrm{E}}^{e}=-\boldsymbol{T}^{\mathrm{T}}\overline{\boldsymbol{F}}_{\mathrm{P}}^{e} \tag{11-20}$$

3. 形成结构等效结点荷载列阵 $\boldsymbol{F}_{\mathrm{E}}$

结构等效结点荷载列阵 $\boldsymbol{F}_{\mathrm{E}}$的形成方式，与结构刚度矩阵 $\boldsymbol{K}$ 的形成方式相类似。即将各单元按式（11-20）求出的 $\boldsymbol{F}_{\mathrm{E}}^{e}$中的 6 个元素与单元定位向量 $\boldsymbol{\lambda}^{e}$中的 6 个元素一一对应，按照 $\boldsymbol{\lambda}^{e}$中非零分量所指引的位置，根据“对号入座，同号相加”的原则，就可将 $\boldsymbol{F}_{\mathrm{E}}^{e}$中的元素正确地叠加到 $\boldsymbol{F}_{\mathrm{E}}$中去。若 $\boldsymbol{F}_{\mathrm{E}}^{e}$中某分量对应的 $\boldsymbol{\lambda}^{e}$中的分量为零，则表示该等效结点荷载分量作用在支座上而对结点位移无影响，该分量就不送入 $\boldsymbol{F}_{\mathrm{E}}$ 中。$\boldsymbol{F}_{\mathrm{E}}$ 与结构的结点位移列阵 $\boldsymbol{\Delta}$ 同阶。

4. 形成结构的综合结点荷载列阵 $\boldsymbol{F}$

对于直接作用在结点上的荷载，按其对应的结点位移分量的编号，容易形成结构的直接结点荷载列阵 $\boldsymbol{F}_{\mathrm{J}}$（与 $\boldsymbol{\Delta}$ 同阶）。将 $\boldsymbol{F}_{\mathrm{J}}$与 $\boldsymbol{F}_{\mathrm{E}}$叠加，就得到结构的综合结点荷载列阵

$$\boldsymbol{F}=\boldsymbol{F}_{\mathrm{J}}+\boldsymbol{F}_{\mathrm{E}} \tag{11-21}$$

表 11-1 单元坐标系中的单元固端力 $\overline{\boldsymbol{F}}_{\mathrm{P}}^{e}$

类型码	荷载简图	$\overline{\boldsymbol{F}}_{\mathrm{P}}^{e}$	始端（i）	末端（j）
1	G, i, j, $\overline{x}$, c, b, l, $\overline{y}$	$\overline{F}_{\mathrm{PN}}^{(e)}$	0	0
		$\overline{F}_{\mathrm{PQ}}^{(e)}$	$-Gc\left(1-\dfrac{c^2}{l^2}+\dfrac{c^3}{2l^3}\right)$	$-G\dfrac{c^3}{l^2}\left(1-\dfrac{c}{2l}\right)$
		$\overline{M}_{\mathrm{P}}^{(e)}$	$-G\dfrac{c^2}{12}\left(6-8\dfrac{c}{l}+3\dfrac{c^2}{l^2}\right)$	$G\dfrac{c^3}{12l}\left(4-3\dfrac{c}{l}\right)$

（续）

类型码	荷载简图	$\overline{F}_P^e$	始端（i）	末端（j）
2		$\overline{F}_{PN}^{(e)}$	0	0
		$\overline{F}_{PQ}^{(e)}$	$-G\dfrac{b^2}{l^2}\left(1+2\dfrac{c}{l}\right)$	$-G\dfrac{c^2}{l^2}\left(1+2\dfrac{b}{l}\right)$
		$\overline{M}_{P}^{(e)}$	$-G\dfrac{cb^2}{l^2}$	$G\dfrac{c^2b}{l^2}$
3		$\overline{F}_{PN}^{(e)}$	0	0
		$\overline{F}_{PQ}^{(e)}$	$G\dfrac{6cb}{l^3}$	$-G\dfrac{6cb}{l^3}$
		$\overline{M}_{P}^{(e)}$	$G\dfrac{b}{l}\left(2-3\dfrac{b}{l}\right)$	$G\dfrac{c}{l}\left(2-3\dfrac{c}{l}\right)$
4		$\overline{F}_{PN}^{(e)}$	0	0
		$\overline{F}_{PQ}^{(e)}$	$-G\dfrac{c}{4}\left(2-3\dfrac{c^2}{l^2}+1.6\dfrac{c^3}{l^3}\right)$	$-G\dfrac{c^3}{4l^2}\left(3-1.6\dfrac{c}{l}\right)$
		$\overline{M}_{P}^{(e)}$	$-G\dfrac{c^2}{6}\left(2-3\dfrac{c}{l}+1.2\dfrac{c^2}{l^2}\right)$	$G\dfrac{c^3}{4l}\left(1-0.8\dfrac{c}{l}\right)$
5		$\overline{F}_{PN}^{(e)}$	$-Gc\left(1-\dfrac{c}{2l}\right)$	$-G\dfrac{c^2}{2l}$
		$\overline{F}_{PQ}^{(e)}$	0	0
		$\overline{M}_{P}^{(e)}$	0	0
6		$\overline{F}_{PN}^{(e)}$	$-G\dfrac{b}{l}$	$-G\dfrac{c}{l}$
		$\overline{F}_{PQ}^{(e)}$	0	0
		$\overline{M}_{P}^{(e)}$	0	0

注：关于温度变化、支座移动等广义荷载作用下的单元固端力，请参阅由文国治、李正良主编的《结构分析中的有限元法》等教材。

【例 11-2】 试求图 11-13 所示结构的综合结点荷载列阵 $\boldsymbol{F}$。

解：（1）计算单元固端力　在单元坐标系中，将结构的各单元均视作两端固定梁，查表 11-1，可求得

$$\overline{\boldsymbol{F}}_P^{(1)}=\begin{bmatrix}0\\-24\\-36\\ \hdashline 0\\-24\\36\end{bmatrix},\overline{\boldsymbol{F}}_P^{(2)}=\begin{bmatrix}0\\-48\\-32\\ \hdashline 0\\-48\\32\end{bmatrix},\overline{\boldsymbol{F}}_P^{(3)}=\begin{bmatrix}0\\20\\30\\ \hdashline 0\\20\\-30\end{bmatrix}$$

（2）计算单元等效结点荷载 $\boldsymbol{F}_E^e$，并将单元定位向量写在 $\boldsymbol{F}_E^e$ 的右侧

单元①：

$\alpha=0°$，$\boldsymbol{T}^{(1)}=\boldsymbol{I}$，$\boldsymbol{\lambda}^{(1)}=[0\quad 0\quad 1\ \vdots\ 2\quad 3\quad 4]^{\mathrm{T}}$

$$\boldsymbol{F}_{\mathrm{E}}^{(1)}=-\overline{\boldsymbol{F}}_{\mathrm{P}}^{(1)}=\begin{bmatrix}0\\24\\36\\\hdashline 0\\24\\-36\end{bmatrix}\begin{matrix}0\\0\\1\\2\\3\\4\end{matrix}$$

单元②：

$\alpha=0°,\boldsymbol{T}^{(2)}=\boldsymbol{I},\boldsymbol{\lambda}^{(2)}=[2\quad 3\quad 4\ \vdots\ 0\quad 6\quad 0]^{\mathrm{T}}$

$$\boldsymbol{F}_{\mathrm{E}}^{(2)}=-\overline{\boldsymbol{F}}_{\mathrm{P}}^{(2)}=\begin{bmatrix}0\\48\\32\\\hdashline 0\\48\\-32\end{bmatrix}\begin{matrix}2\\3\\4\\0\\6\\0\end{matrix}$$

单元③：

$\alpha=90°,\boldsymbol{\lambda}^{(3)}=[2\quad 3\quad 5\ \vdots\ 0\quad 0\quad 0]^{\mathrm{T}}$

$$\boldsymbol{F}_{\mathrm{E}}^{(3)}=-\boldsymbol{T}^{(3)\mathrm{T}}\overline{\boldsymbol{F}}_{\mathrm{P}}^{(3)}=-\left[\begin{array}{ccc:ccc}0&-1&0&0&0&0\\1&0&0&0&0&0\\0&0&1&0&0&0\\\hdashline 0&0&0&0&-1&0\\0&0&0&1&0&0\\0&0&0&0&0&1\end{array}\right]\begin{bmatrix}0\\20\\30\\\hdashline 0\\20\\-30\end{bmatrix}=\begin{bmatrix}20\\0\\-30\\\hdashline 20\\0\\30\end{bmatrix}\begin{matrix}2\\3\\5\\0\\0\\0\end{matrix}$$

（3）利用单元定位向量形成结构的等效结点荷载列阵

$$\boldsymbol{F}_{\mathrm{E}}=\begin{bmatrix}36\\0+0+20\\24+48+0\\-36+32\\-30\\48\end{bmatrix}\begin{matrix}1\\2\\3\\4\\5\\6\end{matrix}=\begin{bmatrix}36\\20\\72\\-4\\-30\\48\end{bmatrix}$$

（4）由结点荷载形成结构的直接结点荷载列阵

$$\boldsymbol{F}_{\mathrm{J}}=[0\quad 0\quad 0\quad 0\quad 10\quad 20]^{\mathrm{T}}$$

（5）计算结构的综合结点荷载列阵

$$\boldsymbol{F}=\boldsymbol{F}_{\mathrm{J}}+\boldsymbol{F}_{\mathrm{E}}=\begin{bmatrix}0\\0\\0\\0\\10\\20\end{bmatrix}+\begin{bmatrix}36\\20\\72\\-4\\-30\\48\end{bmatrix}=\begin{bmatrix}36\mathrm{kN\cdot m}\\20\mathrm{kN}\\72\mathrm{kN}\\-4\mathrm{kN\cdot m}\\-20\mathrm{kN\cdot m}\\68\mathrm{kN}\end{bmatrix}$$

11.7 求解结点位移和单元杆端力

前面采用先处理法对结点位移分量进行了统一编号（即列出了 $\boldsymbol{\Delta}$），并利用单元定位向量，于 11.5 节装配了结构刚度矩阵 $\boldsymbol{K}$，11.6 节形成了结构的综合结点荷载列阵 $\boldsymbol{F}$。因此，实际已经构建完成结构刚度方程（即位移法的基本方程）

$$\boldsymbol{K\Delta}=\boldsymbol{F}$$

下面的任务是：

第一，解方程 $\boldsymbol{K\Delta}=\boldsymbol{F}$，求出基本未知量——结点位移 $\boldsymbol{\Delta}$。

第二，求出单元杆端位移 $\overline{\boldsymbol{\delta}}^e$。

第三，求出单元杆端内力 $\overline{\boldsymbol{F}}^e$。

11.7.1 求解结点位移 Δ

用先处理法直接形成的结构刚度方程 $\boldsymbol{K\Delta}=\boldsymbol{F}$，是一个线性代数方程组，其结构刚度矩阵 $\boldsymbol{K}$ 为对称正定矩阵。求解此方程组，即可得到未知结点位移 $\boldsymbol{\Delta}$ 的唯一确定解。

11.7.2 求单元杆端位移 $\overline{\delta}^e$

这是一个逆向求解过程。对于单元 ij 而言，首先通过单元定位向量，从 $\boldsymbol{\Delta}$ 中取出结构坐标系中的 $\boldsymbol{\delta}^e$；然后，再利用坐标转换矩阵，将 $\boldsymbol{\delta}^e$ 变换到单元坐标系中去，求得 $\overline{\boldsymbol{\delta}}^e$，即

$$\boldsymbol{\Delta}\xrightarrow[\text{（根据变形连续条件）}]{\text{通过 }\boldsymbol{\lambda}^e\text{，取出}}\boldsymbol{\delta}^e\xrightarrow{\text{利用 }\boldsymbol{T}\text{，变换}}\overline{\boldsymbol{\delta}}^e=\boldsymbol{T\delta}^e$$

11.7.3 求单元杆端内力 $\overline{F}^e$

为了便于工程设计，一般需要求出单元坐标系中的单元杆端内力

$$\overline{\boldsymbol{F}}^e=[\overline{F}_{Ni}\quad \overline{F}_{Qi}\quad \overline{M}_i \;\vdots\; \overline{F}_{Nj}\quad \overline{F}_{Qj}\quad \overline{M}_j]^e$$

1. 计算公式

平面刚架的单元杆端内力 $\overline{\boldsymbol{F}}^e$ 由两部分组成（参见图 11-14）：

第一，固定结点时，由单元非结点荷载产生的单元固端力 $\overline{\boldsymbol{F}}_{\mathrm{P}}^e$（图 11-14b），可由表 11-1 查得。

第二，放松结点时，由单元杆端位移引起的杆端力 $\overline{\boldsymbol{F}}_{\delta}^e$（图 11-14c）。这里，杆端力特意加上下标“$\delta$”，是为了强调该杆端力 $\overline{\boldsymbol{F}}_{\delta}^e$ 是仅由杆端位移引起的。

将以上两部分叠加，就可得到单元杆端内力为

$$\overline{\boldsymbol{F}}^e=\underset{\text{（固定结点）}}{\overline{\boldsymbol{F}}_{\mathrm{P}}^e}+\underset{\text{（放松结点）}}{\overline{\boldsymbol{F}}_{\delta}^e}\tag{a}$$

关于 $\overline{\boldsymbol{F}}_{\delta}^e$ 的计算，具体说明如下：

若利用结构坐标系中的单刚 $\boldsymbol{k}^e$ 计算，则先按式（11-15）求出单元杆端力 $\boldsymbol{F}^e=\boldsymbol{k}^e\boldsymbol{\delta}^e$ 后，再经过坐标转换，就可求得单元坐标系中的杆端内力

$$\overline{\boldsymbol{F}}_{\delta}^e=\boldsymbol{T}^e\boldsymbol{F}^e=\boldsymbol{T}^e\boldsymbol{k}^e\boldsymbol{\delta}^e \tag{b}$$

若利用单元坐标系中的单刚 $\overline{\boldsymbol{k}}^e$ 计算，则可求得

$$\overline{\boldsymbol{F}}_{\delta}^e=\overline{\boldsymbol{k}}^e\overline{\boldsymbol{\delta}}^e=\overline{\boldsymbol{k}}^e(\boldsymbol{T}^e\boldsymbol{\delta}^e) \tag{c}$$

将式（b）、式（c）分别代入式（a），即可导出求解平面刚架单元杆端内力 $\overline{\boldsymbol{F}}^e$ 的两种实用的计算公式，即

方法一：

$$\overline{\boldsymbol{F}}^e=\overline{\boldsymbol{F}}_{\mathrm{P}}^e+\boldsymbol{T}^e\boldsymbol{k}^e\boldsymbol{\delta}^e \tag{11-22}$$

方法二：

$$\overline{\boldsymbol{F}}^e=\overline{\boldsymbol{F}}_{\mathrm{P}}^e+\overline{\boldsymbol{k}}^e\overline{\boldsymbol{\delta}}^e=\overline{\boldsymbol{F}}_{\mathrm{P}}^e+\overline{\boldsymbol{k}}^e(\boldsymbol{T}^e\boldsymbol{\delta}^e) \tag{11-23}$$

2. 符号规定

按式（11-22）或式（11-23）求得的 $\overline{\boldsymbol{F}}^e$ 中，杆端轴力与 $\bar{x}$ 轴正向同向为正，杆端剪力与 $\bar{y}$ 轴正向同向为正，杆端弯矩以顺时针方向为正。这与本书前面各章节中内力正负号规定不尽相同。注意在绘内力图时，仍应按原规定的内力正负号进行绘制，即轴力以受拉为正，剪力以绕杆件对象顺时针旋转为正，弯矩不区分正负，而应绘在杆件受拉一侧。

11.8 矩阵位移法的计算步骤和算例

11.8.1 先处理法的计算步骤

归纳起来，用先处理法计算平面刚架的步骤如下：

1）结构离散化。建立结构坐标系和单元坐标系，并对结点、单元及结点位移分量分别进行编号。

2）用式（11-14）形成单元坐标系中的单元刚度矩阵 $\overline{\boldsymbol{k}}^e$。

3）结构坐标系中的单元刚度矩阵 $\boldsymbol{k}^e$，既可用式（11-16）形成，也可直接由式（11-17）和式（11-18）形成。

4）按直接刚度法形成结构刚度矩阵 $\boldsymbol{K}$。

5）按式（11-21）形成结构的综合结点荷载列阵 $\boldsymbol{F}$。

6）解线性代数方程组 $\boldsymbol{K\Delta}=\boldsymbol{F}$，求出结构的未知结点位移列阵 $\boldsymbol{\Delta}$。

7）按式（11-22）或式（11-23）计算单元杆端内力，并由计算结果绘内力图。

对于连续梁和平面桁架等结构，可参照以上步骤进行，但要注意考虑不同结构的具体受力特点。

11.8.2 举例

1. 平面刚架

【例 11-3】 试用矩阵位移法计算图 11-13 所示刚架的内力，并作内力图。

解：(1) 形成结构刚度矩阵　结构刚度矩阵已在例 11-1 中形成，为

$$\boldsymbol{K}=10^4\times\begin{bmatrix} 6.0 & 0 & -1.5 & 3.0 & 0 & 0 \\ 0 & 200.5 & 0 & 0 & -1.5 & 0 \\ -1.5 & 0 & 82.188 & 1.875 & 0 & -1.688 \\ 3.0 & 0 & 1.875 & 15.0 & 0 & -3.375 \\ 0 & -1.5 & 0 & 0 & 6.0 & 0 \\ 0 & 0 & -1.688 & -3.375 & 0 & 1.688 \end{bmatrix}$$

(2) 计算结构的综合结点荷载列阵　已在例 11-2 中求得，为

$$\boldsymbol{F}=[36\quad 20\quad 72\quad -4\quad -20\quad 68]^{\mathrm{T}}$$

(3) 解结构刚度方程 $\boldsymbol{K\Delta}=\boldsymbol{F}$，求出结构的结点位移列阵 $\boldsymbol{\Delta}$　由

$$10^4\times\begin{bmatrix} 6.0 & 0 & -1.5 & 3.0 & 0 & 0 \\ 0 & 200.5 & 0 & 0 & -1.5 & 0 \\ -1.5 & 0 & 82.188 & 1.875 & 0 & -1.688 \\ 3.0 & 0 & 1.875 & 15.0 & 0 & -3.375 \\ 0 & -1.5 & 0 & 0 & 6.0 & 0 \\ 0 & 0 & -1.688 & -3.375 & 0 & 1.688 \end{bmatrix}\begin{bmatrix}\theta_1\\u_2\\v_2\\\theta_2\\\theta_3\\v_4\end{bmatrix}=\begin{bmatrix}36\\20\\72\\-4\\-20\\68\end{bmatrix}$$

解得结构的结点位移 $\boldsymbol{\Delta}$ 为

$$\boldsymbol{\Delta}=\begin{bmatrix}\theta_1\\u_2\\v_2\\\theta_2\\\theta_3\\v_4\end{bmatrix}=10^{-4}\times\begin{bmatrix}-2.0515 & \mathrm{rad}\\0.0750 & \mathrm{m}\\2.0197 & \mathrm{m}\\17.1128 & \mathrm{rad}\\-3.3146 & \mathrm{rad}\\76.5398 & \mathrm{m}\end{bmatrix}\begin{matrix}1\\2\\3\\4\\5\\6\end{matrix}$$

(4) 计算单元杆端力 $\overline{\boldsymbol{F}}^e$　按式 (11-22)，即 $\overline{\boldsymbol{F}}^e=\overline{\boldsymbol{F}}_{\mathrm{P}}^e+\boldsymbol{T}^e\boldsymbol{k}^e\boldsymbol{\delta}^e$ 计算。分别为

单元①：

$\alpha=0°$，$\boldsymbol{T}^{(1)}=\boldsymbol{I}$

$\overline{\boldsymbol{F}}^{(1)}=\overline{\boldsymbol{F}}_{\mathrm{P}}^{(1)}+k^{(1)}\boldsymbol{\delta}^{(1)}$

单元定位向量

$$=\begin{bmatrix}0\\-24\\-36\\0\\-24\\36\end{bmatrix}+\begin{bmatrix} 80 & 0 & 0 & -80 & 0 & 0 \\ 0 & 0.5 & 1.5 & 0 & -0.5 & 1.5 \\ 0 & 1.5 & 6.0 & 0 & -1.5 & 3.0 \\ -80 & 0 & 0 & 80 & 0 & 0 \\ 0 & -0.5 & -1.5 & 0 & 0.5 & -1.5 \\ 0 & 1.5 & 3.0 & 0 & -1.5 & 6.0 \end{bmatrix}\begin{bmatrix}0\\0\\-2.0515\\0.0750\\2.0197\\17.1128\end{bmatrix}\begin{matrix}0\\0\\1\\2\\3\\4\end{matrix}$$

$$
=\begin{bmatrix} -6.0 & \text{kN} \\ -2.4179 & \text{kN} \\ -0.0001 & \text{kN}\cdot\text{m} \\ \hline 6.0 & \text{kN} \\ -45.5821 & \text{kN} \\ 129.4928 & \text{kN}\cdot\text{m} \end{bmatrix}
$$

单元②：

$\alpha=0°$，$\boldsymbol{T}^{(2)}=\boldsymbol{I}$

$\overline{\boldsymbol{F}}^{(2)}=\overline{\boldsymbol{F}}_{\mathrm{P}}^{(2)}+\boldsymbol{k}^{(2)}\boldsymbol{\delta}^{(2)}$

单元定位向量 ↓

$$
=\begin{bmatrix} 0 \\ -48 \\ -32 \\ \hline 0 \\ -48 \\ 32 \end{bmatrix}+\left[\begin{array}{ccc|ccc} 120 & 0 & 0 & -120 & 0 & 0 \\ 0 & 1.688 & 3.375 & 0 & -1.688 & 3.375 \\ 0 & 3.375 & 9.0 & 0 & -3.375 & 4.5 \\ \hline -120 & 0 & 0 & 120 & 0 & 0 \\ 0 & -1.688 & -3.375 & 0 & 1.688 & -3.375 \\ 0 & 3.375 & 4.5 & 0 & -3.375 & 9.0 \end{array}\right]\begin{bmatrix} 0.0750 \\ 2.0197 \\ 17.1128 \\ \hline 0 \\ 76.5398 \\ 0 \end{bmatrix}\begin{matrix} 2 \\ 3 \\ 4 \\ 0 \\ 6 \\ 0 \end{matrix}
$$

$$
=\begin{bmatrix} 9.0 & \text{kN} \\ -115.9970 & \text{kN} \\ -129.4901 & \text{kN}\cdot\text{m} \\ \hline -9.0 & \text{kN} \\ 19.9970 & \text{kN} \\ -142.4977 & \text{kN}\cdot\text{m} \end{bmatrix}
$$

单元③：

$\alpha=90°$，$\overline{\boldsymbol{F}}^{(3)}=\overline{\boldsymbol{F}}_{\mathrm{P}}^{(3)}+\boldsymbol{T}^{(3)}\boldsymbol{k}^{(3)}\boldsymbol{\delta}^{(3)}$

单元定位向量 ↓

$$
=\begin{bmatrix} 0 \\ 20 \\ 30 \\ \hline 0 \\ 20 \\ -30 \end{bmatrix}+\left[\begin{array}{ccc|ccc} 0 & 1 & 0 & 0 & 0 & 0 \\ -1 & 0 & 0 & 0 & 0 & 0 \\ 0 & 0 & 1 & 0 & 0 & 0 \\ \hline 0 & 0 & 0 & 0 & 1 & 0 \\ 0 & 0 & 0 & -1 & 0 & 0 \\ 0 & 0 & 0 & 0 & 0 & 1 \end{array}\right]\left[\begin{array}{ccc|ccc} 0.5 & 0 & -1.5 & -0.5 & 0 & -1.5 \\ 0 & 80 & 0 & 0 & -80 & 0 \\ -1.5 & 0 & 6.0 & 1.5 & 0 & 3.0 \\ \hline -0.5 & 0 & 1.5 & 0.5 & 0 & 1.5 \\ 0 & -80 & 0 & 0 & 80 & 0 \\ -1.5 & 0 & 3.0 & 1.5 & 0 & 6.0 \end{array}\right]\begin{bmatrix} 0.0750 \\ 2.0197 \\ -3.3146 \\ \hline 0 \\ 0 \\ 0 \end{bmatrix}\begin{matrix} 2 \\ 3 \\ 5 \\ 0 \\ 0 \\ 0 \end{matrix}
$$

$$
=\begin{bmatrix} 161.5760 & \text{kN} \\ 14.9906 & \text{kN} \\ 9.9999 & \text{kN}\cdot\text{m} \\ \hline -161.5760 & \text{kN} \\ 25.0094 & \text{kN} \\ -40.0563 & \text{kN}\cdot\text{m} \end{bmatrix}
$$

（5）绘制内力图 结构的弯矩、剪力、轴力图分别如图 11-15a、b、c 所示。

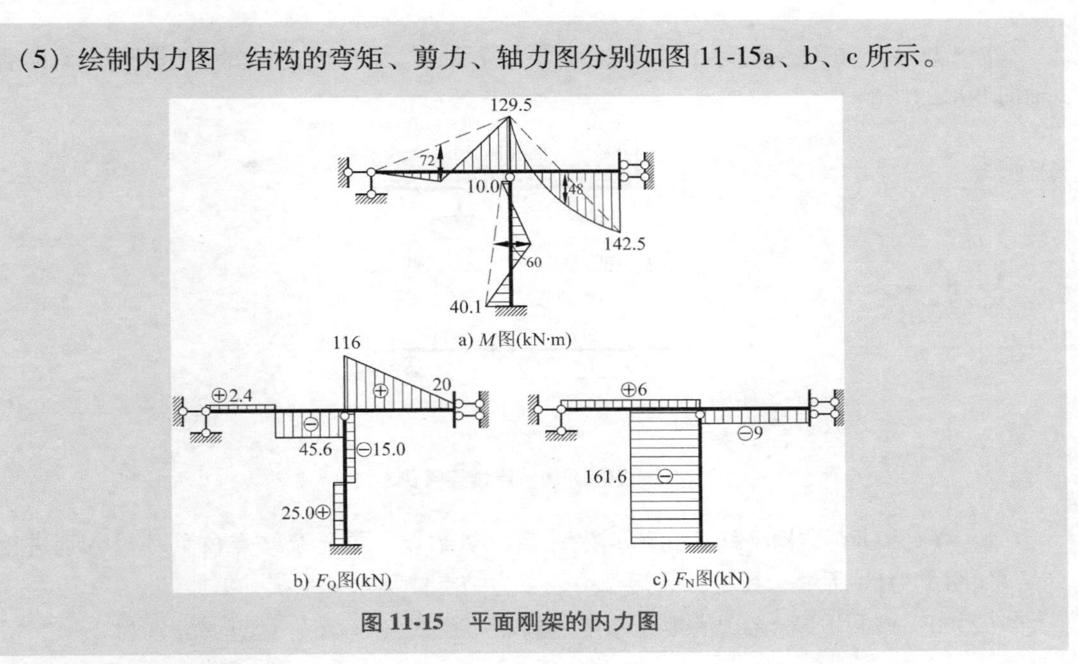

图 11-15 平面刚架的内力图

2. 多跨连续梁

对于每跨各自为等截面、跨内无铰结点，且梁端无定向支座的连续梁，离散得出的单元（通常忽略轴向变形），只有两端的弯矩（$\overline{M}_i$和$\overline{M}_j$）与转角（$\overline{\theta}_i$和$\overline{\theta}_j$）存在，杆端轴向位移和横向位移为零，即

$$\overline{u}_i=\overline{v}_i=\overline{u}_j=\overline{v}_j=0 \tag{a}$$

将式（a）代入式（11-13），即可得其单元刚度方程为

$$\begin{bmatrix}\overline{M}_i\\ \overline{M}_j\end{bmatrix}^{(e)}=\begin{bmatrix}\dfrac{4EI}{l} & \dfrac{2EI}{l}\\ \dfrac{2EI}{l} & \dfrac{4EI}{l}\end{bmatrix}^{(e)}\begin{bmatrix}\overline{\theta}_i\\ \overline{\theta}_j\end{bmatrix}^{(e)} \tag{11-24}$$

相应的单元刚度矩阵为

$$\begin{array}{c} \quad\quad (\overline{\theta}_i=1)\ \ (\overline{\theta}_j=1) \\ \overline{\boldsymbol{k}}^e=\begin{bmatrix}\dfrac{4EI}{l} & \dfrac{2EI}{l}\\ \dfrac{2EI}{l} & \dfrac{4EI}{l}\end{bmatrix}^{(e)}\begin{array}{c}(\overline{M}_i)\\ \\ (\overline{M}_j)\end{array}\end{array} \tag{11-25}$$

显然，它可由平面刚架单元的单刚 $\overline{\boldsymbol{k}}^e$［式（11-14）］，划去与杆端轴向位移和横向位移对应的第 1、2、4、5 行和列而得。

连续梁各单元坐标 $\overline{x}$ 与结构坐标 x 一致，即各单元 $\alpha=0$，故

$$\boldsymbol{k}^e=\overline{\boldsymbol{k}}^e=\begin{bmatrix}\dfrac{4EI}{l} & \dfrac{2EI}{l}\\ \dfrac{2EI}{l} & \dfrac{4EI}{l}\end{bmatrix}^{(e)} \tag{11-26}$$

【例11-4】 试用先处理法计算图11-16a所示连续梁的内力，并作弯矩图。忽略各杆轴向变形的影响。

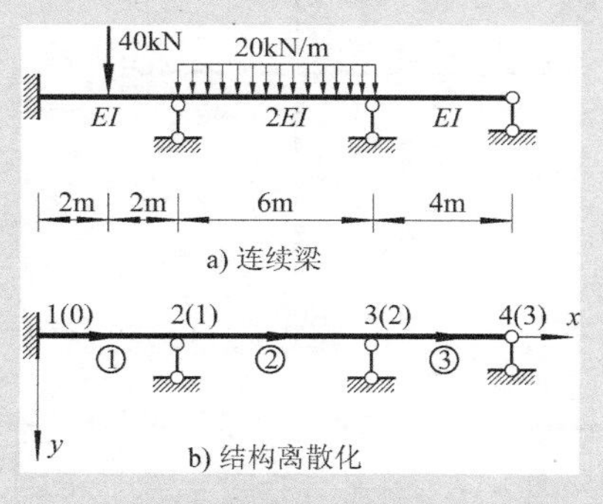

图11-16 连续梁算例

解：(1) 建立结构坐标系和单元坐标系 对结点、单元及结点位移分量分别进行编号，如图11-16b所示。其中，圆括号中数字为结点位移未知量统一编号。

(2) 形成结构坐标系中的单元刚度矩阵 $\boldsymbol{k}^e$ 用式（11-26）计算，分别为

$$\boldsymbol{k}^{(1)}=EI\begin{bmatrix}1 & \frac{1}{2}\\ \frac{1}{2} & 1\end{bmatrix}\begin{matrix}0\\1\end{matrix},\quad \boldsymbol{k}^{(2)}=EI\begin{bmatrix}\frac{4}{3} & \frac{2}{3}\\ \frac{2}{3} & \frac{4}{3}\end{bmatrix}\begin{matrix}1\\2\end{matrix},\quad \boldsymbol{k}^{(3)}=EI\begin{bmatrix}1 & \frac{1}{2}\\ \frac{1}{2} & 1\end{bmatrix}\begin{matrix}2\\3\end{matrix}$$

（各矩阵列号依次为：0 1；1 2；2 3）

(3) 利用单元定位向量形成结构刚度矩阵 $\boldsymbol{K}$

$$\boldsymbol{K}=EI\begin{bmatrix}1+\frac{4}{3} & \frac{2}{3} & 0\\ \frac{2}{3} & \frac{4}{3}+1 & \frac{1}{2}\\ 0 & \frac{1}{2} & 1\end{bmatrix}\begin{matrix}1\\2\\3\end{matrix}=EI\begin{bmatrix}2.3333 & 0.6667 & 0\\ 0.6667 & 2.3333 & 0.5\\ 0 & 0.5 & 1\end{bmatrix}\begin{matrix}1\\2\\3\end{matrix}$$

（列号依次为：1 2 3）

(4) 形成结构的综合结点荷载列阵 $\boldsymbol{F}$ 先形成单元等效结点荷载列阵 $\boldsymbol{F}_{\mathrm{E}}^e$，用式（11-20）$\boldsymbol{F}_{\mathrm{E}}^e=-\boldsymbol{T}^{\mathrm{T}}\overline{\boldsymbol{F}}_{\mathrm{P}}^e$ 计算，分别为

$$\boldsymbol{F}_{\mathrm{E}}^{(1)}=-\overline{\boldsymbol{F}}_{\mathrm{P}}^{(1)}=-\begin{bmatrix}-\frac{1}{8}\times40\times4\\ \frac{1}{8}\times40\times4\end{bmatrix}\begin{matrix}0\\1\end{matrix}=\begin{bmatrix}20\\-20\end{bmatrix}\begin{matrix}0\\1\end{matrix}$$

$$\boldsymbol{F}_{\mathrm{E}}^{(2)}=-\overline{\boldsymbol{F}}_{\mathrm{P}}^{(2)}=-\begin{bmatrix}-\frac{1}{12}\times20\times6^2\\ \frac{1}{12}\times20\times6^2\end{bmatrix}\begin{matrix}1\\2\end{matrix}=\begin{bmatrix}60\\-60\end{bmatrix}\begin{matrix}1\\2\end{matrix}$$

再利用单元定位向量，形成结构的综合结点荷载列阵，为

$$\boldsymbol{F}=\begin{bmatrix}-20+60\\-60\\0\end{bmatrix}\begin{matrix}1\\2\\3\end{matrix}=\begin{bmatrix}40\\-60\\0\end{bmatrix}\begin{matrix}1\\2\\3\end{matrix}$$

（5）形成结构刚度方程，解方程求结点位移 $\boldsymbol{\Delta}$　结构刚度方程 $\boldsymbol{K\Delta}=\boldsymbol{F}$ 为

$$EI\begin{bmatrix}2.3333 & 0.6667 & 0\\0.6667 & 2.3333 & 0.5\\0 & 0.5 & 1\end{bmatrix}\begin{bmatrix}\theta_1\\\theta_2\\\theta_3\end{bmatrix}=\begin{bmatrix}40\\-60\\0\end{bmatrix}$$

解方程，得结点位移 $\boldsymbol{\Delta}$ 为

$$\begin{bmatrix}\theta_1\\\theta_2\\\theta_3\end{bmatrix}=\frac{1}{EI}\begin{bmatrix}27.928\\-37.740\\18.872\end{bmatrix}\begin{matrix}1\\2\\3\end{matrix}$$

（6）利用单元定位向量从结点位移 Δ 中取出各单元杆端位移 $\boldsymbol{\delta}^e$

$$\boldsymbol{\delta}^{(1)}=\frac{1}{EI}\begin{bmatrix}0\\27.928\end{bmatrix}\begin{matrix}0\\1\end{matrix},\quad \boldsymbol{\delta}^{(2)}=\frac{1}{EI}\begin{bmatrix}27.928\\-37.740\end{bmatrix}\begin{matrix}1\\2\end{matrix}$$

$$\boldsymbol{\delta}^{(3)}=\frac{1}{EI}\begin{bmatrix}-37.740\\18.872\end{bmatrix}\begin{matrix}2\\3\end{matrix}$$

（7）用式（11-22）$\overline{\boldsymbol{F}}^e=\overline{\boldsymbol{F}}_{\mathrm{P}}^e+\boldsymbol{T}^e(\boldsymbol{k}^e\boldsymbol{\delta}^e)=\overline{\boldsymbol{F}}_{\mathrm{P}}^e+\overline{\boldsymbol{k}}^e\overline{\boldsymbol{\delta}}^e$ 计算单元杆端内力 $\overline{\boldsymbol{F}}^e$

$$\overline{\boldsymbol{F}}^{(1)}=\overline{\boldsymbol{F}}_{\mathrm{P}}^{(1)}+\overline{\boldsymbol{k}}^{(1)}\overline{\boldsymbol{\delta}}^{(1)}$$

$$=\begin{bmatrix}-20\\20\end{bmatrix}+EI\begin{bmatrix}1 & \frac{1}{2}\\\frac{1}{2} & 1\end{bmatrix}\times\frac{1}{EI}\begin{bmatrix}0\\27.928\end{bmatrix}=\begin{bmatrix}-6.04\mathrm{kN\cdot m}\\47.93\mathrm{kN\cdot m}\end{bmatrix}\begin{matrix}0\\1\end{matrix}$$

$$\overline{\boldsymbol{F}}^{(2)}=\overline{\boldsymbol{F}}_{\mathrm{P}}^{(2)}+\overline{\boldsymbol{k}}^{(2)}\overline{\boldsymbol{\delta}}^{(2)}$$

$$=\begin{bmatrix}-60\\60\end{bmatrix}+EI\begin{bmatrix}\frac{4}{3} & \frac{2}{3}\\\frac{2}{3} & \frac{4}{3}\end{bmatrix}\times\frac{1}{EI}\begin{bmatrix}27.928\\-37.740\end{bmatrix}=\begin{bmatrix}-47.93\mathrm{kN\cdot m}\\28.30\mathrm{kN\cdot m}\end{bmatrix}\begin{matrix}1\\2\end{matrix}$$

$$\overline{\boldsymbol{F}}^{(3)}=\overline{\boldsymbol{F}}_{\mathrm{P}}^{(3)}+\overline{\boldsymbol{k}}^{(3)}\overline{\boldsymbol{\delta}}^{(3)}$$

$$=\begin{bmatrix}0\\0\end{bmatrix}+EI\begin{bmatrix}1 & \frac{1}{2}\\\frac{1}{2} & 1\end{bmatrix}\times\frac{1}{EI}\begin{bmatrix}-37.740\\18.872\end{bmatrix}=\begin{bmatrix}-28.30\mathrm{kN\cdot m}\\0\end{bmatrix}\begin{matrix}2\\3\end{matrix}$$

（8）作弯矩图　由上面求得的 $\overline{\boldsymbol{F}}^{(1)}$、$\overline{\boldsymbol{F}}^{(2)}$ 和 $\overline{\boldsymbol{F}}^{(3)}$ 可作出弯矩图，如图 11-17 所示。图中，结点 2 和结点 3 的弯矩保持平衡，表明计算无误。

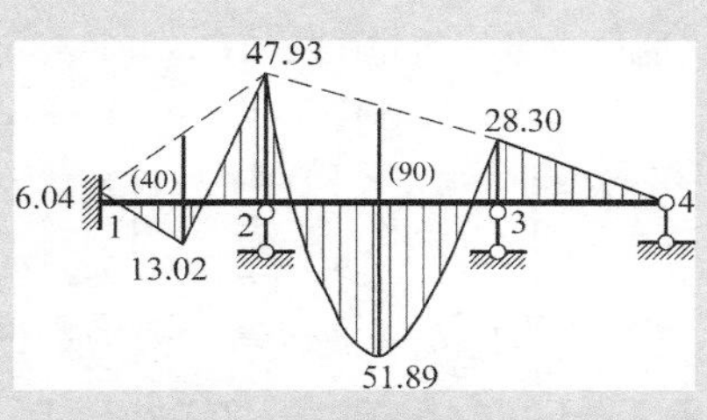

图 11-17 连续梁 M 图（kN · m）

顺便指出，对于无结点线位移的刚架，若忽略轴向变形的影响，各结点只有角位移，单元刚度矩阵 $\overline{\boldsymbol{k}}^e$ 与连续梁相同，单元杆端力即为杆端弯矩。其计算方法和步骤与连续梁相同。

3. 平面桁架

对于理想桁架，各杆件只有轴向变形，在单元坐标系中杆端位移仅有 $\overline{u}_i$ 和 $\overline{u}_j$，其余位移为零，即

$$\overline{v}_i=\overline{v}_j=\overline{\theta}_i=\overline{\theta}_j=0$$

因此，可将平面刚架单元的单刚［即式（11-14）］中第2、3、5、6行和列划去后，得到平面桁架单元在单元坐标系中的刚度矩阵 $\overline{\boldsymbol{k}}^e$，为

$$\overline{\boldsymbol{k}}^e=\begin{bmatrix}\dfrac{EA}{l} & -\dfrac{EA}{l}\\ -\dfrac{EA}{l} & \dfrac{EA}{l}\end{bmatrix}^e \tag{11-27}$$

在结构坐标系中，平面桁架的每个结点有两个独立的位移分量，即沿 x 轴方向的线位移 u 和沿 y 轴方向的线位移 v。平面桁架单元的坐标转换矩阵 $\boldsymbol{T}$ 为

$$\boldsymbol{T}=\begin{bmatrix}\cos\alpha & \sin\alpha & 0 & 0\\ 0 & 0 & \cos\alpha & \sin\alpha\end{bmatrix} \tag{11-28}$$

按式（11-16），即 $\boldsymbol{k}^e=\boldsymbol{T}^{\mathrm{T}}\overline{\boldsymbol{k}}^e\mathrm{T}$，可得平面桁架单元在结构坐标系中的单刚为

$$\boldsymbol{k}^e=\frac{EA}{l}\begin{bmatrix}\cos^2\alpha & \sin\alpha\cos\alpha & -\cos^2\alpha & -\sin\alpha\cos\alpha\\ \sin\alpha\cos\alpha & \sin^2\alpha & -\sin\alpha\cos\alpha & -\sin^2\alpha\\ -\cos^2\alpha & -\sin\alpha\cos\alpha & \cos^2\alpha & \sin\alpha\cos\alpha\\ -\sin\alpha\cos\alpha & -\sin^2\alpha & \sin\alpha\cos\alpha & \sin^2\alpha\end{bmatrix} \tag{11-29}$$

形成平面桁架结构刚度矩阵 $\boldsymbol{K}$ 的方法与平面刚架相同。对结点位移分量编号时应注意，桁架单元的结点角位移不作为基本未知量。

【例 11-5】 试用先处理法计算图 11-18a 所示桁架的内力。各杆 EA 相同。

解：（1）建立结构坐标系和单元坐标系 对结点、单元及结点位移分量分别进行编号，如图 11-18b 所示。

（2）利用式（11-29）形成结构坐标系中的单元刚度矩阵 $\boldsymbol{k}^e$ 将单元定位向量写在各单元刚度矩阵的上方和右侧。

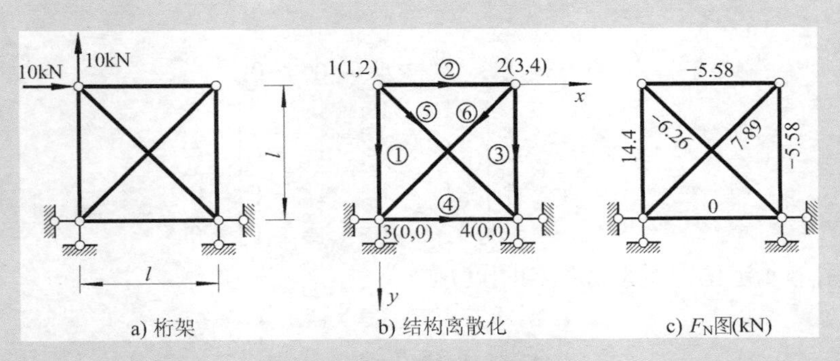

a) 桁架　b) 结构离散化　c) F_N图(kN)

图 11-18　平面桁架算例

单元①和单元③：$\alpha=90°$

$$
\begin{array}{c} \quad\quad\quad 1 \quad\ 2 \quad\ 0 \quad\ 0 \\ \boldsymbol{k}^{(1)}=\dfrac{EA}{l}\left[\begin{array}{cc:cc} 0 & 0 & 0 & 0 \\ 0 & 1 & 0 & -1 \\ \hdashline 0 & 0 & 0 & 0 \\ 0 & -1 & 0 & 1 \end{array}\right]\begin{array}{c} 1 \\ 2 \\ 0 \\ 0 \end{array} \end{array}
$$

$$
\begin{array}{c} \quad\quad\quad 3 \quad\ 4 \quad\ 0 \quad\ 0 \\ \boldsymbol{k}^{(3)}=\dfrac{EA}{l}\left[\begin{array}{cc:cc} 0 & 0 & 0 & 0 \\ 0 & 1 & 0 & -1 \\ \hdashline 0 & 0 & 0 & 0 \\ 0 & -1 & 0 & 1 \end{array}\right]\begin{array}{c} 3 \\ 4 \\ 0 \\ 0 \end{array} \end{array}
$$

单元②和单元④：$\alpha=0°$

$$
\begin{array}{c} \quad\quad\quad 1 \quad\ 2 \quad\ 3 \quad\ 4 \\ \boldsymbol{k}^{(2)}=\dfrac{EA}{l}\left[\begin{array}{cc:cc} 1 & 0 & -1 & 0 \\ 0 & 0 & 0 & 0 \\ \hdashline -1 & 0 & 1 & 0 \\ 0 & 0 & 0 & 0 \end{array}\right]\begin{array}{c} 1 \\ 2 \\ 3 \\ 4 \end{array} \end{array}
$$

$$
\begin{array}{c} \quad\quad\quad 0 \quad\ 0 \quad\ 0 \quad\ 0 \\ \boldsymbol{k}^{(4)}=\dfrac{EA}{l}\left[\begin{array}{cc:cc} 1 & 0 & -1 & 0 \\ 0 & 0 & 0 & 0 \\ \hdashline -1 & 0 & 1 & 0 \\ 0 & 0 & 0 & 0 \end{array}\right]\begin{array}{c} 0 \\ 0 \\ 0 \\ 0 \end{array} \end{array}
$$

单元⑤：$\alpha=45°$

$$
\begin{array}{c} \quad\quad\quad\quad\quad 1 \quad\ 2 \quad\ 0 \quad\ 0 \\ \boldsymbol{k}^{(5)}=\dfrac{EA}{l}\times\dfrac{\sqrt{2}}{4}\left[\begin{array}{cc:cc} 1 & 1 & -1 & -1 \\ 1 & 1 & -1 & -1 \\ \hdashline -1 & -1 & 1 & 1 \\ -1 & -1 & 1 & 1 \end{array}\right]\begin{array}{c} 1 \\ 2 \\ 0 \\ 0 \end{array} \end{array}
$$

单元⑥：$\alpha=3\pi/4$

$$
\begin{array}{c} \\ k^{(6)}=\dfrac{EA}{l}\times\dfrac{\sqrt{2}}{4} \end{array}
\begin{array}{c} \begin{array}{cccc} 3 & 4 & 0 & 0 \end{array} \\ \left[\begin{array}{cc:cc} 1 & -1 & -1 & 1 \\ -1 & 1 & 1 & -1 \\ \hdashline -1 & 1 & 1 & -1 \\ 1 & -1 & -1 & 1 \end{array}\right] \end{array}
\begin{array}{c} \\ 3 \\ 4 \\ 0 \\ 0 \end{array}
$$

（3）利用单元定位向量形成结构刚度矩阵 $\boldsymbol{K}$

$$
\boldsymbol{K}=\frac{EA}{l}\begin{bmatrix} 1.35 & 0.35 & -1 & 0 \\ 0.35 & 1.35 & 0 & 0 \\ -1 & 0 & 1.35 & 0.35 \\ 0 & 0 & 0.35 & 1.35 \end{bmatrix}\begin{array}{c} 1 \\ 2 \\ 3 \\ 4 \end{array}
\quad (\text{columns } 1,\ 2,\ 3,\ 4)
$$

（4）形成结构的综合结点荷载列阵 $\boldsymbol{F}$　由图 11-18a、b，可直接根据作用在结点 1 上的结点荷载形成 $\boldsymbol{F}_{\mathrm{J}}$，即

$$
\boldsymbol{F}=\boldsymbol{F}_{\mathrm{J}}=\begin{bmatrix} 10 & -10 & 0 & 0 \end{bmatrix}^{\mathrm{T}}\quad (1\ \ 2\ \ 3\ \ 4)
$$

（5）形成结构刚度方程，解方程求结点位移 $\boldsymbol{\Delta}$　结构刚度方程 $\boldsymbol{K\Delta}=\boldsymbol{F}$ 为

$$
\frac{EA}{l}\begin{bmatrix} 1.35 & 0.35 & -1 & 0 \\ 0.35 & 1.35 & 0 & 0 \\ -1 & 0 & 1.35 & 0.35 \\ 0 & 0 & 0.35 & 1.35 \end{bmatrix}\begin{bmatrix} u_1 \\ v_1 \\ u_2 \\ v_2 \end{bmatrix}=\begin{bmatrix} 10 \\ -10 \\ 0 \\ 0 \end{bmatrix}
$$

解方程，得结点位移 $\boldsymbol{\Delta}$ 为

$$
\boldsymbol{\Delta}=\begin{bmatrix} u_1 \\ v_1 \\ u_2 \\ v_2 \end{bmatrix}=\frac{l}{EA}\begin{bmatrix} 26.94 \\ -14.42 \\ 21.36 \\ 5.58 \end{bmatrix}\begin{array}{c} 1 \\ 2 \\ 3 \\ 4 \end{array}
$$

（6）计算各单元轴力 $\overline{\boldsymbol{F}}^{e}$

$$
\overline{\boldsymbol{F}}^{(1)}=\boldsymbol{T}^{(1)}\boldsymbol{F}^{(1)}=\boldsymbol{T}^{(1)}\boldsymbol{k}^{(1)}\boldsymbol{\delta}^{(1)}
$$

$$
=\begin{bmatrix} 0 & 1 & 0 & 0 \\ 0 & 0 & 0 & 1 \end{bmatrix}\left[\begin{array}{cc:cc} 0 & 0 & 0 & 0 \\ 0 & 1 & 0 & -1 \\ \hdashline 0 & 0 & 0 & 0 \\ 0 & -1 & 0 & 1 \end{array}\right]\left[\begin{array}{c} 26.94 \\ -14.42 \\ \hdashline 0 \\ 0 \end{array}\right]\begin{array}{c} 1 \\ 2 \\ 0 \\ 0 \end{array}=\begin{bmatrix} -14.4\mathrm{kN} \\ 14.4\mathrm{kN} \end{bmatrix}
$$

$$
\overline{\boldsymbol{F}}^{(2)}=\boldsymbol{T}^{(2)}\boldsymbol{F}^{(2)}=\boldsymbol{T}^{(2)}\boldsymbol{k}^{(2)}\boldsymbol{\delta}^{(2)}
$$

$$
=\begin{bmatrix} 1 & 0 & 0 & 0 \\ 0 & 0 & 1 & 0 \end{bmatrix}\left[\begin{array}{cc:cc} 1 & 0 & -1 & 0 \\ 0 & 0 & 0 & 0 \\ \hdashline -1 & 0 & 1 & 0 \\ 0 & 0 & 0 & 0 \end{array}\right]\left[\begin{array}{c} 26.94 \\ -14.42 \\ \hdashline 21.36 \\ 5.58 \end{array}\right]\begin{array}{c} 1 \\ 2 \\ 3 \\ 4 \end{array}=\begin{bmatrix} 5.58\mathrm{kN} \\ -5.58\mathrm{kN} \end{bmatrix}
$$

$$\overline{\boldsymbol{F}}^{(3)}=\boldsymbol{T}^{(3)}\boldsymbol{k}^{(3)}\boldsymbol{\delta}^{(3)}$$

$$=\begin{bmatrix}0&1&0&0\\0&0&0&1\end{bmatrix}\begin{bmatrix}0&0&0&0\\0&1&0&-1\\0&0&0&0\\0&-1&0&1\end{bmatrix}\begin{bmatrix}21.36\\5.58\\0\\0\end{bmatrix}\begin{matrix}3\\4\\0\\0\end{matrix}=\begin{bmatrix}5.58\text{kN}\\-5.58\text{kN}\end{bmatrix}$$

$$\overline{\boldsymbol{F}}^{(4)}=\boldsymbol{F}^{(4)}=\boldsymbol{k}^{(4)}\boldsymbol{\delta}^{(4)}=\boldsymbol{0}$$

$$\overline{\boldsymbol{F}}^{(5)}=\boldsymbol{T}^{(5)}\boldsymbol{k}^{(5)}\boldsymbol{\delta}^{(5)}$$

$$=\frac{\sqrt{2}}{2}\begin{bmatrix}1&1&0&0\\0&0&1&1\end{bmatrix}\times\frac{\sqrt{2}}{4}\begin{bmatrix}1&1&-1&-1\\1&1&-1&-1\\-1&-1&1&1\\-1&-1&1&1\end{bmatrix}\begin{bmatrix}26.94\\-14.42\\0\\0\end{bmatrix}\begin{matrix}1\\2\\0\\0\end{matrix}$$

$$=\begin{bmatrix}6.26\text{kN}\\-6.26\text{kN}\end{bmatrix}$$

$$\overline{\boldsymbol{F}}^{(6)}=\boldsymbol{T}^{(6)}\boldsymbol{k}^{(6)}\boldsymbol{\delta}^{(6)}$$

$$=\frac{\sqrt{2}}{2}\begin{bmatrix}-1&1&0&0\\0&0&-1&1\end{bmatrix}\times\frac{\sqrt{2}}{4}\begin{bmatrix}1&-1&-1&1\\-1&1&1&-1\\-1&1&1&-1\\1&-1&-1&1\end{bmatrix}\begin{bmatrix}21.36\\5.58\\0\\0\end{bmatrix}\begin{matrix}3\\4\\0\\0\end{matrix}$$

$$=\begin{bmatrix}-7.89\text{kN}\\7.89\text{kN}\end{bmatrix}$$

各杆内力值标注在图 11-18c 中桁架各杆杆旁。各结点受力平衡，说明计算正确。

11.9　平面刚架程序设计

11.9.1　程序说明及框图

依据前述矩阵位移法原理，本节使用 Python3.0 程序设计语言（引用 Numpy 库），编制了平面刚架先处理法计算程序 PFF.py。

1. PFF 的主要功能和特点

1）输入单元编号、结点编号、结点位移分量统一编号和单元材料信息；

2）用先处理法形成结构刚度矩阵和综合结点荷载列阵；

3）求解线性代数方程组；

4）计算并输出结点位移和单元杆端力。

2. PFF 的使用方法

（1）输入输出数据文件　PFF 从原始数据文件中读取结构的离散化信息。运行 PFF.py 程序，会提示“输入数据文件名:”，此时，输入事先准备好的原始数据文件名。程序运行后生成结果数据文件。

数据文件同 PFF 程序放置在同一文件夹中。在输入文件名时，应包含后缀（.TXT）。

（2）数据文件的准备　下面，按程序 PFF 所要求的输入数据顺序，说明各符号的含义及对应数据的准备方法。

1）结构信息 N_ele，N_node，N_F_node，N_F_ele

N_ele——单元总数；

N_node——结点总数；

N_F_node——结点荷载总数；

N_F_ele——非结点荷载总数。

2）结点坐标 xy[0，M]，xy[1，M]

结点坐标值从 1 到 N_node 依次输入，每个结点占一行。

3）单元信息 IJ[0，M]，IJ[1，M]，EA[M]，EI[M]

IJ[0，M]——单元的始端结点码；

IJ[1，M]——单元的末端结点码；

EA[M]——单元截面轴向刚度；

EI[M]——单元截面抗弯刚度。

单元信息依单元编号顺序，1 到 N_ele 依次输入，每个单元占一行。

4）结点位移分量统一编号数组 code[0，M]，code[1，M]，code[2，M]

按结点顺序（1 到 N_node）依次输入各结点的 u、v 和 θ 位移分量编号，每个结点占一行。

5）结点荷载信息 Fnode[0，M]，Fnode[1，M]，Fnode[2，M]

Fnode[0，M]——荷载作用的结点号；

Fnode[1，M]——荷载方向码，结构坐标系 X、Y、q 方向分别对应 1、2 和 3；

Fnode[2，M]——荷载值（含正负号），与结构坐标系一致为正，反之为负。

6）非结点荷载信息 FEle[0，M]，FEle[1，M]，FEle[2，M]，FEle[3，M]

FEle[0，M]——非结点荷载作用的单元编号；

FEle[1，M]——非结点荷载的类型代码，即表 11-1 中的六类；

FEle[2，M]——荷载值（含正负号），与单元坐标系一致为正，反之为负；

FEle[3，M]——位置参数 c，即表 11-1 各图中的 c。

3. PFF 程序框图

PFF 程序的总框图如图 11-19 所示。

4. 子程序说明

T(xy，L，IJ，M)：返回单元坐标变换矩阵；

EK(EA，EI，L)：返回单元在单元坐标系统下的单元刚度矩阵；

LV(code，IJ，M)：返回单元的单元定位向量；

P(L，M，N_F_ele，FEle)：返回非结点荷载对应的固端力向量（单元坐标系统）；

F(Fnode，NN，code，N_F_node)：返回结点力对应的结点力向量；

TL(IND，INdata)：读取数据文件中第 IND 行字符，返回“，”分隔的字符数组；

mat. linalg. solve（TK，F)：库 numpy 中求解线性方程的函数，返回解。

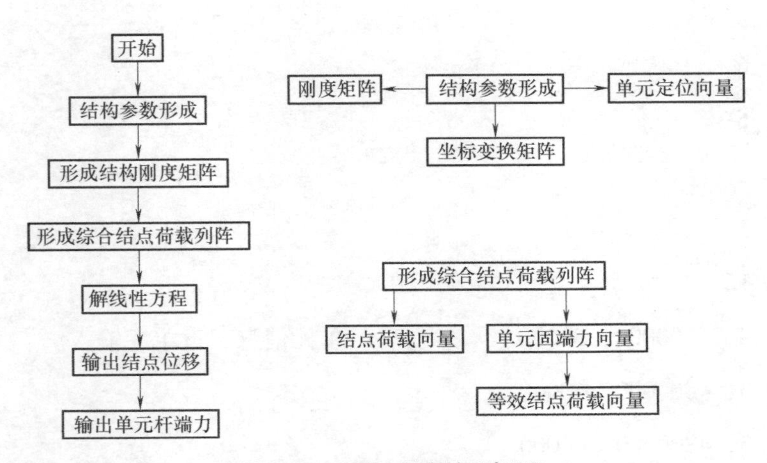

图 11-19　PFF 程序的总框图

11.9.2 算例及源程序

1. 算例

下面，以一算例先说明数据文件的输入方法，再说明结果数据文件的含义。

【例 11-6】　已知图 11-20a 所示的平面刚架，各杆 $E=3\times10^7\text{kN/m}^2$，$A=0.16\text{m}^2$，$I=0.002\text{m}^4$。为该刚架准备 PFF 程序使用的数据文件。

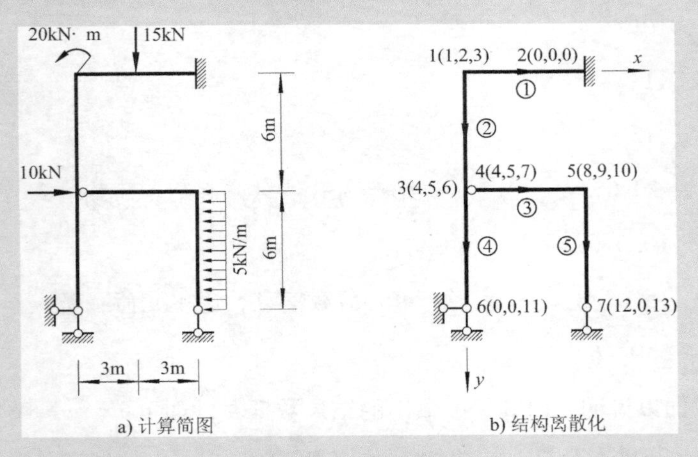

图 11-20　例 11-6 图

解：首先，对结点、单元和结点位移分量进行编号，如图 11-20b 所示。建立一个纯文本文件，按上述原始数据文件的格式，输入原始数据如下（右侧为注释，不输入）：

5，7，2，2　　　　结构信息

0，0　　　　结点坐标，逐结点输入

6，0

```
0，6
0，6
6，6
0，12
6，12
1，2，4800000，60000              单元信息，逐单元输入
1，3，4800000，60000
4，5，4800000，60000
3，6，4800000，60000
5，7，4800000，60000
1，2，3                          结点位移编码，逐结点输入
0，0，0
4，5，6
4，5，7
8，9，10
0，0，11
12，0，13
1，3，-20.0                      结点荷载信息，逐结点荷载输入
3，1，10.0
1，2，15.0，3                    单元荷载信息，逐单元荷载输入
5，1，5.0，6
```

仍以例11-6加以说明，PFF程序输出的结果数据文件如下：

```
Node(1) displacement:
-1.615e-05,-1.64e-05,0.000662
Node(2) displacement:
0.0,0.0,0.0
Node(3) displacement:
-0.00675,-1.76e-05,0.0002909
Node(4) displacement:
-0.00675,-1.76e-05,-0.001494
```

```
Node(5) displacement:
-0.006786,1.88e-05,0.003006
Node(6) displacement:
0.0,0.0,-0.001833
Node(7) displacement:
-0.03833,0.0,0.006004
Element(1) Force:
-12.92,-0.9375,15.055,12.92,-14.06,24.31
Element(2) Force:
0.9375,-12.92,-35.06,-0.9375,12.92,-42.47
Element(3) Force:
30.0,15.0,0.0,-30.0,-15.0,90.0
Element(4) Force:
-14.06,7.08,42.47,14.06,-7.08,0.0
Element(5) Force:
15.0,-30.0,-90.0,-15.0,0.0,-0.0
```

（注意正负号规定不同于传统位移法，轴力和剪力与单元坐标系一致时为正）

根据结果数据文件，可绘出结构的内力图，如图 11-21 所示。

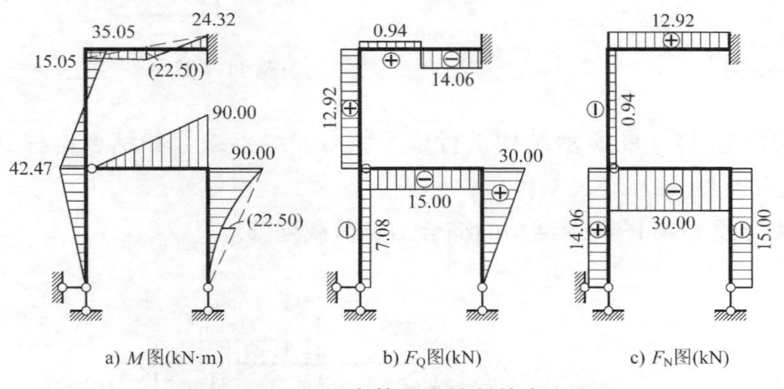

图 11-21　根据电算结果绘制的内力图

【工程案例】平面刚架分析算例

【本章小节】内容归纳与解题方法

2. PFF 的源程序

PFF 的源程序详见附录 A。

分析计算题

【在线习题】思辨及概念训练（51 题）

11-1　根据单元刚度矩阵元素的物理意义，直接求出习题 11-1 图所示刚架的 $\overline{\boldsymbol{k}}^{(1)}$ 中元素 $\overline{k}_{11}^{(1)}$、$\overline{k}_{23}^{(1)}$、$\overline{k}_{35}^{(1)}$ 的值以及 $\boldsymbol{k}^{(1)}$ 中元素 $k_{11}^{(1)}$、$k_{23}^{(1)}$、$k_{35}^{(1)}$ 的值。

11-2　根据结构刚度矩阵元素的物理意义，直接求出习题11-2图所示刚架结构刚度矩阵中的元素 k_{11}、k_{21}、k_{32}的值。各杆 E、A、I 相同。

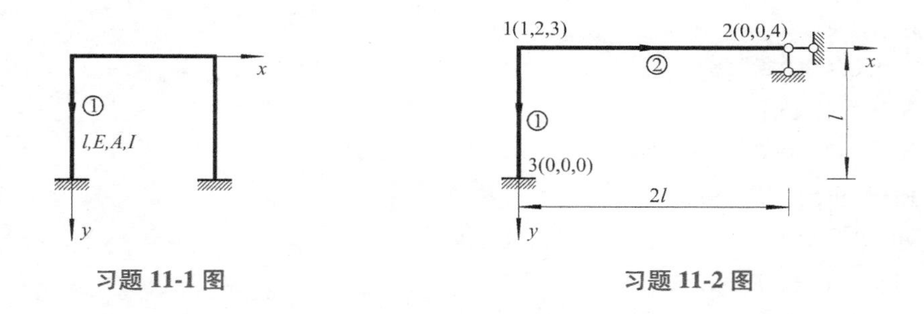

习题11-1图　　习题11-2图

11-3　用简图表示习题11-3图所示刚架的单元刚度矩阵 $\overline{\boldsymbol{k}}^{(1)}$ 中元素 $\overline{k}_{23}^{(1)}$、$\boldsymbol{k}^{(2)}$ 中元素 $k_{44}^{(2)}$ 的物理意义。

11-4　习题11-4图所示刚架各单元杆长为 l，EA、EI 为常数。根据单元刚度矩阵元素的物理意义，写出单元刚度矩阵 $\boldsymbol{k}^{(1)}$、$\boldsymbol{k}^{(2)}$ 的第3列和第5列元素。

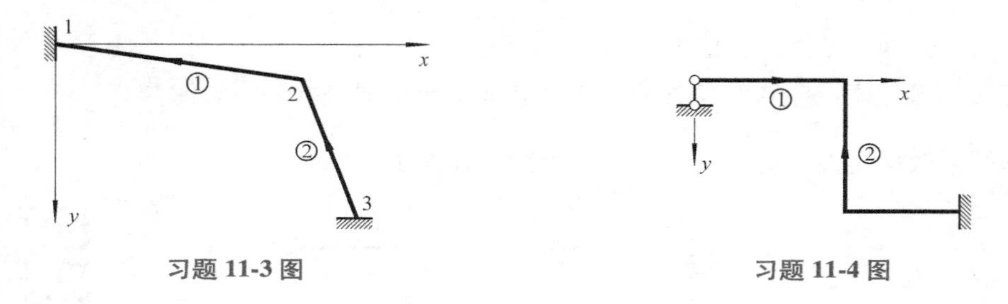

习题11-3图　　习题11-4图

11-5　用先处理法，对习题11-5图所示结构进行单元编号、结点编号和结点位移分量编号，并写出各单元的定位向量。

11-6　用先处理法形成习题11-6图所示结构的综合结点荷载列阵。

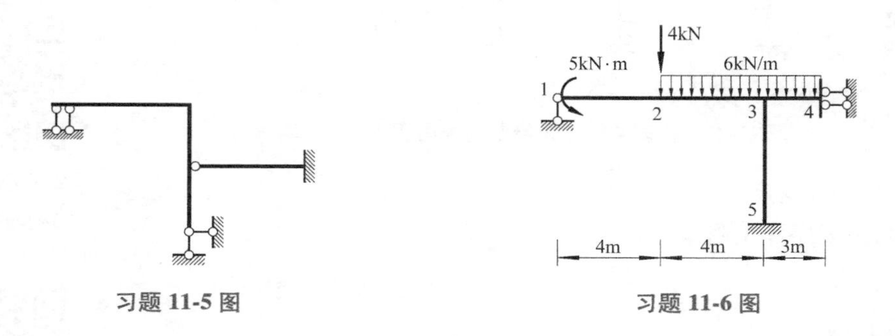

习题11-5图　　习题11-6图

11-7　用先处理法求习题11-7图所示连续梁的结构刚度矩阵和综合结点荷载列阵。已知：$EI=2.4\times10^4\text{kN}\cdot\text{m}^2$。

11-8　用先处理法求习题11-8图所示刚架的结构刚度矩阵。忽略杆件的轴向变形。各杆 $EI=5\times10^5\text{kN}\cdot\text{m}^2$。

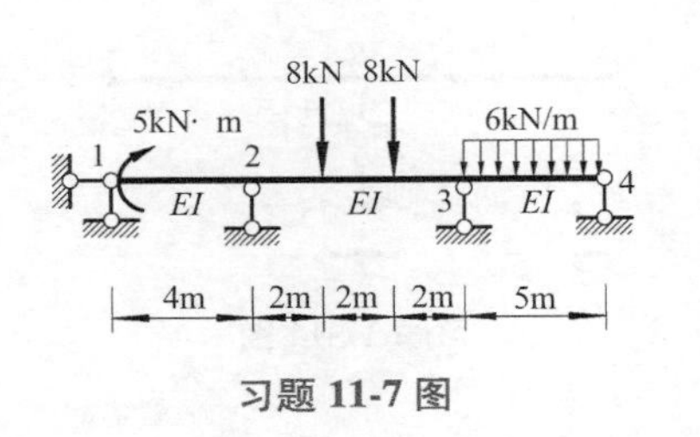

习题 11-7 图

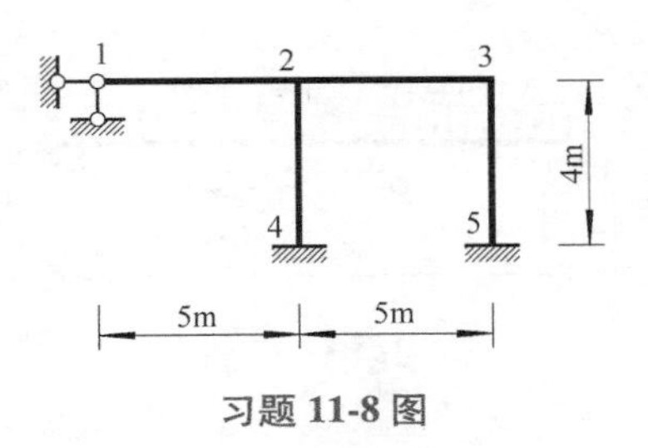

习题 11-8 图

11-9　用先处理法建立习题 11-9 图所示结构的矩阵位移法方程。已知：各杆 $EA=4\times10^5$kN，$EI=5\times10^4$kN · m^2。

11-10　用先处理法计算习题 11-10 图所示刚架的结构刚度矩阵。已知：$EA=3.2\times10^5$kN，$EI=4.8\times10^4$kN · m^2。

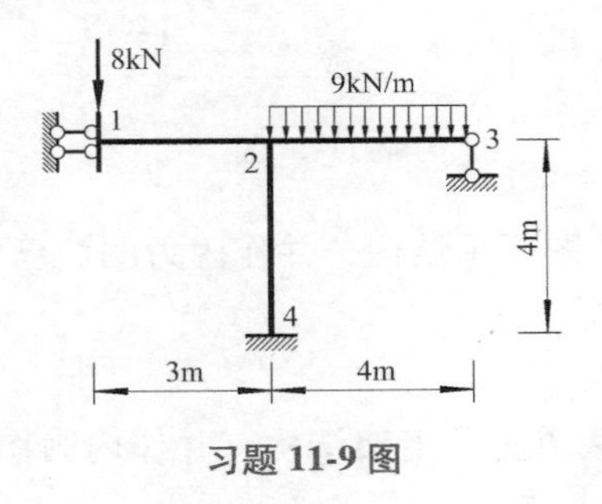

习题 11-9 图

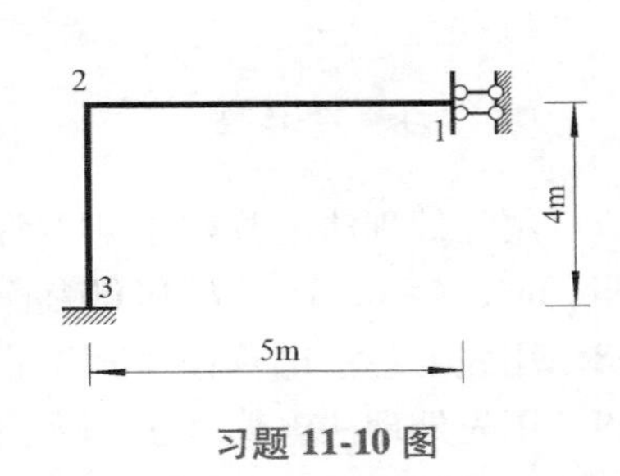

习题 11-10 图

11-11　用先处理法计算习题 11-11 图所示组合结构的刚度矩阵 $\boldsymbol{K}$。已知：梁杆单元的 $EA=3.2\times10^5$kN，$EI=4.8\times10^4$kN · m^2，链杆单元的 $EA=2.4\times10^5$kN。

11-12　若用先处理法计算习题 11-12 图所示结构，则在结构刚度矩阵 $\boldsymbol{K}$ 中零元素的个数至少有多少个？

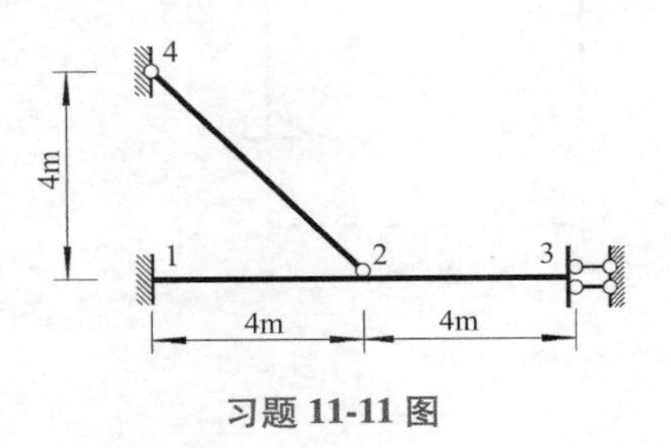

习题 11-11 图

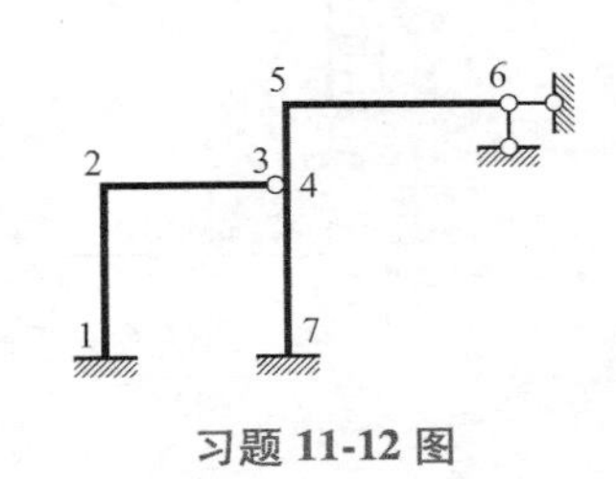

习题 11-12 图

11-13　试用矩阵位移法计算习题 11-13 图所示连续梁，并画出弯矩图。各杆 EI=常数。

11-14　习题 11-14 图所示结构为一等截面连续梁，设支座 C 向下沉降 $\Delta=3$cm。用矩阵位移法计算并画出 M 图。已知：$EI=6\times10^4$kN · m^2。

11-15　用先处理法计算习题 11-15 图所示刚架的内力，并绘内力图。已知：各杆 $E=3\times10^7$kN/m^2，$A=0.16$m^2，$I=0.002$m^4。

11-16　用矩阵位移法计算习题 11-16 图所示平面桁架的内力。已知：$E=3\times10^7$kN/m^2，各杆 $A=0.1$m^2。

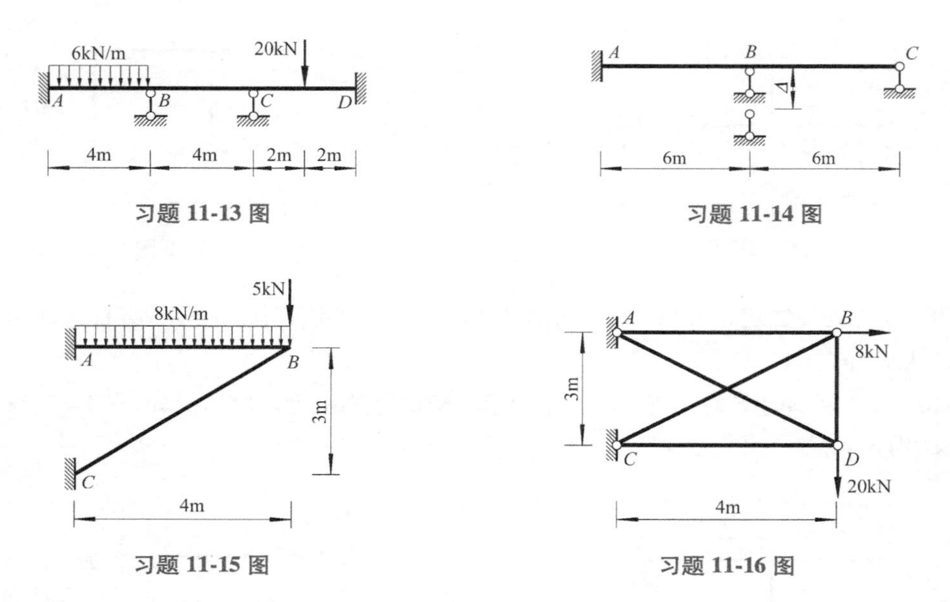

习题 11-13 图　　习题 11-14 图

习题 11-15 图　　习题 11-16 图

11-17　用先处理法电算程序 PFF 计算习题 11-17 图所示结构，并作内力图。已知：$E=3.0\times10^{7}\text{kN/m}^{2}$，$A=0.2\text{m}^{2}$，$I=0.004\text{m}^{4}$。

11-18　用先处理法电算程序 PFF 重做习题 11-15。

11-19　用先处理法电算程序 PFF 计算习题 11-19 图所示桁架结构，并作内力图。已知各杆：$E=2.0\times10^{6}\text{kN/m}^{2}$，$A=0.1\text{m}^{2}$，并令 $I=0$。

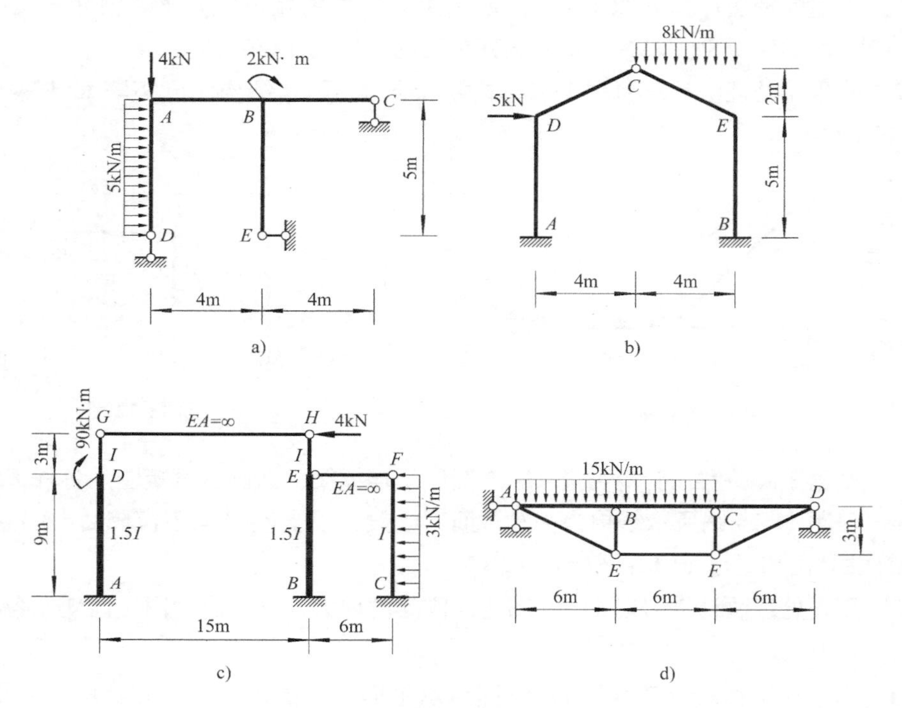

a)　b)

c)　d)

习题 11-17 图

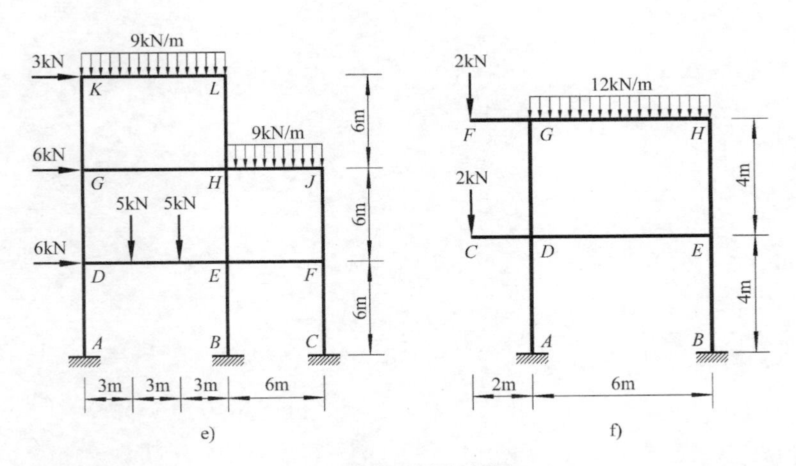

习题 11-17 图（续）

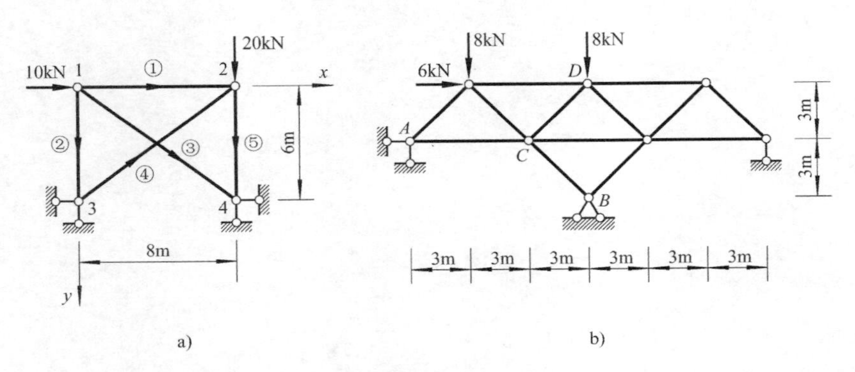

习题 11-19 图

11-20　用先处理法电算程序 PFF 计算习题 11-20 图所示结构，并作内力图。已知横梁：$E=2.8\times10^{6}\mathrm{kN/m^{2}}$，$A=0.15\mathrm{m^{2}}$，$I=0.005\mathrm{m^{4}}$。弹性支座的刚度系数 $k=3500\mathrm{kN/m}$。

提示：弹性支座可作为一链杆处理，令其 $I=0$，并设该链杆的长度为 $l=6\mathrm{m}$，E 同横梁。由链杆的刚度 $EA=kl$ 可知，其横截面面积为 $A=kl/E$。

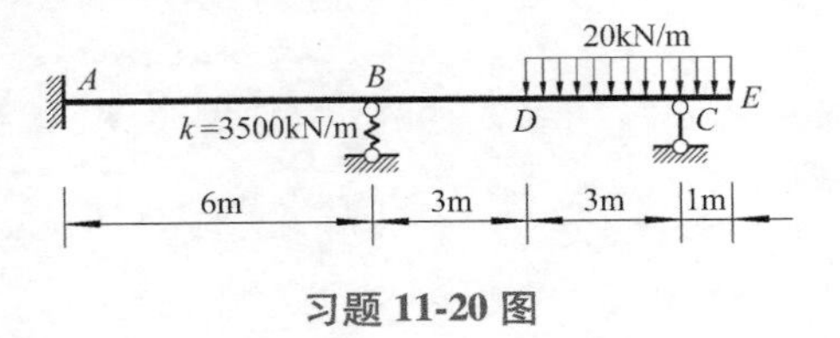

习题 11-20 图

第 12 章　结构的动力计算

• **本章教学的基本要求**：掌握动力分析的基本方法及动力体系自由度数的判别方法、单自由度和两个自由度体系运动方程的建立方法、自由振动和在简谐荷载作用下强迫振动的计算方法；了解阻尼的作用、多自由度体系在一般动荷载作用下的强迫振动及频率的近似计算方法。

• **本章教学内容的重点**：动力体系自由度数的判别方法；单自由度体系运动方程的建立；单自由度及有限自由度（重点是两个自由度）体系动力特性的计算；单自由度、有限自由度体系在简谐荷载作用下内力、位移的计算；阻尼对振动的影响。

• **本章教学内容的难点**：用刚度法和柔度法建立单自由度体系的运动方程；在动力特性和动力反应计算中，刚度系数和柔度系数的计算；单自由度和两个自由度体系在简谐荷载作用下动力反应的计算。

• **本章内容简介**：

12.1　概述
12.2　单自由度体系的运动方程
12.3　单自由度体系的自由振动
12.4　单自由度体系的强迫振动
12.5　阻尼对振动的影响
12.6　多自由度体系的自由振动
12.7　主振型的正交性
12.8　多自由度体系在简谐荷载作用下的强迫振动（无阻尼）
12.9　多自由度体系在任意动力荷载作用下的强迫振动
*12.10　无限自由度体系的自由振动
12.11　近似法计算自振频率

12.1　概述

12.1.1　结构动力计算的任务

1. 基本任务

我们已学过的结构静力学主要研究结构在静力荷载作用下的静力反应，包括静内力、静位移，并将其解作为结构设计的依据。

本章介绍的结构动力学则主要研究结构在动力荷载作用下发生强迫振动时的动力反应，包括动内力、动位移、速度、加速度等随时间变化的物理量。其中，最大动内力和静内力叠加得到的最大内力，是结构强度设计的依据，用以保证结构不破坏，使之满足强度要求；最大动位移和静位移叠加得到的最大位移，是结构刚度设计的依据，再将最大速度和最大加速度不能超过容许值一并考虑，以保证结构在发生振动时，不致影响使用者的生产生活和机器设备的正常运转。

2. 研究动力反应的前提和基础

研究动力反应前，必须先分析结构的**自由振动**，以求得结构本身的**动力特性**（与荷载无关），包括**自振频率**（2π s内振动的次数）、**自振周期**（振动一次所需的时间）、**自振型式**（对应于每个自振频率，结构自身所保持的不变的振动形式）、**阻尼常数**（反映阻尼情况的基本参数，阻尼是指使振动衰减的因素）。

【趣味力学】1. 芦山县人民医院主楼——隔震打“太极”
2. 台北101大厦的“大铁球”——减振用“钟摆”

3. 土木工程中常见结构振动计算问题

包括高层建筑、高耸结构和大跨度桥梁的风振分析，各类工程结构的抗震设计，多层厂房中由于动力机器引起的楼面振动计算，高速行驶的车辆对桥梁结构的振动影响，动力设备基础上的振动计算和减振隔振设计等。

4. 本章涉及的内容

本章主要介绍具有线弹性特征的杆件结构，在确定性动力荷载作用下的动力计算方法。对随机荷载作用（如地震、风振），也将做简要介绍。

12.1.2 结构动力计算的特点（三个方面）

1. 动力荷载的特点

（1）**静力荷载** 荷载（大小、方向、作用位置）不随时间而变化，或随时间极其缓慢地变化（质点被近似地视为在常力作用下做匀速运动，适用于惯性定律，即牛顿第二定律），以致所引起的结构质量的加速度（$\ddot{y}$）及其惯性力（$F_I=-m\ddot{y}$）可以忽略不计。

（2）**动力荷载（也称干扰力）** 荷载（大小、方向、作用位置）随时间而明显变化，以致所引起的结构质量的加速度（$\ddot{y}$）及其惯性力（$F_I=-m\ddot{y}$）是不可忽略的。所谓荷载随时间变化的“快”和“慢”，是以结构的自振动周期（T）来量度的。一般徐徐加于结构的荷载，其变化周期大于（5~6）T者，即可视为静力荷载。

2. 动力反应的特点

动力反应与结构本身的动力特性有关。因此，在计算动力反应之前，必须先分析结构的自由振动，以确定结构的动力特性。

3. 动力计算方法的特点

一般采用动静法或惯性力法，即

$$\text{动力计算}\xrightarrow[\text{（引入附加惯性力，考虑瞬间动平衡）}]{\text{根据达朗贝尔原理}}\text{转化为静力计算}$$

所建立的运动方程为微分方程：

1）单自由度体系：一个变量的二阶常微分方程。

2）多自由度体系：多个变量的二阶常微分方程组。

3）无限自由度体系：高阶偏微分方程。

对于冲击、突加等几种特殊形式的动力荷载作用，则可采用冲量法求解。

12.1.3 动力荷载的分类

根据动力荷载随时间变化的规律及对结构作用的特点可分为：

1. 周期荷载

随时间按周期变化的荷载称为周期荷载。

（1）简谐荷载　它是周期荷载中最简单和最重要的一种。其随时间 t 的变化规律可用正弦函数（图 12-1a）或余弦函数表示。一般有旋转装置的设备（如水轮机、电动机、发电机等）在匀速运转时，由于转子质量的偏心，都会产生这种荷载（图 12-1b）。

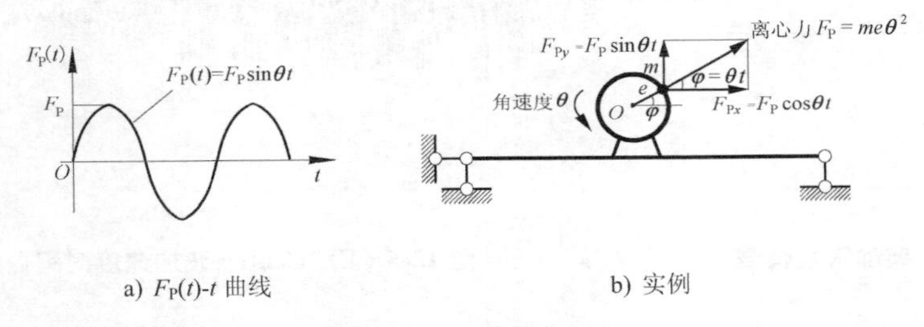

图 12-1　简谐荷载

（2）非简谐周期荷载　凡有曲柄连杆的机器（如活塞式空气压缩机、柴油机、锯机等）在匀速运转时都会产生这种荷载。例如，船舶匀速行进时螺旋桨产生的作用于船体的推力（图 12-2）。

2. 冲击荷载

在很短时间内骤然增减的集度很大的荷载称为冲击荷载。例如，各种爆炸荷载（图 12-3）以及锻锤对机器基础的冲击、桩锤对桩的冲击和车轮对轨道接头处的冲击等。

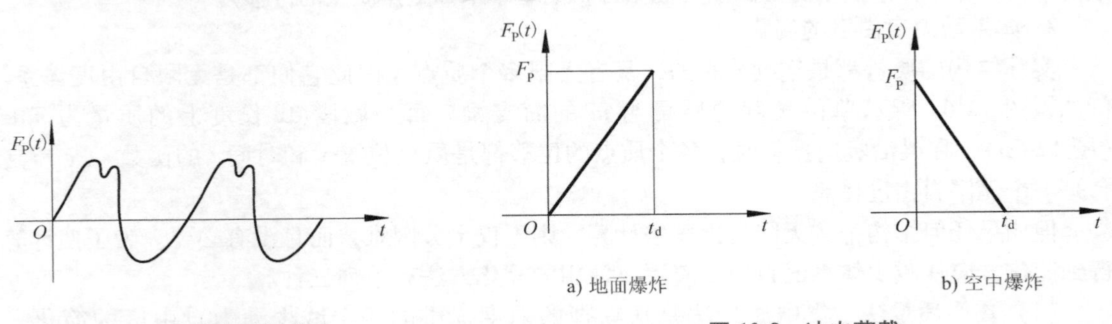

图 12-2　非简谐周期荷载

图 12-3　冲击荷载

3. 突加常量荷载

以某一恒值突然施加于结构上并在较长时间内基本保持不变的荷载称为突加常量荷

载（图12-4）。例如，起重机突然起吊重物时所产生的荷载等。

以上三类荷载都属于**确定性动力荷载**。若给定了初始条件，结构在某时刻的动力反应是唯一确定的。

4. 随机荷载

在将来任一时刻的数值无法事先确定的荷载称为随机荷载。不能用数学式定义，但可采用概率论和数理统计的方法，从统计方面来进行定义。地震、脉冲风压和波浪所产生的荷载是其典型例子。以地震作用为例，在工程上，进行结构时程分析时，EL Centro 波被广泛使用，EL Centro 波是人类于1940年第一次捕捉到的最大加速度超过300Gal[⊖]的强震记录。图12-5所示为EL Centro 波的加速度时程曲线。

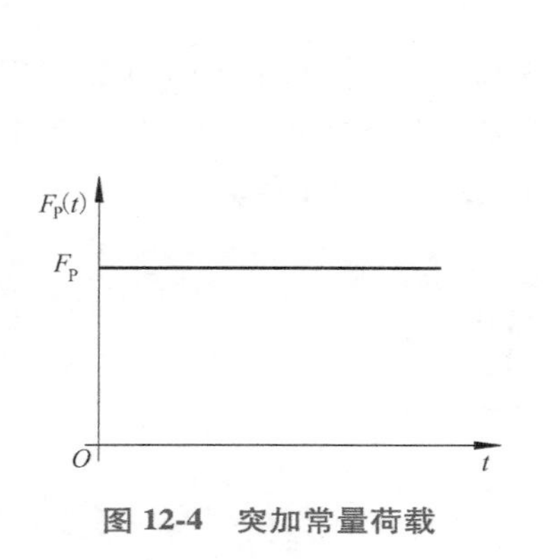

图12-4 突加常量荷载

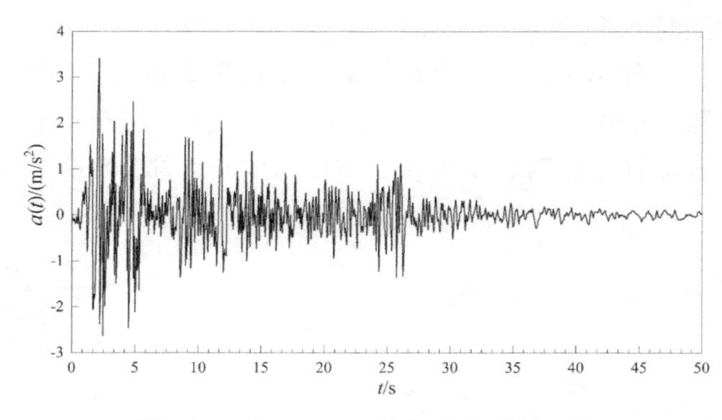

图12-5 EL Centro 波加速度时程曲线

12.1.4 动力计算中体系的自由度

【专家论坛】结构动力学在结构抗震中的应用

动力计算的主要特点是要计及惯性力的作用，而惯性力又与结构上质点运动情况有关。因此，在确定动力计算简图时，需要研究体系中质量的分布情况以及质量在运动过程中的自由度问题。

1. 动力自由度的定义

为了完全确定体系在运动过程中任一时刻质点位置所必需的独立几何参数的数目，称为体系的**动力自由度**（动力分析的基本未知量是质点的位移）。

2. 体系动力自由度的简化

实际结构的质量都是连续分布的，具有无限多个质点，因此它们都是无限自由度体系。例如，图12-6a所示单位长度的质量为$\overline{m}$的简支梁，每一微段dx长度上的质量为$\overline{m}dx$（图12-6b），在梁沿竖向振动时，各个质点的位移都是质点位置x和时间t的函数$y(x, t)$，它是一个无限自由度体系。

但如果任何结构都按无限自由度去计算，则不仅十分困难，而且没有必要。为了使计算得到简化，应从减少体系的自由度着手。常用的简化方法有下列三种。

（1）**集中质量法** 集中质量法是从物理的角度提供的一个减少动力自由度的简化方法。该方法把连续分布的质量（根据静力等效原则）集中为几个质点（即无大小但有质

⊖ 1Gal(伽)=0.01m/s^2。——编辑注

量的几何点)，这样，就把无限自由度体系，简化成有限自由度体系。下面举几个例子加以说明。

图 12-7a 所示具有均布质量的简支梁，将它分为二等分段或三等分段，根据杠杆原理，将每段质量集中于该段的两端，这样，体系就简化为具有一个或两个自由度的体系。分段越细，计算精度越高。

图 12-7b 所示为三层平面刚架。在水平力作用下计算刚架侧向振动时，一种常用的简化计算方法是将柱子的分布质量简化为作用于上下横梁处，因而刚架的全部质量都作用在横梁上。由于每层横梁的刚度很大，故梁上各点的水平位移彼此相等，因此每层横梁上的分布质量又可用一个集中质量来代替。最后简化为有三个水平位移自由度 y_1、y_2 和 y_3 的计算简图。

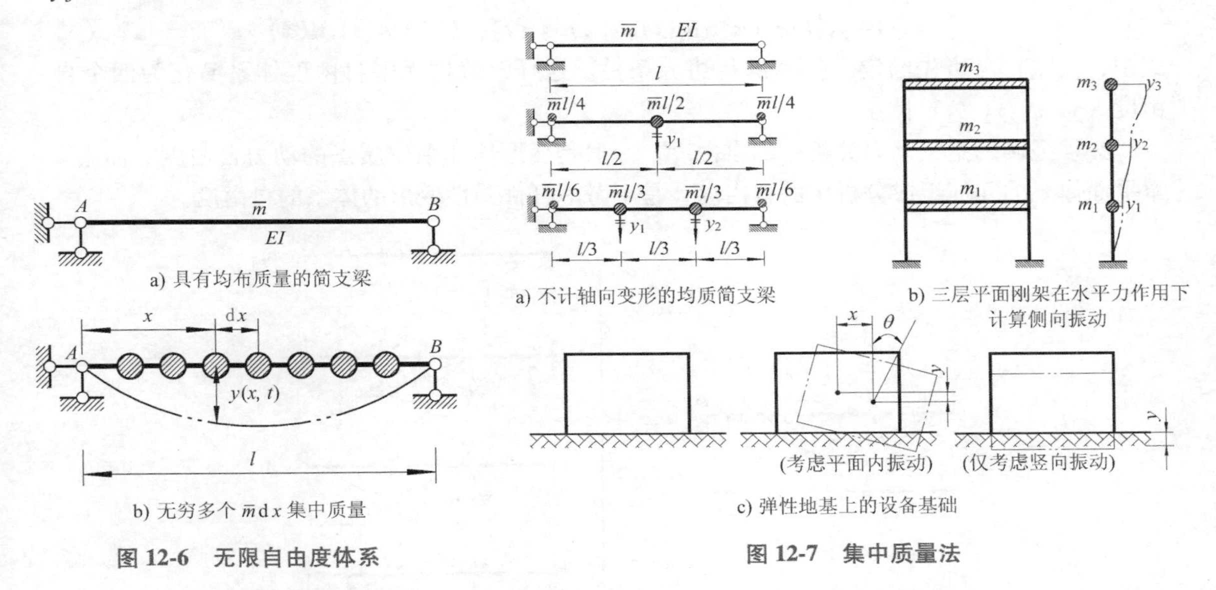

a) 具有均布质量的简支梁

b) 无穷多个 $\overline{m}\mathrm{d}x$ 集中质量

图 12-6　无限自由度体系

a) 不计轴向变形的均质简支梁

b) 三层平面刚架在水平力作用下计算侧向振动

c) 弹性地基上的设备基础

图 12-7　集中质量法

图 12-7c 所示为一弹性地基上的设备基础，计算时可简化为一刚性质块。当考虑基础在平面内的振动时，体系共有三个自由度，包括水平位移 x、竖向位移 y 和角位移 θ。而当仅考虑基础在竖直方向的振动时，则只有一个自由度（竖向位移 y）。

（2）**广义坐标法**　广义坐标法是从数学的角度提供的一个减少动力自由度的简化方法。例如，具有分布质量的简支梁的振动曲线（位移曲线），可近似地用三角级数表示为

$$y(x,t)=\sum_{k=1}^{n}a_k(t)\sin\frac{k\pi x}{l} \tag{a}$$

式中，$\sin(k\pi x/l)$ 是一组给定的函数，称作**位移函数**或**形状函数**，与时间无关；$a_k(t)$ 是一组待定参数，称作**广义坐标**，随时间而变化。因此，体系在任一时刻的位置，是由广义坐标 $a_k(t)$ 来确定的。注意：这里的形状函数只要满足位移边界条件，所选的函数形式可以是任意的连续函数。因此，式（a）可写成更一般的形式

$$y(x,t)=\sum_{k=1}^{n}a_k(t)\varphi_k(x) \tag{b}$$

式中，$\varphi_k(x)$ 是自动满足位移边界条件的函数集合中任意选取的 n 个函数，因此，体系简化

为 n 个自由度体系。广义坐标法将应用于后面的振型叠加法和能量法。

（3）**有限单元法** 有限单元法可看作广义坐标法的一种应用。把体系的离散化和单元的广义坐标法二者结合起来，就构成了有限单元法的概念。

有限单元法其具体做法是（参见图 12-8）：

第一，将结构离散为有限个单元（本例为三个单元）。

第二，取结点的位移参数 $y_k(t)$ 和 $\theta_k(t)$，即 y_1,θ_1 和 y_2,θ_2 为广义坐标。

第三，分别给出与结点的位移参数（均为 1 时）相应的形状函数 $\varphi_k(x)$，即 $\varphi_1(x)$、$\varphi_2(x)$、$\varphi_3(x)$ 和 $\varphi_4(x)$，又常称作**插值函数**（它们确定了指定结点位移之间的形状）。

第四，仿照公式（b），体系的位移曲线可用四个广义坐标及其相应的四个插值函数表示为

$$y(x,t)=y_1(t)\varphi_1(x)+\theta_1(t)\varphi_2(x)+y_2(t)\varphi_3(x)+\theta_2(t)\varphi_4(x) \tag{c}$$

式中，$\varphi_k(x)$ 可事先给定，让其满足边界条件。这样，就把无限自由度体系简化为四个自由度（$y_1,\theta_1,y_2,\theta_2$）体系。

必须强调的是：动力分析中的自由度，一般是变形体体系中质点的动力自由度。而第 2 章平面体系的几何组成分析中的自由度，是不考虑杆件弹性变形的体系的自由度。

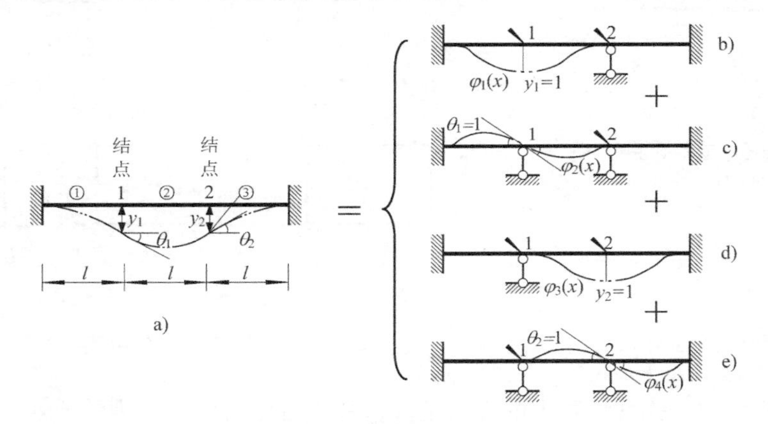

图 12-8 有限单元法

3. 动力自由度的确定

1）用广义坐标法或有限单元法将无限自由度体系简化为有限自由度体系时，体系的自由度数等于广义坐标数或独立结点位移数。

2）用集中质量法简化得到的有限自由度体系，在确定体系的自由度数目时，应注意以下两点：① 一般受弯结构的轴向变形忽略不计；②动力自由度数不一定等于集中质量数，也与体系是否超静定和超静定次数无关，但它会直接影响计算精度。

确定动力自由度的方法：一般可根据定义直接确定；对于比较复杂的体系，则可用限制集中质量运动的方法（即附加支杆的方法）来确定。图 12-9 和图 12-10 所示为一些示例。

1）单自由度体系如图 12-9 所示。

2）多自由度体系如图 12-10 及图 12-11 所示。

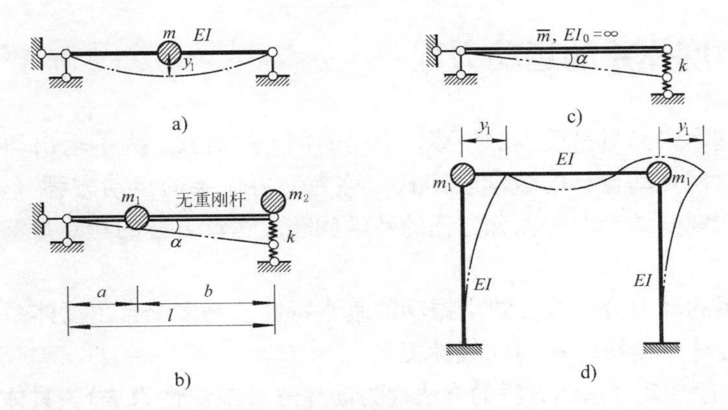

图 12-9　单自由度体系的动力自由度

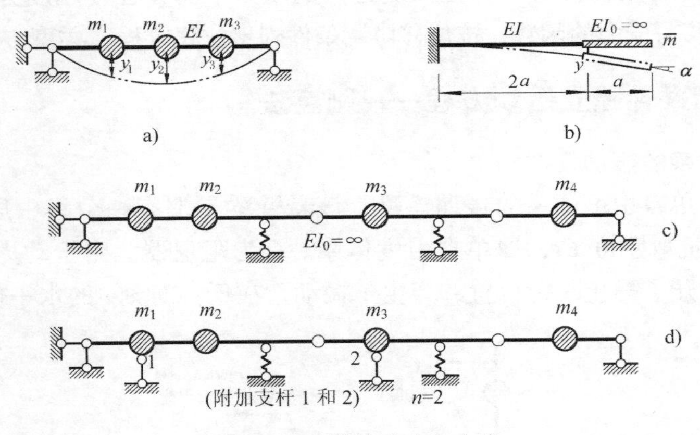

图 12-10　梁的动力自由度

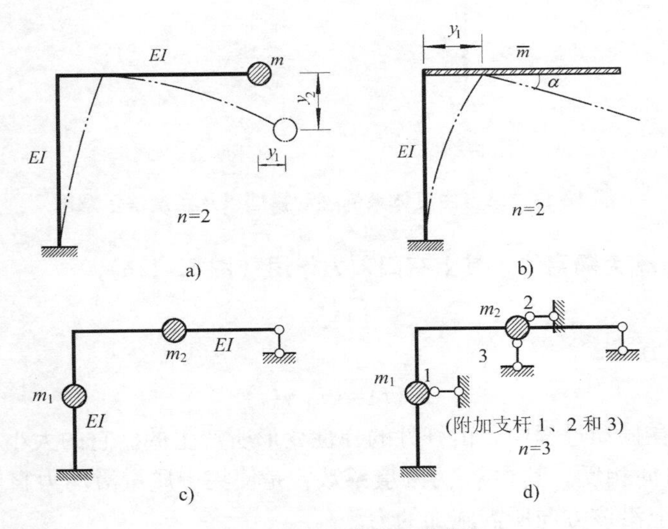

图 12-11　刚架的动力自由度

12.2 单自由度体系的运动方程

动力计算的基本未知量是质点的位移，它是时间 t 的函数。为了求出动力反应，应先列出描述体系振动时质点动位移的数学表达式，称为动力体系的**运动方程**（亦称**振动方程**）。它将具体的振动问题归结为求解微分方程的数学问题。运动方程的建立是整个动力分析过程中最重要的部分。

单自由度体系的动力分析能反映出振动的基本特性，是多个自由度体系分析的基础。本章只介绍单自由度体系的微幅振动（线性振动）。

根据达朗贝尔原理建立运动方程的方法称为**动静法**（或**惯性力法**）。具体做法有两种：刚度法和柔度法。**刚度法**：将力写成位移的函数，按平衡条件列出外力（包括假想作用在质量上的惯性力和阻尼力）与结构抗力（弹性回复力）的动力平衡方程（刚度方程），类似于位移法。**柔度法**：将位移写成力的函数，按位移协调条件列出位移方程（柔度方程），类似于力法。

12.2.1 按平衡条件建立运动方程——刚度法

1. 单自由度体系的振动模型

图12-12a表示单自由度体系的振动模型。该悬臂梁顶端有一个集中质量 m，梁本身质量忽略不计，但有抗弯刚度 EI，属单自由度体系。C 为阻尼器。由于动力荷载 $F_P(t)$ 的作用，集中质量 m 离开了静止平衡位置，产生了振动，在任一时刻 t 的水平位移为 $y(t)$。

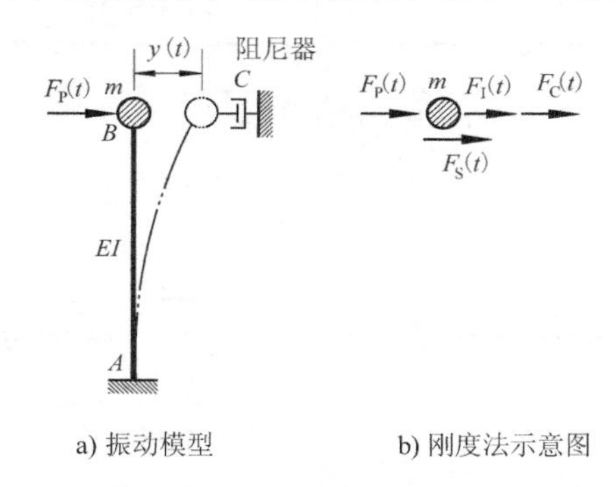

图12-12 单自由度体系的振动模型以及刚度法示意图

2. 取集中质量 m 为隔离体，其上有四种力作用（图12-12b）

（1）**动力荷载** $F_P(t)$

（2）**弹性回复力**

$$F_S(t)=-k_{11}y(t) \tag{12-1}$$

弹性回复力是在振动过程中，由杆件的弹性变形所产生的。它的大小与集中质量的位移 $y(t)$ 成正比，但方向相反。其中 k_{11} **为刚度系数**，是使集中质量沿动力自由度方向产生单位位移时，在该质量上沿该方向所需施加的力。

（3）**阻尼力**

$$F_C(t)=-c\dot{y}(t) \tag{12-2}$$

根据黏滞阻尼理论，阻尼力的大小与质量速度 $\dot{y}(t)$ 成正比，但方向相反，c 为阻尼系数（详见 12.5 节）。

（4）惯性力

$$F_{\mathrm{I}}(t)=-m\ddot{y}(t) \tag{12-3}$$

惯性力的大小等于质量 m 与其加速度 $\ddot{y}(t)$ 的乘积，但方向与加速度方向相反。

3. 建立运动方程

根据达朗贝尔原理，对于图 12-12b，由 $\sum F_x=0$，得

$$F_{\mathrm{I}}(t)+F_{\mathrm{C}}(t)+F_{\mathrm{S}}(t)+F_{\mathrm{P}}(t)=0 \tag{12-4}$$

将式（12-1）~式（12-3）代入式（12-4），即得

$$\boxed{m\ddot{y}+c\dot{y}+k_{11}y=F_{\mathrm{P}}(t)} \tag{12-5}$$

这是一个二阶线性常系数微分方程。有必要说明，为了表述简明，从式（12-5）和图 12-12 起，以下各方程和各图形中的 $y(t)$、$\dot{y}(t)$、$\ddot{y}(t)$ 以及除动力荷载 $F_{\mathrm{P}}(t)$ 之外的各力均省去自变量（t）。

【例 12-1】 试用刚度法建立图 12-13a 所示刚架受动力荷载 $F_{\mathrm{P}}(t)$ 作用的运动方程。设刚架的阻尼系数为 c。

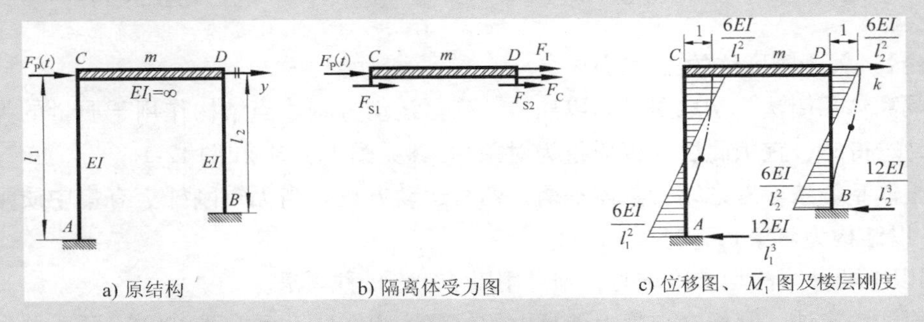

图 12-13　例 12-1 图

解：（1）确定自由度（建模）　结构的质量 m 分布于刚性横梁，只能产生水平位移，属单自由度体系。

（2）确定位移参数　设刚性梁在任一时刻的位移为 y，向右为正。

（3）切取质量隔离体，绘隔离体受力图　如图 12-13b 所示，图中给出了惯性力、阻尼力和弹性回复力。各力均设沿坐标正向为正。

（4）列运动方程　按动静法列动力平衡方程，可得

$$F_{\mathrm{P}}(t)+F_{\mathrm{I}}+F_{\mathrm{C}}+F_{\mathrm{S1}}+F_{\mathrm{S2}}=0 \tag{a}$$

式中，$F_{\mathrm{I}}=-m\ddot{y}$，$F_{\mathrm{C}}=-c\dot{y}$，

$$F_{\mathrm{S1}}=-\frac{12EI}{l_1^3}y,F_{\mathrm{S2}}=-\frac{12EI}{l_2^3}y \tag{b}$$

将式（b）代入式（a），经整理，可得运动方程

$$m\ddot{y}+c\dot{y}+ky=F_{\mathrm{P}}(t) \tag{c}$$

式中，刚度系数 $k=12EI/l_1^3+12EI/l_2^3$（这里的 k 又称为楼层刚度，系指上下楼面发生单位相对位移（$\Delta=1$）时，楼层中各柱剪力之和，如图 12-13c 所示）。

【例 12-2】 试用刚度法建立图 12-14a 所示静定梁的运动方程。

解：本例为单自由度体系。取转角 α 为坐标。在某一时刻 t，体系位移如图 12-14b 所示。受力如图 12-14c 所示，即

$$\left.\begin{aligned}F_{I1}&=-m_1(a\ddot{\alpha})\\F_{I2}&=-m_2(l\ddot{\alpha})\end{aligned}\right\}\quad\text{（沿惯性力正方向与质量运动方向一致）}$$

$$F_B=k_B(b\alpha)\quad\text{（竖向反力 }F_B\text{的指向与弹簧伸缩方向相反）}$$

考虑结构整体平衡，由 $\sum M_A=0$，得

$$m_1a^2\ddot{\alpha}+m_2l^2\ddot{\alpha}+k_Bb^2\alpha=0$$

整理后，得运动方程

$$(m_1a^2+m_2l^2)\ddot{\alpha}+k_Bb^2\alpha=0$$

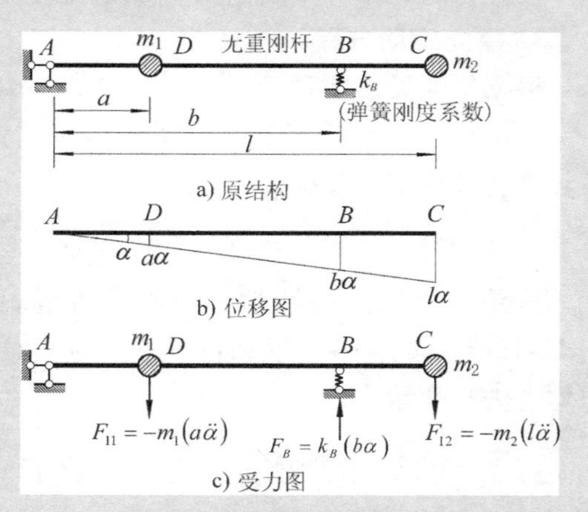

图 12-14 例 12-2 图

【讨论】 关于刚度法的三种写法

1）**隔离体平衡法**。切取质量为隔离体，列写运动方程。当结构作用于质量的弹性回复力 F_S 容易求得时，宜用此法（以质量为对象）。参见图 12-12b 和例 12-1。

2）**整体平衡法**。考虑结构整体平衡，列写运动方程。当无重刚杆上有集中质量时，宜用此法（以结构为对象），参见例 12-2。

当用以上两种写法均有困难时，则可用以下第 3）种写法。

3）**附加约束法**。其概念与静力计算中的位移法相似。下面以图 12-15a 所示单自由度体系为例，说明其具体做法。

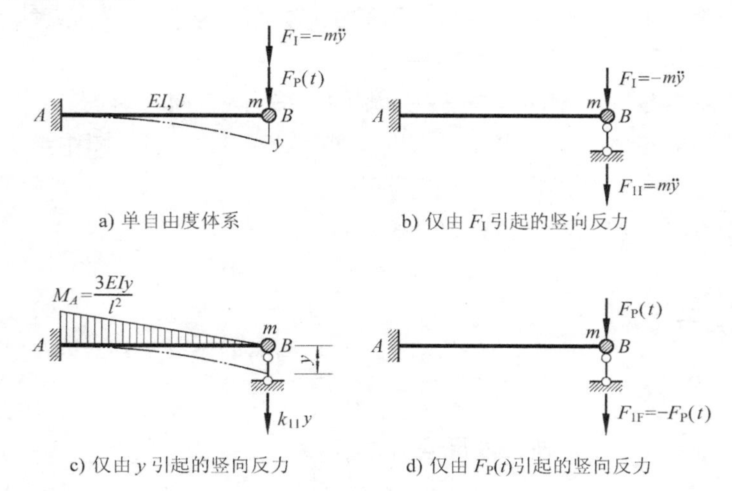

图 12-15 附加约束法示意图

首先，在质量上沿动力自由度方向添加附加支杆；然后，分别求出惯性力 F_I、位移 y 和动力荷载 $F_P(t)$ 引起的附加竖向反力 F_{1I}、$k_{11}y$ 和 F_{1F}（均假设为正，如图 12-15b、c、d 所示）；最后，考虑到在真正的动力平衡位置上，体系必然恢复自然的运动状态，因而，附加约束中竖向反力 F_1 应等于零，即

$$F_1=F_{1I}+k_{11}y+F_{1F}=0$$

亦即

$$m\ddot{y}+k_{11}y-F_P(t)=0$$

由此，可列出该体系的运动方程为

$$m\ddot{y}+k_{11}y=F_P(t)$$

12.2.2 按位移协调条件建立运动方程——柔度法

如图 12-16 所示，质量 m 所产生的水平位移 y，可视为由惯性力 F_I、阻尼力 F_C 和动力荷载 $F_P(t)$ 共同作用在悬臂梁顶端所产生的。根据叠加原理，得

$$\boxed{y=\delta_{11}F_I+\delta_{11}F_C+\delta_{11}F_P(t)} \tag{12-6}$$

式中，δ_{11} 为**柔度系数**，表示在体系的质量上沿动力自由度方向施加单位力时，引起该质量沿该运动方向所产生的静力位移。

将式（12-2）阻尼力和式（12-3）惯性力代入式（12-6），即得

$$\boxed{m\ddot{y}+c\dot{y}+\frac{1}{\delta_{11}}y=F_P(t)} \tag{12-7}$$

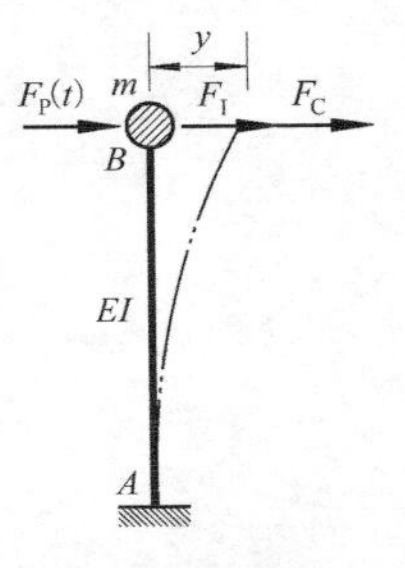

图 12-16　柔度法示意图

因为单自由度体系中 $1/\delta_{11}=k_{11}$（k_{11} 和 δ_{11} 互为倒数），故有

$$m\ddot{y}+c\dot{y}+k_{11}y=F_P(t)$$

与式（12-5）完全相同。

【注】 当 $F_P(t)$ 不是直接作用在集中质量及其运动方向上时，则式（12-6）中右边第三项 $\delta_{11}F_P(t)$ 应改为

$$\delta_{1P}F_P(t)$$

式中，δ_{1P} 表示由于 $F_P(t)=1$ 作用时，引起质量沿动力自由度方向所产生的位移。相应地，式（12-7）、式（12-5）中右边项 $F_P(t)$ 应改为

$$\left(\frac{\delta_{1P}}{\delta_{11}}\right)F_P(t)\xrightarrow{\text{可记为}}F_E(t)$$

式中，$F_E(t)$ 称为**等效动力荷载**。同时，它与由于 $F_P(t)$ 作用而在质点处添加的附加约束上所产生的支反力大小相等。

【例 12-3】 试用柔度法建立图 12-17a 所示静定刚架受动力荷载 $M(t)$ 作用的运动方程。

解： 本题为单自由度体系的振动。取质量 m 水平方向的位移 y 为坐标，在某一时刻 t，体系所受到的力如图 12-17b 所示。利用柔度法建立运动方程为

$$y=\delta_{11}(-m\ddot{y})+\delta_{1P}M(t) \tag{a}$$

式中，δ_{11}为单位力作用在 C 点水平方向所引起集中质量处的水平位移；δ_{1P}为单位弯矩 $M(t)=1$ 作用在 B 点时引起质量处的水平位移。

绘出 $\overline{M}_1$图、$\overline{M}_P$图如图 12-17c、d 所示。由图乘法得

$$\delta_{11}=\frac{2l^3}{3EI},\delta_{1P}=\frac{l^2}{6EI} \tag{b}$$

将式（b）代入式（a），并经整理得运动方程

$$m\ddot{y}+\left(\frac{3EI}{2l^3}\right)y=\left(\frac{1}{4l}\right)M(t)$$

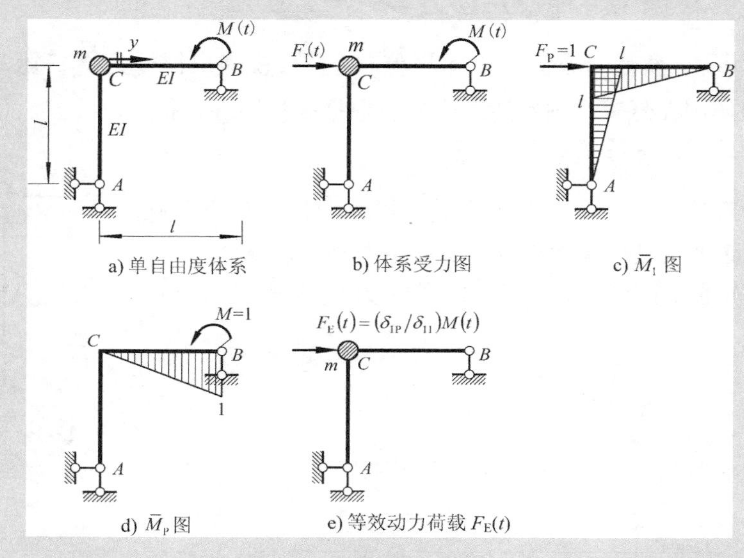

图 12-17 例 12-3 图

也可写作

$$m\ddot{y}+k_{11}y=F_E(t)$$

式中，k_{11}为刚度系数；$F_E(t)$ 为等效动力荷载（图 12-17e），其表达式为

$$F_E(t)=\frac{\delta_{1P}}{\delta_{11}}M(t)=\frac{1}{4l}M(t)$$

12.2.3 建立运动方程小结

1）判断动力自由度数目，标出质量未知位移正向。

2）沿所设位移正向加惯性力、阻尼力和弹性回复力，并冠以负号。

3）根据是求柔度系数方便还是求刚度系数方便的原则，确定建立体系的柔度方程或刚度方程。一般情况下，对于静定结构，求柔度系数更为方便；而对于超静定结构，则求刚度系数更为方便。

12.3　单自由度体系的自由振动

12.3.1　自由振动

自由振动——由于外界的干扰，质点 m 离开静力平衡位置，而当干扰力消失后，由于弹性回复力的作用，质点将在静平衡位置附近做往返运动。这种在运动过程中不受干扰力的作用，而由初位移 y_0 或初速度 v_0（即$\dot{y}_0$）或者两者共同作用下所引起的振动，称为自由振动或固有振动。

强迫振动——体系质点在外部干扰力作用下的振动，称为强迫振动。

12.3.2　运动方程的建立及求解

根据式（12-5），并令 $F_C=-c\dot{y}=0$ 和 $F_P(t)=0$，即得体系无阻尼自由振动方程为

$$m\ddot{y}+k_{11}y=0,\ \ddot{y}+\frac{k_{11}}{m}y=0$$

令

$$\boxed{\omega^2=\frac{k_{11}}{m}} \tag{12-8}$$

可得

$$\boxed{\ddot{y}+\omega^2 y=0} \tag{12-9}$$

这是一个二阶常系数齐次线性微分方程。其特征方程为

$$r^2+\omega^2=0$$

$$r_{1,2}=\pm\omega \mathrm{i}$$

故通解为

$$y=C_1\sin\omega t+C_2\cos\omega t \tag{12-10}$$

$$\dot{y}=C_1\omega\cos\omega t-C_2\omega\sin\omega t \tag{12-11}$$

式中，系数 C_1 和 C_2 可由初始条件确定：当 $t=0$ 时，$y=y_0$（初位移），可求出 $C_2=y_0$；而 $\dot{y}=v_0$（初速度），可求出 $C_1=v_0/\omega$。故有

$$\boxed{y=y_0\cos\omega t+\frac{v_0}{\omega}\sin\omega t} \tag{12-12}$$

由式（12-12）可以看出，振动由两部分组成，即

第一部分：单独由 y_0引起，质点按 $y_0\cos\omega t$ 规律振动；

第二部分：单独由 v_0引起，质点按$\dfrac{v_0}{\omega}\sin\omega t$ 规律振动。

只要知道 y_0和 v_0，即可算出任何时刻 t 质点的位移 y。

为将位移方程 y 写成更简单的单项形式，引入符号 a 和 α 使之满足（参见图 12-18）

$$\boxed{y_0=a\sin\alpha} \tag{12-13}$$

$$\boxed{\frac{v_0}{\omega}=a\cos\alpha} \tag{12-14}$$

代入式（12-12），得

$$y=a\sin\alpha\cos\omega t+a\cos\alpha\sin\omega t$$

即

$$\boxed{y=a\sin(\omega t+\alpha)} \tag{12-15}$$

（简谐振动）

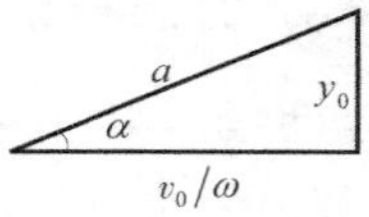

图 12-18 引入 a 和 α

由式（12-13）、式（12-14）先平方再求和，得

$$a=\sqrt{y_0^2+\left(\frac{v_0}{\omega}\right)^2}$$

再由式（12-13）除以式（12-14），得

$$\tan\alpha=\frac{y_0\omega}{v_0},\alpha=\arctan\frac{y_0\omega}{v_0}$$

为了进一步说明 ω、a 和 α 的物理意义，考察一个模拟的匀速圆周运动，如图 12-19a 所示。设质量为 m 的质点，用刚性杆与转动轴相连，以角速度 ω 绕点 O 做匀速圆周运动，当 $t=0$ 时，杆与水平轴的夹角为 α；在任一瞬时 t，杆与水平轴的夹角为（$\omega t+\alpha$），如果取杆长等于质点的振幅 a，则质点的竖标 $y=a\sin(\omega t+\alpha)$。由此可见，图 12-19b 中的质点做自由振动时其位移随时间变化的规律，与图 12-19a 中质点做匀速圆周运动时其竖标的改变规律相同。ω、a 和 α 的物理意义为：

ω——**自振频率或圆频率**。

a——**振幅**（自由振动时最大的幅度），y_{max}。

α——**初始相位角**，标志着 $t=0$ 时质点的位置。

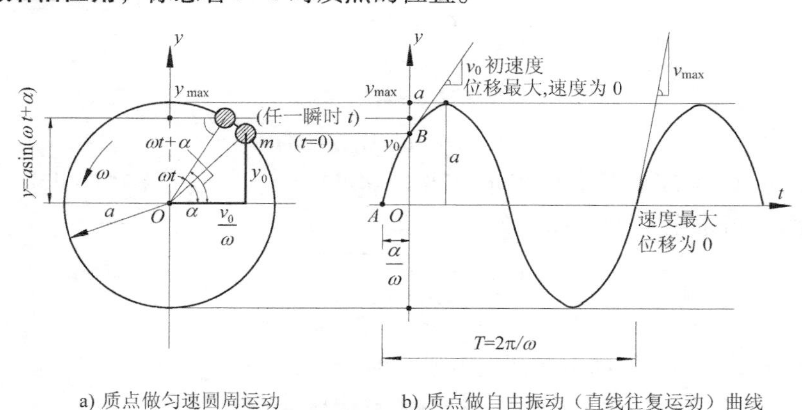

a) 质点做匀速圆周运动　　b) 质点做自由振动（直线往复运动）曲线

图 12-19 ω、a 和 α 的物理意义

12.3.3 自由振动中位移、速度、加速度和惯性力的变化规律

由位移 $y=a\sin(\omega t+\alpha)$，可得

$$y_{max}=a \tag{a}$$

由速度$\dot{y}=a\omega\cos(\omega t+\alpha)$，可得

$$v_{max}=a\omega \tag{b}$$

由加速度$\ddot{y}=-a\omega^2\sin(\omega t+\alpha)$，可得

$$\ddot{y}_{max}=-a\omega^2 \tag{c}$$

由惯性力 $F_I=-m\ddot{y}=ma\omega^2\sin(\omega t+\alpha)$，可得

$$F_{I\max}=ma\omega^2 \tag{d}$$

【注一】 由式（c）可知最大加速度的绝对值等于振幅 a 与频率平方 ω^2 的乘积，将式（a）与式（c）对照，可见 $\ddot{y}=-\omega^2 y$，即加速度与位移成比例，比例系数为 ω^2，但方向相反（负号），表示加速度永远指向平衡位置。

【注二】 惯性力 $F_I=-m\ddot{y}=ma\omega^2\sin(\omega t+\alpha)=m\omega^2 y$，即 F_I永远与位移方向一致，在数值上与位移成比例，其比例系数为 $m\omega^2$。

12.3.4 自振周期与自振频率

1. 自振周期

$y=a\sin(\omega t+\alpha)$ 右边是一个周期函数，其周期

$$\boxed{T=\frac{2\pi}{\omega}} \tag{12-16}$$

表示体系振动一次所需要的时间，其单位为 s（秒）。验证如下：

$$\begin{aligned} y &= a\sin(\omega t+\alpha)=a\sin(\omega t+\alpha+2\pi) \\ &= a\sin\left[\omega\left(t+\frac{2\pi}{\omega}\right)+\alpha\right]=a\sin[\omega(t+T)+\alpha] \end{aligned}$$

所以

$$T=\frac{2\pi}{\omega}$$

2. 工程频率

$$\boxed{f=\frac{1}{T}=\frac{\omega}{2\pi}} \tag{12-17}$$

式（12-17）表示体系每秒振动的次数，其单位为 s^{-1}（1/秒）或 Hz（赫兹）。一般建筑工程中使用钢为 7~8 次/s，钢筋混凝土为 4 次/s，属低频；一般机器为高频。

3. 自振频率

$$\boxed{\omega=2\pi f}=2\frac{\pi}{T} \tag{12-18}$$

式（12-18）表示体系在 2π s 内振动的次数，因此 ω 也称为圆频率。其单位为 rad/s（弧度/秒），也常简写为 s^{-1}。动力计算中定义［参见式（12-8）］

$$\omega=\sqrt{\frac{k_{11}}{m}}$$

式中，ω 是体系固有的非常重要的动力特性。在强迫振动中，当体系的自振频率 ω 与强迫干

扰力的干扰频率 θ 很接近时（$0.75\leqslant\dfrac{\theta}{\omega}\leqslant1.25$），将会产生共振。为避免共振，就必须使 ω 与 θ 远离。

4. T 和 ω 的一些重要性质

1）T 和 ω 只与结构的 m 和 k_{11} 有关，而与外界的干扰因素无关。干扰力的大小只能影响振幅 a 的大小。

2）$T\propto\sqrt{m}$，$\omega\propto1/\sqrt{m}$，因此质量越大，则 T 越大，ω 越小；$T\propto1/\sqrt{k_{11}}$，$\omega\propto\sqrt{k_{11}}$，刚度越大，则 T 越小，ω 越大。要改变 T、ω，只有从改变结构的质量或刚度（改变杆件截面、改变结构形式和材料）着手。

3）结构的 T、ω 是结构动力性能的很重要的数量标志。两个外表相似的结构，如果 T、ω 相差很大，则动力性能相差很大；反之，两个外表看来并不相同的结构，如果其 T、ω 相近，则在动力荷载作用下其动力性能基本一致。工程实践中常发现这样的现象。

5. T、ω 的计算公式小结

（1）自振周期

$$T=\frac{2\pi}{\omega}\xrightarrow{\omega=\sqrt{\frac{k_{11}}{m}}}T=2\pi\sqrt{\frac{m}{k_{11}}}\begin{cases}\xrightarrow{\frac{1}{k_{11}}=\delta_{11}}T=2\pi\sqrt{m\delta_{11}}\\ \xrightarrow{m=\frac{W}{g}}T=2\pi\sqrt{W\delta_{11}/g}\end{cases}$$

$$\downarrow W\delta_{11}=\Delta_{st}$$

$$T=2\pi\sqrt{\Delta_{st}/g}\tag{12-19}$$

式中，g 为重力加速度；$W=mg$ 为质点的重力；$\Delta_{st}=W\delta_{11}$ 表示在质点上沿其动力自由度方向施加重力 $W=mg$ 的荷载时，引起该质点沿该方向所产生的静位移。

（2）自振频率

$$\omega=\sqrt{\frac{k_{11}}{m}}=\sqrt{\frac{1}{m\delta_{11}}}=\sqrt{\frac{g}{W\delta_{11}}}=\sqrt{\frac{g}{\Delta_{st}}}\tag{12-20}$$

（3）工程频率

$$f=\frac{1}{T}=\frac{\omega}{2\pi}$$

【例 12-4】 试求图 12-20a 所示等截面梁的自振周期 T 和自振频率 ω。已知 $E=206\text{GPa}=206\times10^9\text{N/m}^2$，$I=245\text{cm}^4=245\times10^{-8}\text{m}^4$。

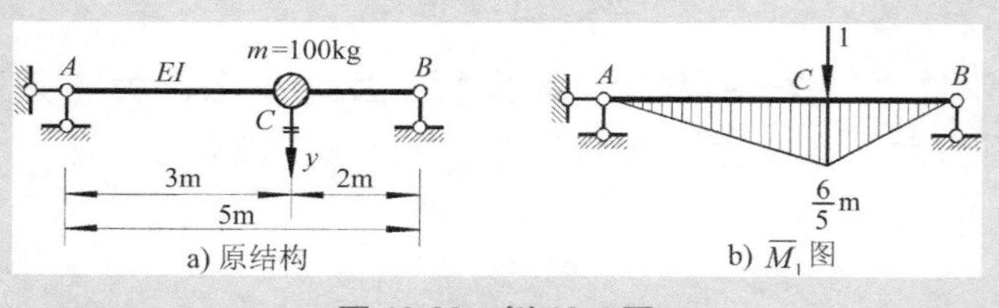

图 12-20 例 12-4 图

解：采用柔度法。

（1）按式（12-19），关键在于求出 δ_{11}　应用图乘法（参见图 12-20b），可得

$$\delta_{11}=\frac{12}{5EI}=4.755\times10^{-6}\mathrm{m/N}$$

（2）代入式（12-19），可得

$$T=2\pi\sqrt{m\delta_{11}}=0.137\mathrm{s}$$

（3）代入式（12-20），可得

$$\omega=\sqrt{\frac{1}{m\delta_{11}}}=45.86\mathrm{s}^{-1}$$

【例 12-5】　试求图 12-21a 所示结构的 ω。各杆 EI= 常数。

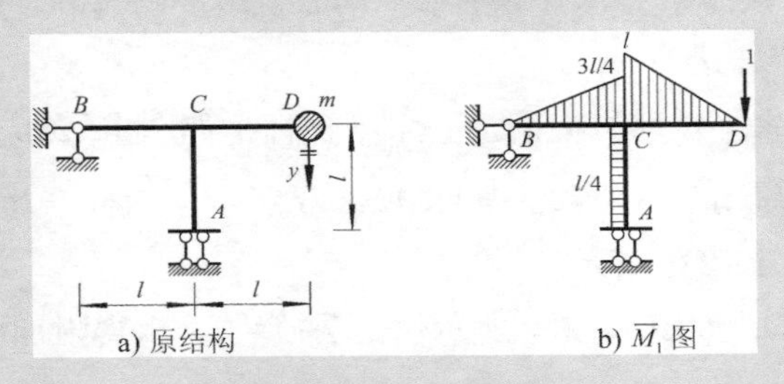

图 12-21　例 12-5 图

解：采用柔度法。该体系为单自由度体系。质点 m 在竖直方向做自由振动。在质点 m 处加相应单位力，用力矩分配法作 $\overline{M}_1$图，如图 12-21b 所示。用图乘法可求得

$$\delta_{11}=\frac{7l^3}{12EI}$$

代入式（12-20），得

$$\omega=\sqrt{\frac{1}{m\delta_{11}}}=\sqrt{\frac{12EI}{7ml^3}}=1.309\sqrt{\frac{EI}{ml^3}}$$

【例 12-6】　试求图 12-22a 所示结构的自振频率 ω。

解：采用柔度法。该体系为单自由度体系。质点 m 在竖直方向做自由振动。

在质点 m 处加相应单位力，绘 $\overline{M}_1$图，如图 12-22b 所示。用图乘法可求得柔度系数

$$\delta_{11}=\frac{l^3}{16EI}$$

代入式（12-20），可得

$$\omega=\sqrt{\frac{1}{m\delta_{11}}}=4\sqrt{\frac{EI}{ml^3}}$$

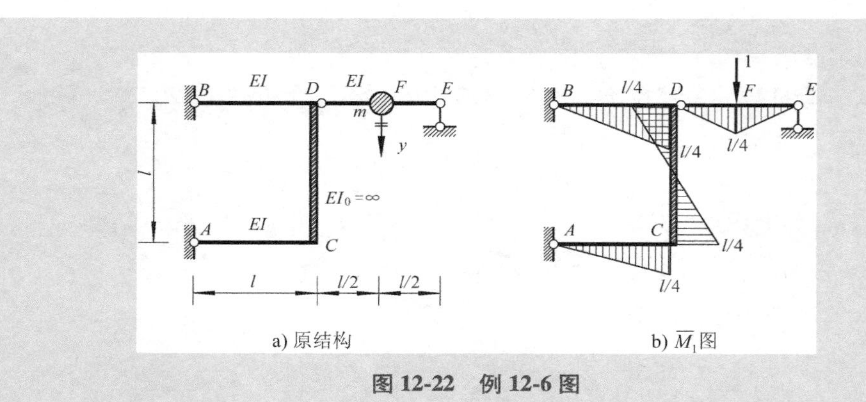

a) 原结构　　b) $\overline{M}_1$图

图 12-22　例 12-6 图

【例 12-7】　求图 12-23a 所示结构的自振周期 T。

解：采用刚度法。该体系为具有一个水平动力自由度的超静定结构。为了求体系的刚度系数 k_{11}，可按以下步骤进行：

1）在沿质量 m 的水平位移方向附加一水平支杆，如图 12-23b 所示。

2）让支承 D 水平移动单位位移，如图 12-23b 所示。由此产生的 $\overline{M}_1$图可用位移法或力矩分配法求得，如图 12-23c 所示。

3）取 BD 为隔离体，如图 12-23d 所示。由 $\sum F_x=0$，求得附加约束力即刚度系数

$$k_{11}=\frac{33EI}{7l^3}$$

代入式（12-19），得

$$T=2\pi\sqrt{\frac{m}{k_{11}}}=2.89\sqrt{\frac{ml^3}{EI}}$$

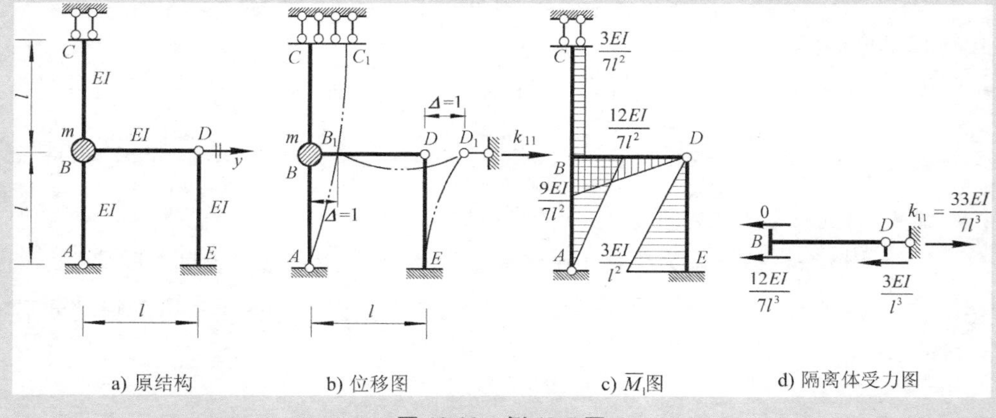

a) 原结构　　b) 位移图　　c) $\overline{M}_1$图　　d) 隔离体受力图

图 12-23　例 12-7 图

【例 12-8】　试求图 12-24a 所示结构的自振频率 ω。已知弹簧刚度系数 $k_1=EI/3l^3$。梁的抗弯刚度为 EI。

解： 本题是静定结构，通常用柔度法计算比较方便。

为了求该结构的柔度系数 δ_{11}，需要在质量上沿运动方向施加一竖向单位力。此时，结构成为串联体系。该结构的柔度系数 δ_{11} 等于弹簧的柔度系数 δ_1（图 12-24b）和伸臂梁的柔度系数 δ_2（图 12-24c）之和，即

$$\delta_{11}=\delta_1+\delta_2$$

式中，$\delta_1=1/k=3l^3/EI$；而由图 12-24c 中 $\overline{M}_1$ 图自乘，可得

$$\delta_2=\frac{2l^3}{3EI}$$

将 δ_1 和 δ_2 代入上式，得

$$\delta_{11}=\delta_1+\delta_2=\frac{3l^3}{EI}+\frac{2l^3}{3EI}=\frac{11l^3}{3EI}$$

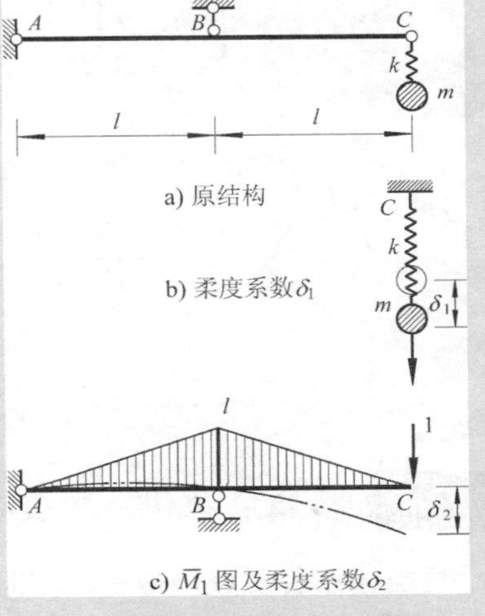

图 12-24　例 12-8 图

代入式（12-20），得自振频率

$$\omega=\sqrt{\frac{1}{m\delta_{11}}}=\sqrt{\frac{3EI}{11ml^3}}=0.52\sqrt{\frac{EI}{ml^3}}$$

【例 12-9】 试求图 12-25a 所示结构的自振周期 T。已知弹簧抗移动刚度系数 $k=\dfrac{3EI}{l^3}$。

解： 本题用刚度法计算，求刚度系数 k_{11} 比较方便。

沿质量运动的水平方向施加单位位移，此时，结构的变形如图 12-25a 中双点画线所示。取隔离体图，如图 12-25b 所示。

由 $\sum F_x=0$，得

$$k_{11}=(12+12+3+3)\frac{EI}{l^3}=\frac{30EI}{l^3}$$

该排架的总质量

$$m=2m_1$$

代入式（12-19），得自振周期

$$T=2\pi\sqrt{\frac{m}{k_{11}}}=1.62\sqrt{\frac{m_1l^3}{EI}}$$

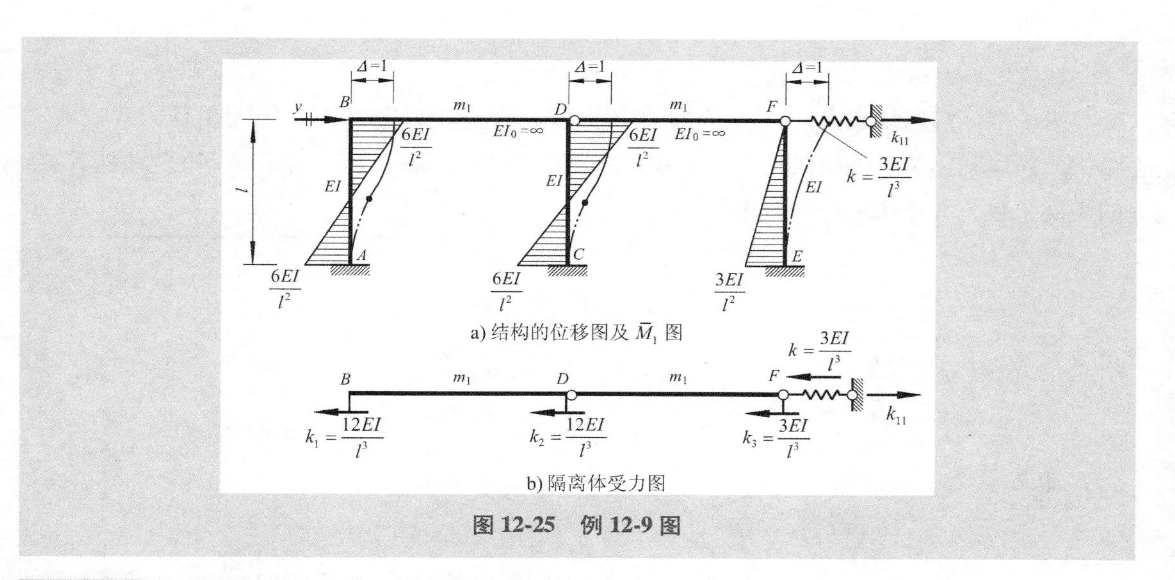

图 12-25 例 12-9 图

12.3.5 多质点（包括均质刚性杆）的单自由度体系

这类体系各质点仍是平动，但对于质量杆一般含有转动及平动，因此，不能再简单地用单质点平动公式 $\omega=\sqrt{k_{11}/m}$ 和 $T=2\pi/\omega$ 表示。ω 的计算可以有以下几种途径：①直接平衡法；②等效质量法；③旋转振动公式法等。限于篇幅，这里只介绍直接平衡法。

直接平衡法根据达朗贝尔原理，引入附加惯性力，考虑瞬间动平衡，建立运动方程，并与单自由度体系的微分方程做比较，即可确定 ω 的表达式。其关键是适当选择质量独立位移参数（坐标）。

【例 12-10】 求图 12-26a 所示梁的自振频率 ω。已知均质刚性杆单位长度的质量为 $\overline{m}=m/l$。

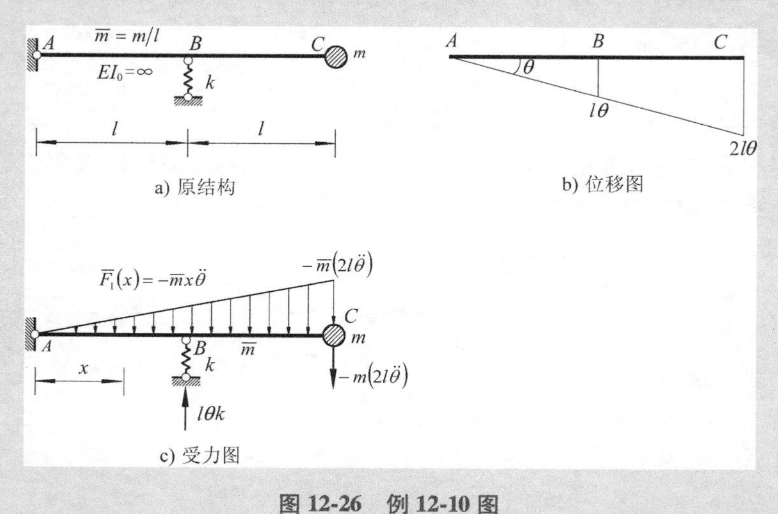

图 12-26 例 12-10 图

解： 该体系为均质刚性杆单自由度振动问题。因有分布质量，不能直接用公式 $\omega=$

$\sqrt{k_{11}/m}$求自振频率。宜先考虑整体平衡建立运动方程，然后求解。

取刚性杆的转角 θ 为独立坐标，任一时刻 t 体系的位置如图 12-26b 所示，此时相应的受力图如图 12-26c 所示。

由 $\sum M_A=0$，列动力平衡方程，得

$$\underbrace{-2ml\ddot{\theta}}_{}\times 2l+\frac{1}{2}\underbrace{(-2\overline{m}l\ddot{\theta})}_{}\times 2l\times\left(\frac{2}{3}\times 2l\right)-\underbrace{l\theta k}_{}\times l=0 \tag{a}$$

（C 点集中质量上惯性力）　（均质刚性杆惯性力合力）　（B 点反力）

将 $\overline{m}=m/l$ 代入式（a），整理后，得动力平衡方程

$$\ddot{\theta}+\frac{3k}{20m}\theta=0 \tag{b}$$

对比$\ddot{y}+\omega^2 y=0$，得

$$\omega^2=\frac{3k}{20m}$$

故

$$\omega=\sqrt{\frac{3k}{20m}}=0.387\sqrt{\frac{k}{m}}$$

【例 12-11】　求图 12-27a 所示静定梁的自振频率 ω。

解：该体系为含有均质刚性杆单自由度振动问题。选取刚性杆的 θ 为独立坐标。在某一时刻 t，其位移图如图 12-27b 所示，其受力图如图 12-27c 所示。

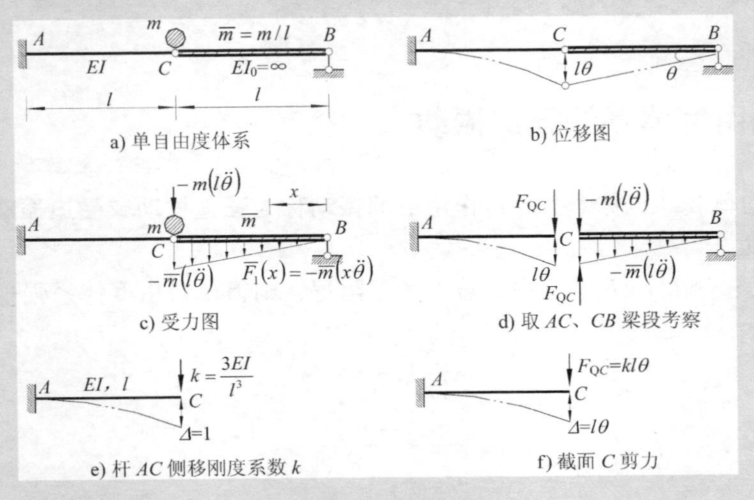

图 12-27　例 12-11 图

取梁段 AC 考察，如图 12-27d 所示。由图 12-27e 可知，杆 AC 侧移刚度系数

$$k=\frac{3EI}{l^3}$$

又由图 12-27f 可知，当 C 点发生位移 $\Delta=l\theta$ 时，该截面的剪力

$$F_{QC}=k(l\theta)=\frac{3EI}{l^3}\times l\theta=\frac{3EI}{l^2}\theta$$

再取 CB 梁段为隔离体（图 12-27d），由 $\sum M_B=0$，列动力平衡方程，得

$$(-ml\ddot{\theta})\times l+\left[\frac{1}{2}\times(-\overline{m}l\ddot{\theta})\times l\right]\times\left(\frac{2}{3}l\right)-\frac{3EI}{l^2}\theta\times l=0$$

即

$$ml^2\ddot{\theta}+\frac{\overline{m}l^3}{3}\ddot{\theta}+\frac{3EI}{l}\theta=0 \tag{a}$$

已知 $\overline{m}=m/l$，代入式（a），得

$$\frac{4}{3}ml^2\ddot{\theta}+\frac{3EI}{l}\theta=0$$

整理后，得动力平衡方程

$$\ddot{\theta}+\frac{9EI}{4ml^3}\theta=0 \tag{b}$$

显然

$$\omega^2=\frac{9EI}{4ml^3}$$

所以

$$\omega=\frac{3}{2}\sqrt{\frac{EI}{ml^3}}$$

12.4 单自由度体系的强迫振动

结构在动力荷载（也称干扰力）作用下的振动称为**强迫振动**或**受迫振动**。本节研究无阻尼的强迫振动。

在公式 $m\ddot{y}+c\dot{y}+k_{11}y=F_P(t)$ 中，若不考虑阻尼，则得单自由度体系强迫振动的微分方程为

$$m\ddot{y}+k_{11}y=F_P(t)$$

或写成

$$\boxed{\ddot{y}+\omega^2y=\frac{F_P(t)}{m}} \tag{12-21}$$

式中，$\omega=\sqrt{k_{11}/m}$。

【说明】 式（12-21）中的 $F_P(t)$ 是正好作用在质点上的干扰力；若 $F_P(t)$ 不是直接作用在质点上（图 12-28a、d），则可将其化为直接作用在质点上的等效动力荷载 $F_E(t)$，如图 12-28c、f 所示。

如对图 12-28b 用力法计算未知约束力 F_{By}，可建立力法方程

$$\delta_{11}F_{By}+\delta_{1P}F_P(t)=0$$

由此得

$$F_{By}=-\frac{\delta_{1P}}{\delta_{11}}F_P(t)$$

式中，δ_{11}为单自由度体系的柔度系数；δ_{1P}为单位荷载 $F_P(t)=1$ 作用在 C 点时引起 m 处的竖向位移。

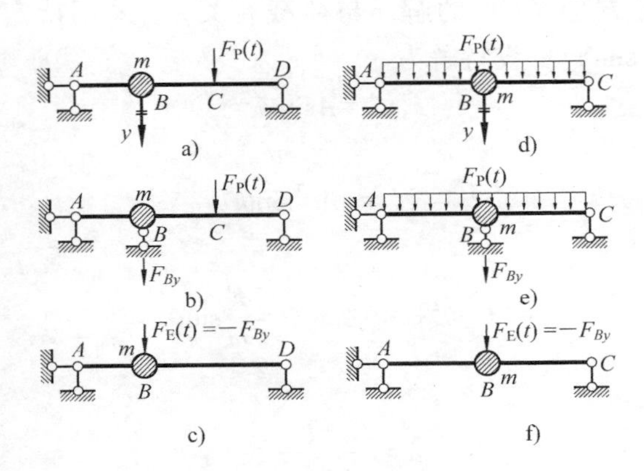

图 12-28　等效动力荷载 $F_E(t)$

将 F_{By}反号作用于图 12-28c，并令 $F_E(t)=-F_{By}$，则

$$F_E(t)=\frac{\delta_{1P}}{\delta_{11}}F_P(t)$$

于是，有

$$\ddot{y}+\omega^2y=\frac{F_E(t)}{m}$$

等效动力荷载的幅值

$$F_E=\frac{\delta_{1P}}{\delta_{11}}F=\frac{\Delta_{1P}}{\delta_{11}}=k_{11}\Delta_{1P}$$

式中，F 为动力荷载的幅值；Δ_{1P}为 F 作用下在质点振动方向产生的位移。

下面分别讨论几种常见动力荷载作用下的振动情况和动力性能。

12.4.1　简谐荷载作用下的动力反应

简谐荷载作用下单自由度体系的动力反应是本节重点。

设简谐荷载为

$$F_P(t)=F\sin\theta t \tag{a}$$

式中，θ 为简谐荷载的频率（干扰频率）；F 为荷载的最大值（动力荷载幅值）。将式（a）代入式（12-21），得

$$\ddot{y}+\omega^2 y=\frac{F}{m}\sin\theta t \tag{b}$$

1. 求强迫振动方程的解

其解 y 由两部分组成，即

$$y=\overline{y}(\text{齐次方程通解})+y^*(\text{特解})$$

（1）齐次方程通解 $\overline{y}$（相当于体系做自由振动的解答，已于上节求出）为

$$\overline{y}=C_1\sin\omega t+C_2\cos\omega t \tag{c}$$

（2）特解 y^*（满足方程（b）的解，与荷载有关） 采用待定系数法求 y^*。观察原式（a）右端荷载项（$F\sin\theta t$），设特解为

$$y^*=A\sin\theta t \tag{d}$$

于是有

$$\ddot{y}^*=-A\theta^2\sin\theta t$$

代入式（b），得

$$(-\theta^2+\omega^2)A\sin\theta t=\frac{F}{m}\sin\theta t$$

由此得

$$A=\frac{F}{m(\omega^2-\theta^2)}$$

即

$$A=\frac{F}{m\omega^2}\frac{1}{1-\theta^2/\omega^2}=\frac{F}{k_{11}}\frac{1}{1-\theta^2/\omega^2}=F\delta_{11}\frac{1}{1-\theta^2/\omega^2}$$

令

$$y_{st}=F\delta_{11}=\frac{F}{k_{11}}=\frac{F}{m\omega^2} \tag{e}$$

则 y_{st}**可称为最大“静”位移**（即把动力荷载最大值 F 当作“静荷载”作用时，结构所产生的位移）。注意区分 y_{st} 与 Δ_{st}：

$$y_{st}=\delta_{11}F$$

式中，y_{st} 为动力荷载幅值产生的位移（最大“静”位移）。

$$\Delta_{st}=\delta_{11}W$$

式中，Δ_{st} 为实际静荷载（如自重 W）产生的位移（静位移）。

于是有

$$A=y_{st}\frac{1}{1-\theta^2/\omega^2} \tag{f}$$

故特解

$$y^*=A\sin\theta t=y_{st}\frac{1}{1-\theta^2/\omega^2}\sin\theta t$$

即

$$y^*=\frac{F}{m\omega^2}\frac{1}{1-\theta^2/\omega^2}\sin\theta t$$

（3）方程（b）的解

$$y=\bar{y}+y^*$$

$$y=C_1\sin\omega t+C_2\cos\omega t+A\sin\theta t \tag{g}$$

$$\dot{y}=C_1\omega\cos\omega t-C_2\omega\sin\omega t+A\theta\cos\theta t$$

式中，系数 C_1 和 C_2 由初始条件确定。

设
$$y(0)=y_0,\ \dot{y}(0)=v_0$$

则得

$$C_1=\frac{v_0-A\theta}{\omega},\ C_2=y_0$$

故解为

$$y=y_0\cos\omega t+\frac{v_0-A\theta}{\omega}\sin\omega t+A\sin\theta t \tag{h}$$

即

$$y=y_0\cos\omega t+\frac{v_0}{\omega}\sin\omega t-\frac{A\theta}{\omega}\sin\omega t+A\sin\theta t \tag{i}$$

当 $y_0=0$ 和 $v_0=0$ 时，有

$$y=A\left(\sin\theta t-\frac{\theta}{\omega}\sin\omega t\right) \tag{12-22}$$

上面式（i）等号右侧共四项，其中

1）$y_0\cos\omega t+\frac{v_0}{\omega}\sin\omega t$ 两项（为自由振动部分），与初始条件 y_0 和 v_0 有关。

2）$-\frac{A\theta}{\omega}\sin\omega t$ 与 y_0 和 v_0 无关，是伴随干扰力而产生的自由振动（按自频 ω 振动），称为**伴生自由振动**。

3）$A\sin\theta t$ 为纯强迫振动（无阻尼），按干扰力频率 θ 振动。

该体系在简谐荷载作用下的强迫振动，可分为以下两个阶段：

过渡阶段：振动刚开始的阶段。由于阻尼力的实际存在，前三项（按自振频率 ω 振动的部分）将很快衰减。

平稳阶段：最后只余下按扰频 θ 振动的纯强迫振动部分。因此，在工程中有实际意义的是平稳阶段的 y，即

$$y=A\sin\theta t=y_{d,\max}\sin\theta t=y_{st}\frac{1}{1-\theta^2/\omega^2}\sin\theta t$$

式中，$y_{d,\max}$ **称最大动位移**（即 A），为**强迫振动的振幅**，是控制设计的重要依据。

令

$$\boxed{\beta=\frac{1}{1-\theta^2/\omega^2}=\frac{y_{d,\max}}{y_{st}}} \tag{12-23}$$

则强迫振动的振幅

$$A=y_{d,\max}$$

即

$$A=\beta y_{st}$$

所以有

$$\boxed{y=A\sin\theta t=\beta y_{st}\sin\theta t} \tag{12-24}$$

β 的物理意义在于：表示动位移的最大值 $y_{d,max}$（亦即振幅 A）是最大“静”位移 y_{st} 的多少倍，故称为动力系数。

对于单自由度体系，当在简谐荷载作用下，且干扰力作用于质点上时，结构中内力与质点位移成比例。所以动力系数 β 既是位移的动力系数，又是内力的动力系数。

2. 关于振幅算式的分析讨论

强迫振动的振幅

$$A=\beta y_{st}$$

其中，动力系数

$$\beta=\frac{1}{1-\theta^2/\omega^2}$$

现对图 12-29 所示 β 与 θ/ω 的关系图进行分析：

1）$\theta/\omega\to0$，$\beta\to1$：这说明机器转动很慢（$\theta\ll\omega$），干扰力接近于静力。一般当 $\theta/\omega<1/5$ 时，可当作静力计算（例如，当 $\theta/\omega=1/5$ 时，$\beta=1.04$）。

2）$\theta/\omega\to\infty$，$\beta\to0$：以 θ/ω 轴为渐近线。这说明机器转动非常快时（$\theta\gg\omega$，高频荷载作用于质体），质体基本上处于静止状态，即相当于没有干扰力作用（自重除外）。

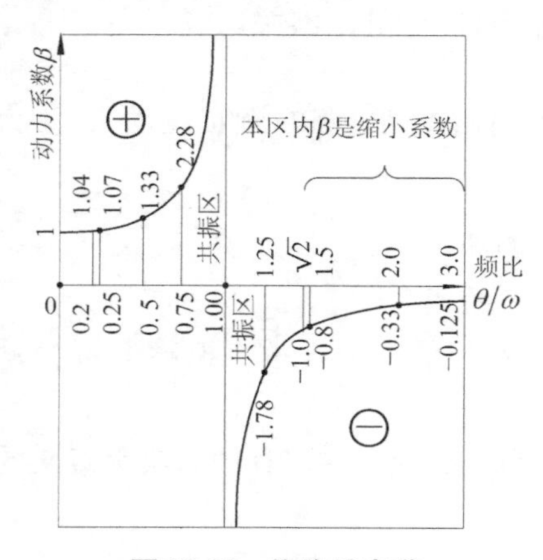

图 12-29 位移反应谱

【说明】 由于振动是往复的，所以位移与外力的方向一致也好，不一致也好，亦即 β 是⊕也好，是⊖也好，对于单自由度体系来说，并无实际意义。需要的是 β 的绝对值，它标志着动力效应是静力效应的多少倍。因此，很多教材给出 $|\beta|$ 值。

3）$0<\theta/\omega<1$，β 为正，且 $\beta>1$，又 β 随 θ/ω 的增大而增大。

y 与 $F_P(t)$ 同号，即质点位移与干扰力的方向始终是相同（同相位）的。

4）$\theta/\omega>1$，β 为负，其绝对值随 θ/ω 的增大而减小。

y 与 $F_P(t)$ 异号，即质点位移与干扰力的方向相反（相位相差 π）。

关于结论 3）和 4）的证明如下：

$$y=A\sin\theta t=\beta y_{st}\sin\theta t=\beta\frac{F}{k_{11}}\sin\theta t=\frac{\beta}{k_{11}}F_P(t)$$

由上式可见：当β为⊕时，y与$F_P(t)$方向一致；当β为⊖时，y与$F_P(t)$方向相反。这并不奇怪，如图 12-30 所示，把F_I考虑进去，就完全符合静力规律，即F_I与$F_P(t)$的合力永远与位移y方向一致。

5）$\theta/\omega \to 1$，$\beta \to \infty$（无阻尼）：$A=\beta y_{st} \to \infty$。即干扰频率$\theta$接近自振频率$\omega$时，无阻尼体系的振幅会趋于无穷大，此时体系发生共振。

【注】 由于实际上有阻尼存在，一般建筑物$\beta=10 \sim 100$，其中，钢筋混凝土结构为 10~20，钢结构 40~100。$\theta/\omega=1$为共振点，$0.75 \leqslant \theta/\omega \leqslant 1.25$是人为划定的共振区。

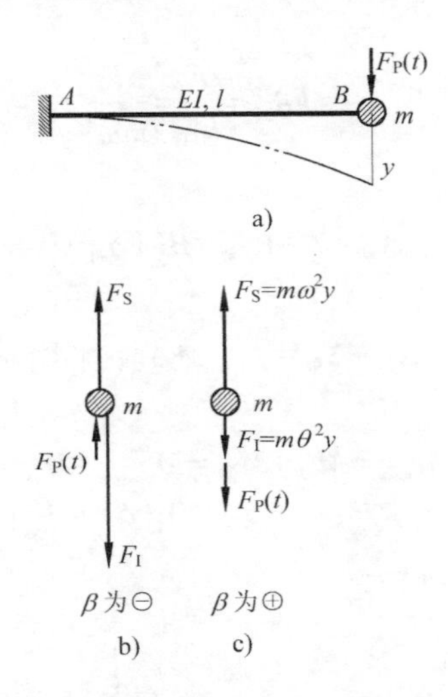

图 12-30　F_I与$F_P(t)$的合力永远与位移y方向一致

当$\theta/\omega=1$时，发生“共振”，此时有

$$\underset{m\theta^2 y}{\underset{\uparrow}{F_I}} \xlongequal{\text{当 }\theta=\omega\text{ 时}} \underset{m\omega^2 y}{\underset{\uparrow}{k_{11}y}}$$

即惯性力与弹性力平衡，而没有其他力去与实际存在的外力$F_P(t)$平衡，因此无论振幅多大，再维持动力平衡均不可能。

防止共振的措施：一是调整机器的转速θ；二是改变体系的自振频率ω($\omega=\sqrt{k_{11}/m}$，要改变ω的思路，不外乎就是改变k_{11}，即改变截面形式、结构形式，或是改变m)。但“共振”也是可以利用的，如利用$\theta=\omega$时，结构振幅突然增大的这一特点，不断改变机器（激振器）转速θ，可以测定结构的ω。

3. 计算步骤（单自由度体系在简谐荷载作用下的强迫振动）

（1）求自振频率

$$\omega=\sqrt{\frac{k_{11}}{m}}=\sqrt{\frac{1}{m\delta_{11}}}$$

（2）求干扰力频率　一般给出电动机转速n(r/min)，

$$\theta=\frac{2\pi n}{60} \quad (\mathrm{s}^{-1})$$

或直接给出具体值。

（3）求动力系数

$$\beta=\frac{1}{1-\theta^2/\omega^2}(\text{注意正负号})$$

（4）求动位移幅值$\Delta_{动}$（即A）

1）先求最大“静”位移

$$y_{st}=F\delta_{11}=\frac{F}{k_{11}}=\frac{F}{m\omega^2}$$

2）再求动位移幅值

$$\Delta_{动}=A=\beta y_{st}=\beta(F\delta_{11})$$

（5）求最大位移

$$\Delta_{max}=\Delta_{动}+\Delta_{静}=y_{d,max}+\Delta_{st}=|A|+\Delta_{st}$$

（6）求最大内力

$$M_{max}=M_{动}+M_{静}=M_{d,max}+M_{st}$$

【方法一】 动力系数法（仅当$F_P(t)$直接作用在质点上时）：将$|\beta|F$作为静力作用在体系上，按静力法计算（图12-31a）。

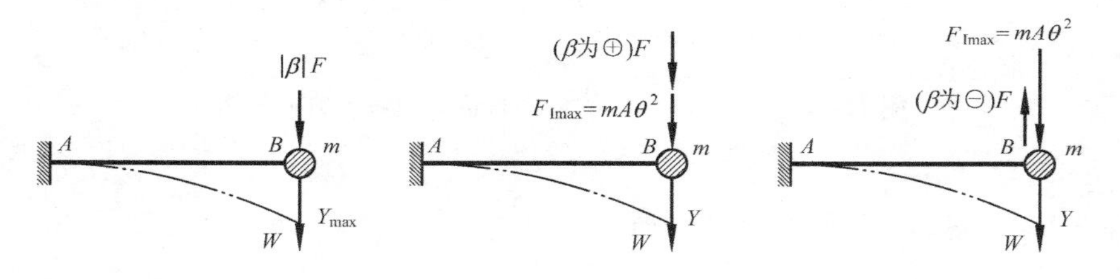

图12-31 求最大内力的两种方法

【方法二】 幅值法：由达朗贝尔原理，把位移达到最大值时，所有力的幅值加上去。注意F的施加方向，即

1）当β为正时，F沿质点位移方向一致施加（图12-31b）。

2）当β为负时，F沿质点位移方向反向施加（图12-31c）。

【证明】 当简谐荷载$F_P(t)$直接作用在单质点上时，两种方法得出相同的结果（证明$|\beta|F=F+F_{Imax}$）。

$$\text{右端项}=F+F_{Imax}=F+mA\theta^2=F+m[\beta y_{st}]\theta^2$$

将$\beta=\dfrac{1}{1-\theta^2/\omega^2}$及$y_{st}=\dfrac{F}{m\omega^2}$代入，即有

$$\text{右端项}=F\times\frac{1}{1-\theta^2/\omega^2}=\beta F(\text{左端项})$$

证毕。

【讨论】 1）当 β 为⊕时，F 向下施加（与位移方向一致），即

$$\underset{\oplus\ \ \oplus}{\beta F(\downarrow)}\longrightarrow\oplus\downarrow|\beta F|$$

2）当 β 为⊖时，F 向上施加（与位移方向相反），即

$$\underset{\ominus\ \ \ominus}{\beta F(\uparrow)}\longrightarrow\oplus\downarrow|\beta F|$$

由此可见，当采用动力系数法时，无论 β 为⊕或为⊖，均可很方便地将 $|\beta F|$（习惯标注 $|\beta|F$）作为静力，沿质点位移方向作用在体系上，按静力法计算。

【例 12-12】 对于图 12-32a 所示体系，已知下列各值：$m=123\text{kg}$，$F=49\text{N}$（离心力），$n=1200\text{r/min}$（发电机转速），$E=2.06\times10^{11}\text{N/m}^2$，$I=78\text{cm}^4$。求梁中最大动位移 $A(\Delta_{动})$ 和梁中最大动内力 $M_{d,max}(M_{动})$。

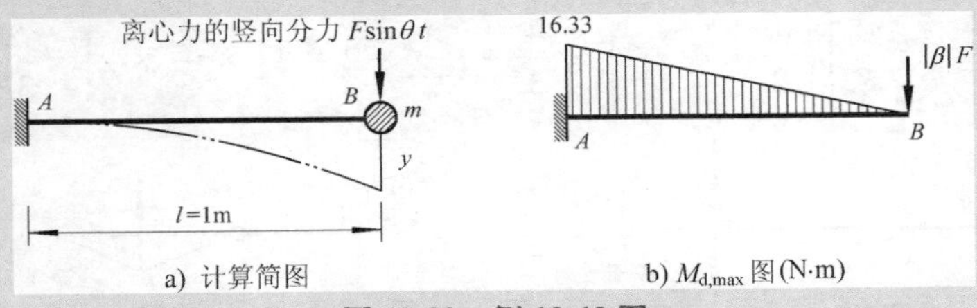

图 12-32　例 12-12 图

解：(1) 求自振频率 ω　因为 $\delta_{11}=l^3/3EI$，故

$$\omega^2=\frac{1}{m\delta_{11}}=\frac{3EI}{ml^3}=3.919\times10^3\text{s}^{-2}$$

因此，得

$$\omega=62.6\text{s}^{-1}$$

(2) 求干扰力频率 θ

$$\theta=\frac{2\pi n}{60}=125.6\text{s}^{-1}$$

(3) 求动力系数 β

$$\beta=\frac{1}{1-\theta^2/\omega^2}$$

而 $\theta/\omega=2$，故

$$\beta=-\frac{1}{3}$$

(4) 求最大动位移 A

$$y_{st}=F\delta_{11}=\frac{Fl^3}{3EI}=0.102\times10^{-3}\text{m}$$

$$A=\beta y_{st}=\left(-\frac{1}{3}\right)(0.102\times10^{-3})\text{m}=-0.034\times10^{-3}\text{m}$$

式中，负号表示最大动位移与 $F_P(t)$ 方向相反。

（5）求最大动内力 $M_{d,max}$　采用动力系数法，在 B 点施加 $|\beta|F$，绘弯矩图，如图 12-32b 所示，图中 $M_{d,max}=16.33\text{N}\cdot\text{m}$。

【例 12-13】 对于图 12-33a 所示体系，已知：梁上的机器总重 $W=30\text{kN}$，机器转速 $n=350\text{r/min}$，离心力幅值 $F=5\text{kN}$，忽略梁的自重，$EI=2.0\times10^4\text{kN}\cdot\text{m}$，试作动力弯矩幅值 $M_{d,max}$（即 $M_{动}$）图和总弯矩 M 图。

解： 图 12-33a 所示结构为单自由度体系，采用动力系数法求解。

（1）求柔度系数 δ_{11}（参见图 12-33b）

$$\delta_{11}=\int\frac{\overline{M}_1^2}{EI}\mathrm{d}x=\frac{1}{EI}\left[\left(\frac{1}{2}\times4\times2\right)\times\frac{4}{3}+\left(\frac{1}{2}\times2\times1\right)\times\frac{2}{3}\times2\right]=\frac{20}{3EI}$$

a) 原结构　b) $\overline{M}_1$ 图（m）　c) 动力弯矩幅值 $M_{d,max}$ 图（kN·m）　d) 总弯矩 M 图（kN·m）

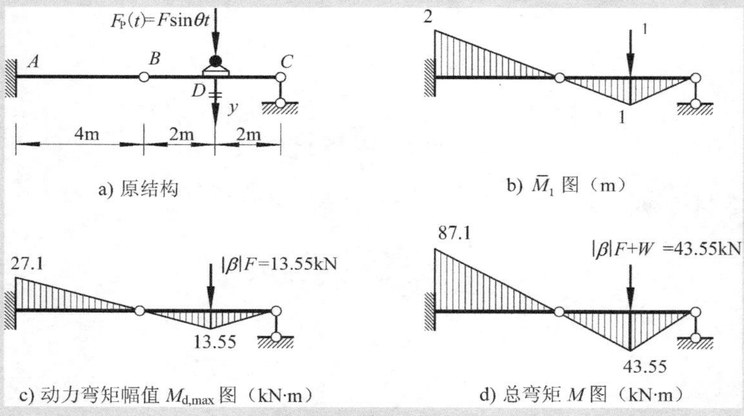

图 12-33　例 12-13 图

（2）求自振频率 ω

$$\omega=\sqrt{\frac{g}{\Delta_{st}}}=\sqrt{\frac{g}{W\delta_{11}}}=\sqrt{\frac{9.8\times3\times2\times10^4}{30\times20}}\text{s}^{-1}=31.3\text{s}^{-1}$$

（3）求干扰力频率 θ

$$\theta=\frac{2\pi n}{60}=\frac{2\times3.14\times350}{60}\text{s}^{-1}=36.63\text{s}^{-1}$$

（4）求动力系数 β

$$\beta=\frac{1}{1-\theta^2/\omega^2}=\frac{1}{1-\dfrac{36.63^2}{31.3^2}}=-2.71$$

（5）作动力弯矩幅值 $M_{d,max}$ 图　将 $|\beta|F = 2.71\times5\text{kN} = 13.55\text{kN}$ 作用于梁上 D 点，作 $M_{d,max}$ 图，如图 12-33c 所示（将 $\overline{M}_1$ 图乘以 13.55kN 即得）。

（6）作总弯矩图 M　将 $|\beta|F+W=$（$2.71\times5+30$）$\text{kN}=43.55\text{kN}$ 作用于梁上 D 点，作 M 图，如图 12-33d 所示（将 $\overline{M}_1$ 图乘以 43.55kN 即得）。

【例 12-14】 图 12-34a 所示结构，在柱顶有电动机，试求电动机转动时的最大水平位移和柱端弯矩。已知电动机和结构重量集中于柱顶。$W=20\text{kN}$，电动机水平离心力的幅值 $F=250\text{N}$，电动机转速 $n=550\text{r/min}$，柱的线刚度 $i=EI/h=5.88\times10^6\text{N}\cdot\text{m}$。

解：（1）求自振频率 ω　结构的刚度系数为

$$k_{11}=2\times\frac{12EI}{h^3}=\frac{24i}{h^2}=3.92\times10^6\text{N/m}$$

自振频率

$$\omega=\sqrt{\frac{k_{11}}{m}}=\sqrt{\frac{k_{11}g}{W}}=\sqrt{\frac{3.92\times10^6\times9.8}{2\times10^4}}\text{s}^{-1}=43.83\text{s}^{-1}$$

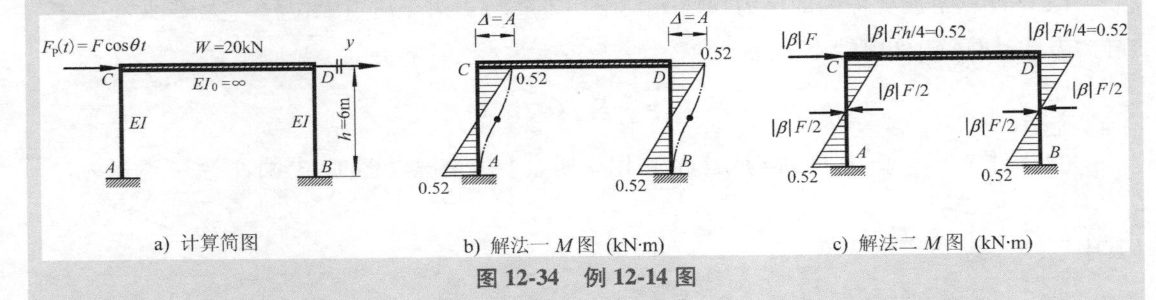

图 12-34　例 12-14 图

（2）求干扰力频率 θ

$$\theta=\frac{2\pi n}{60}=57.60\text{s}^{-1}$$

（3）求动力系数 β

$$\beta=\frac{1}{1-\theta^2/\omega^2}=\frac{1}{1-1.73}=-1.38$$

（4）求沿水平方向的 Δ_{max}　因为

$$\Delta_{max}=\Delta_{动}$$

故

$$\Delta_{max}=A=\beta\times\frac{F}{k_{11}}$$

$$=(-1.38)\times\frac{250}{3.92\times10^6}\text{m}=-88.01\times10^{-6}\text{m}=-0.0088\text{cm}$$

其中，负号表示 Δ_{max} 与 $F_P(t)$ 的方向相反。

（5）求柱端弯矩（分别采用两种解法）

【解法一】 让两柱顶 C 和 D 点均水平移动 $\Delta=A$，按两端固定杆，远端顺时针方向沉陷 $\Delta=A$，绘柱弯矩图，如图 12-34b 所示，即各柱端弯矩均为

$$6i\frac{A}{h}=0.52\mathrm{kN\cdot m}$$

【解法二】 采用“动力系数法”，将 $|\beta|F$ 向右施加于左柱顶 C 点，再用“剪力分配法”计算，其弯矩图如图 12-34c 所示，即各柱端弯矩均为

$$\frac{|\beta|Fh}{4}=0.52\mathrm{kN\cdot m}$$

显见，两种方法计算结果完全相同。

【例 12-15】 干扰力作用于等截面悬臂杆的中点（图 12-35a），求质点稳态振幅。

解：本例的特点是外力不直接作用在质点上。

【解法一】 附加支杆，将该支反力反向（即等效干扰力，亦称等效动力荷载）作用于质点。

（1）计算附加支杆内的反力幅值 F_R（图 12-35b） 由于质点无位移（无惯性力），按静力方法计算反力幅值为

$$F_R=\frac{5}{16}F \quad （力法）$$

（2）计算 $F_E(t)=F_E\sin\theta t=F_R\sin\theta t$ 作用于质点上的情况（图 12-35c）

$$A=\beta y_{st}$$

其中

$$\beta=\frac{1}{1-\theta^2/\omega^2}$$

$$y_{st}=\delta_{11}F_R=\delta_{11}F_E=\frac{l^3}{3EI}\times\frac{5F}{16}=\frac{5Fl^3}{48EI}$$

故质点稳态振幅

$$A=\beta y_{st}=\beta\left(\frac{5Fl^3}{48EI}\right)$$

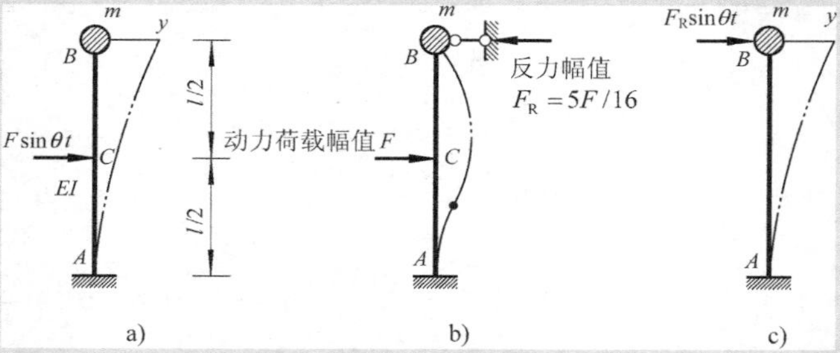

图 12-35 例 12-15 解法一

【解法二】 直接建立运动方程求解。施加惯性力（图 12-36a），列柔度方程。在质量所在的 B 点，有

$$y=\delta_{11}(-m\ddot{y})+\delta_{1P}(F\sin\theta t)$$

$$m\ddot{y}+\frac{1}{\delta_{11}}y=\left(\frac{\delta_{1P}}{\delta_{11}}F\right)\sin\theta t$$

令等效干扰力幅值

$$F_{\mathrm{E}}=\frac{\delta_{1\mathrm{P}}}{\delta_{11}}F$$

则

$$m\ddot{y}+\frac{1}{\delta_{11}}y=F_{\mathrm{E}}\sin\theta t$$

或

$$\ddot{y}+\omega^2 y=\frac{F_{\mathrm{E}}}{m}\sin\theta t$$

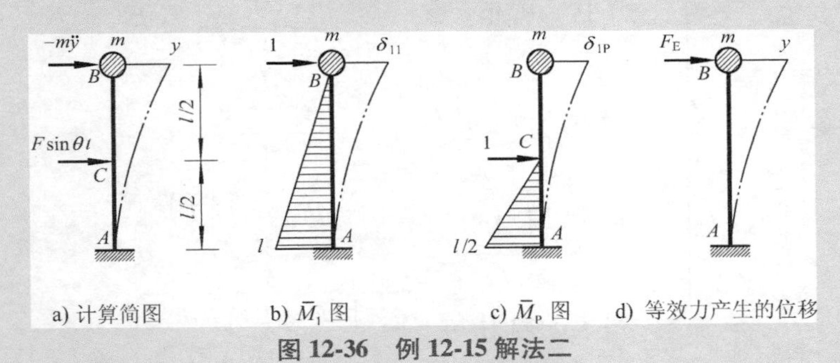

图 12-36　例 12-15 解法二

将此式与干扰力直接作用于质点的运动方程 $\ddot{y}+\omega^2 y=\frac{F}{m}\sin\theta t$ 对照，可见，位移 y 相当于作用于质点的等效力 $F_{\mathrm{E}}\sin\theta t$ 产生的位移。具体计算如下（参见图 12-36b、c 所绘出的 $\overline{M}_1$图和 $\overline{M}_{\mathrm{P}}$图）：

1） $\delta_{11}=\frac{l^3}{3EI}$，$\delta_{1\mathrm{P}}=\frac{5l^3}{48EI}$

2） $F_{\mathrm{E}}=\frac{\delta_{1\mathrm{P}}}{\delta_{11}}F$

3） $y_{\mathrm{st}}=\delta_{11}F_{\mathrm{E}}=\delta_{11}\left(\frac{\delta_{1\mathrm{P}}}{\delta_{11}}F\right)$ 或 $y_{\mathrm{st}}=\delta_{1\mathrm{P}}F=\frac{5Fl^3}{48EI}$

4） $A=\beta y_{\mathrm{st}}=\beta\delta_{1\mathrm{P}}F=\beta\left(\frac{5Fl^3}{48EI}\right)$

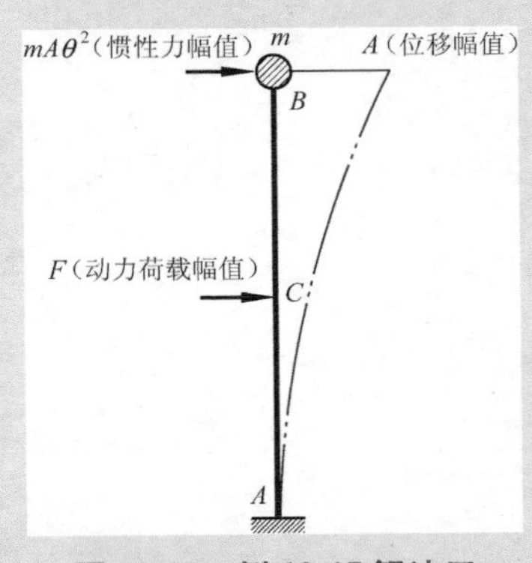

图 12-37　例 12-15 解法三

【解法三】 利用幅值方程求解。在简谐振动中，惯性力与位移变化规律相同，即同时达到最大值，可列幅值方程（图 12-37）

$$A=(mA\theta^2)\delta_{11}+F\delta_{1P}$$

由此，得

$$A=\frac{F\delta_{1P}}{1-\delta_{11}m\theta^2}=\frac{F\delta_{1P}}{1-\dfrac{1}{m\omega^2}m\theta^2}$$

不难化为

$$A=\beta(\delta_{1P}F)=\beta\left(\frac{5Fl^3}{48EI}\right)$$

【小结】

情况1： 干扰力直接作用在质点上

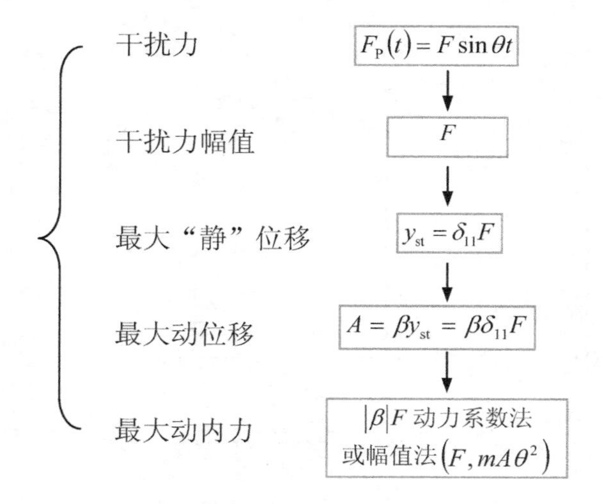

情况2： 干扰力不作用在质点上

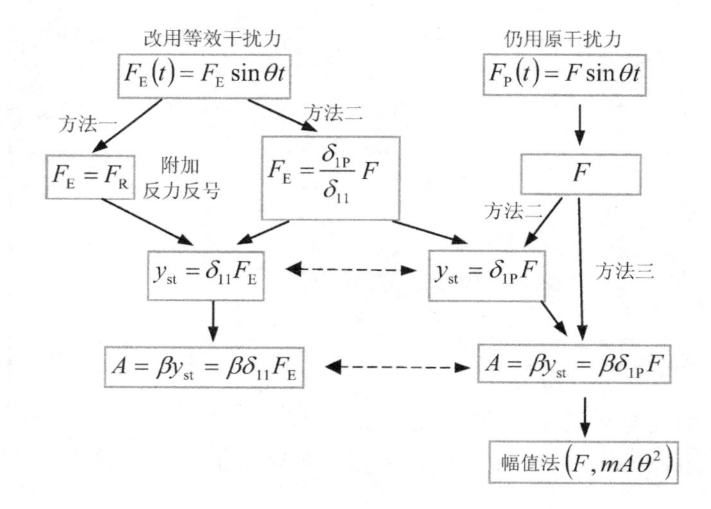

【例 12-16】 图 12-38a 所示跨中带有一质量为 m 的无重简支梁，动力荷载 $F_P(t)=F\sin\theta t$ 作用在距梁端 $l/4$ 处，若 $\theta=1.2\sqrt{48EI/ml^3}$，试求在荷载 $F_P(t)$ 作用下，质量 m 的最大动位移 A。

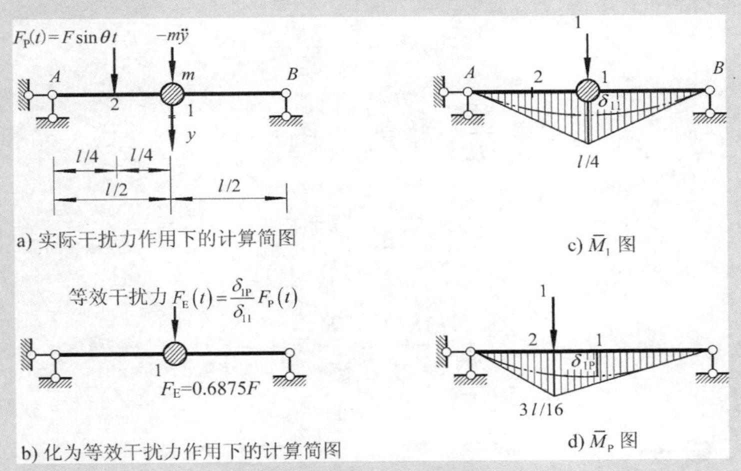

图 12-38　例 12-16 图

解：(1) 求梁的柔度系数 δ_{11} 和 δ_{1P}（参见图 12-38c、d 中的 $\overline{M}_1$、$\overline{M}_P$ 图）

$$\delta_{11}=\frac{l^3}{48EI},\ \delta_{1P}=\frac{11l^3}{768EI}$$

(2) 求自振频率 ω

$$\omega=\frac{1}{\sqrt{m\delta_{11}}}=\sqrt{\frac{48EI}{ml^3}}$$

(3) 求动力系数 β

$$\frac{\theta}{\omega}=1.2$$

$$\left(\frac{\theta}{\omega}\right)^2=1.44$$

$$\beta=\frac{1}{1-1.44}=-2.2727$$

(4) 求最大动位移 A

$$A=\beta y_{st}=\beta\delta_{11}F_E=\beta\delta_{11}\left(\frac{\delta_{1P}}{\delta_{11}}F\right)$$

$$=-2.2727\times\frac{l^3}{48EI}\times0.6875F=-0.0326\frac{Fl^3}{EI}$$

以上求 A 采用了等效干扰力 F_E（幅值）；也可按原干扰力幅值 F，由下式计算：

$$A=\beta y_{st}=\beta\delta_{1P}F$$

$$=-2.2727\times\frac{11l^3}{768EI}\times F=-0.0326\frac{Fl^3}{EI}$$

【例12-17】 试列出图12-39a所示结构体系的运动方程，并绘出结构弯矩幅值图。已知：$\theta=\sqrt{EI/5ml^3}$。

解：（1）列运动方程（柔度法）

$$\ddot{y}+\omega^2 y=\frac{F_E}{m}\sin\theta t$$

其中，$\omega^2=\frac{1}{m\delta_{11}}$，$F_E=\frac{\delta_{1P}}{\delta_{11}}\times F$，$\delta_{11}=\frac{5l^3}{3EI}$，$\delta_{1P}=\frac{l^3}{EI}$（图12-39b、c）。代入$\delta_{11}$和$\delta_{1P}$值，得

$$\omega^2=\frac{3EI}{5l^3m},\ F_E=\frac{3}{5}F$$

故运动方程为

$$\ddot{y}+\frac{3EI}{5l^3m}y=\frac{3F}{5m}\sin\theta t$$

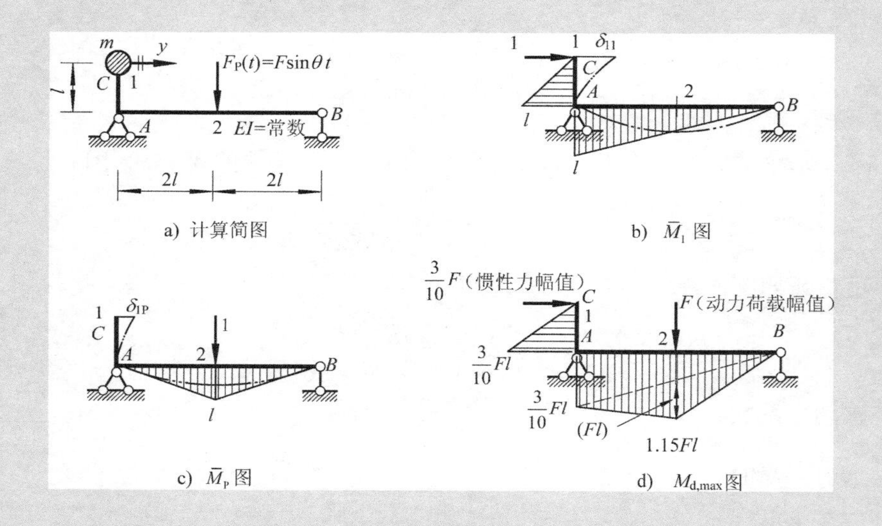

图12-39 例12-17图

（2）求惯性力幅值

$$\beta=\frac{1}{1-\theta^2/\omega^2}=\frac{1}{1-1/3}=\frac{3}{2}$$

$$A=\beta\delta_{1P}F=\frac{Fl^3}{EI}\beta=\frac{3Fl^3}{2EI}$$

$$mA\theta^2=m\times\frac{3Fl^3}{2EI}\times\frac{EI}{5ml^3}=\frac{3}{10}F$$

（3）按幅值法作弯矩幅值图 弯矩幅值图如图12-39d所示。

【例 12-18】　图 12-40a 所示简支梁跨中有一集中质量 m，EI 为常量，跨度为 l，不计梁的质量。梁右端作用干扰力偶 $M(t)=M\sin\theta t$。试作弯矩幅值图并求梁右端角位移 φ_B 的幅值。设静力平衡时梁轴线为水平直线。已知：$\theta=\sqrt{24EI/ml^3}$。

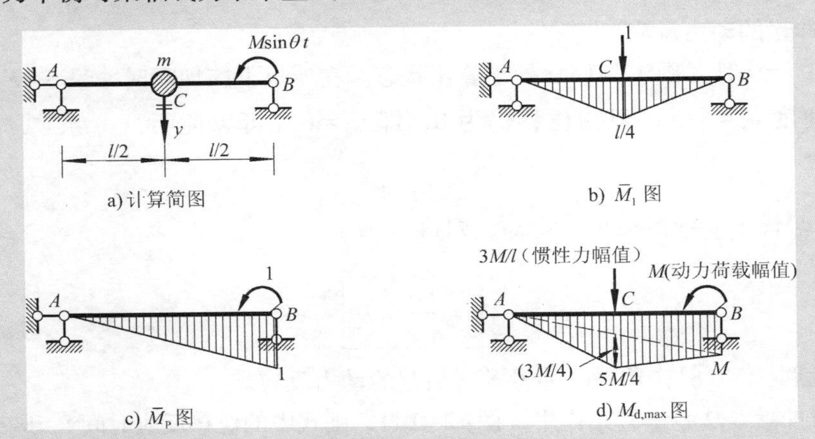

图 12-40　例 12-18 图

解：(1) 求最大动位移 A（参见图 12-40b、c 中的 $\overline{M}_1$、$\overline{M}_P$ 图）

$$\delta_{11}=\frac{l^3}{48EI},\delta_{1P}=\frac{l^2}{16EI},\ \omega^2=\frac{1}{m\delta_{11}}=\frac{48EI}{ml^3}$$

$$\beta=\frac{1}{1-\theta^2/\omega^2}=\frac{1}{1-1/2}=2,\ A=\delta_{1P}M\beta=\frac{Ml^2}{16EI}\times 2=\frac{Ml^2}{8EI}$$

(2) 求惯性力幅值

$$mA\theta^2=m\times\frac{Ml^2}{8EI}\times\frac{24EI}{ml^3}=\frac{3M}{l}$$

(3) 求内力幅值　跨中 C 点

$$M_{d,\max}=\frac{M}{2}+\frac{(3M/l)\times l}{4}=\frac{5M}{4}$$

作出弯矩幅值图，如图 12-40d 所示。

(4) 求 φ_B　由图 12-40d 与图 12-40c 图形相乘，得

$$\varphi_B=\frac{1}{EI}\left(\frac{1}{2}\times M\times l\times\frac{2}{3}+\frac{1}{2}\times\frac{3}{4}M\times l\times\frac{1}{2}\right)=\frac{25Ml}{48EI}$$

12.4.2　分析任意荷载作用下动力反应的冲量法

求解 $\ddot{y}+\omega^2 y=\frac{1}{m}F_P(t)$，一般可采用以下两种方法：

【方法一】冲量法（不直接解微分方程）

【方法二】拉格朗日常数变易法（又称参数变易法、变动任意常数法）

以上两种方法均能导出杜哈梅积分（卷积）

下面着重介绍方法一——冲量法。

冲量法的基本思路是：将图12-41a所示干扰力的效应，看作无数微元冲量效应的总和，如图12-41b所示；把变力 $F_P(t)$ 的作用看作一系列在质点上短暂停留不变的力的作用的总和，停留时间 $\Delta t \to 0$。

1. 瞬时冲量的动力反应

设体系在 $t=0$ 时（图12-41c）处于静止状态。在质点上施加瞬时冲量 $S=F_P\Delta t$。这将使体系产生初速度 $v_0=S/m$，但初位移仍为0，即 $y_0=0$（可以证明，y_0 系二阶微量，可略去不计）。

将 y_0 和 v_0 代入 $y=y_0\cos\omega t+\frac{v_0}{\omega}\sin\omega t$，即得

$$\boxed{y=\frac{S}{m\omega}\sin\omega t} \tag{12-25}$$

式（12-25）就是 $t=0$ 时作用瞬时冲量 S 所引起的动力反应。

如果瞬时冲量 S 从 $t=\tau$ 开始作用（图12-41d），则式中的位移反应时间 t，应改成 $(t-\tau)$，即式（12-25）应改为

$$\boxed{y=\frac{S}{m\omega}\sin\omega(t-\tau)} \tag{12-26}$$

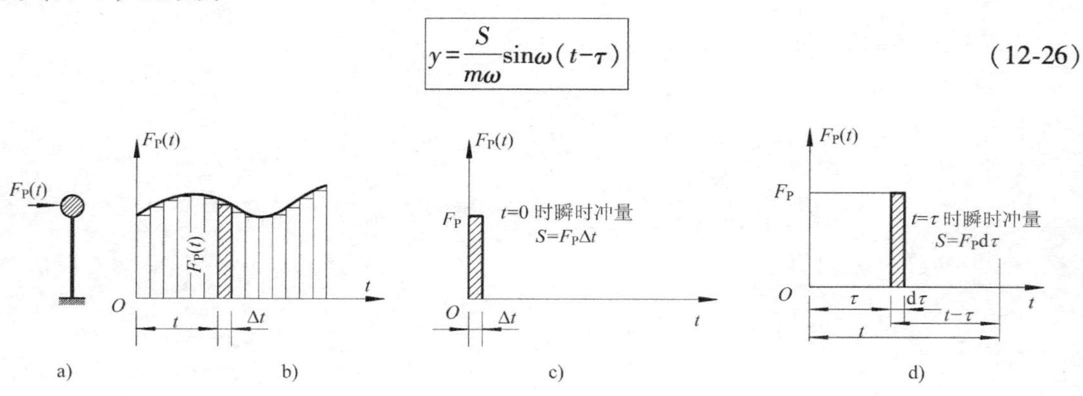

图12-41 瞬时冲量的动力反应

2. 任意动荷载的动力反应（总效应）

现在讨论图12-42所示任意动力荷载 $F_P(t)$ 作用的动力反应。

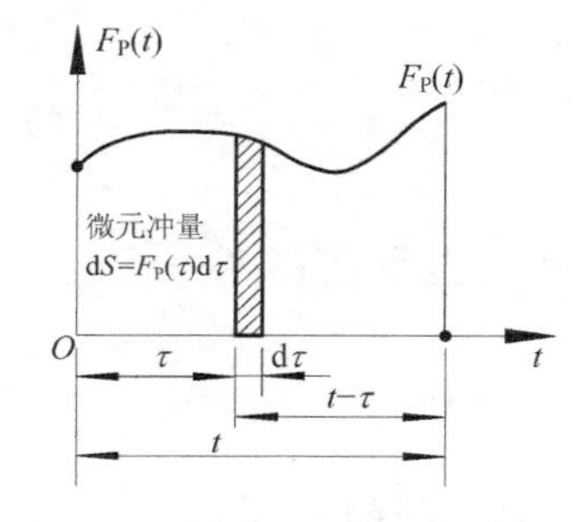

图12-42 任意动力荷载的动力反应

整个加载过程可看作由一系列瞬时冲量所组成。在 $t=\tau$ 时，作用 $F_P(\tau)$，在微元段 $d\tau$ 内产生的微元冲量为

$$dS=F_P(\tau)d\tau$$

由式（12-26），得到（对于 $t>\tau$）

$$dy=\frac{F_P(\tau)d\tau}{m\omega}\sin\omega(t-\tau)$$

总反应为

$$\boxed{y=\frac{1}{m\omega}\int_0^t F_P(\tau)\sin\omega(t-\tau)d\tau} \tag{12-27}$$

此式称为杜哈梅（Duhamel）积分（卷积）。这是初始处于静止状态的单自由度体系在任意动荷载 $F_P(\tau)$ 作用下的位移公式。

如果（在 O 点）初始位移 y_0 和初始速度 v_0 不为 0，则总位移应为

$$\boxed{y=y_0\cos\omega t+\frac{v_0}{\omega}\sin\omega t+\frac{1}{m\omega}\int_0^t F_P(\tau)\sin\omega(t-\tau)d\tau} \tag{12-28}$$

（自由振动）　（伴生自由振动+纯强迫振动）

【说明一】　这里为什么用 $d\tau$ 而不用 dt?

我们是在考察加在不同时刻 τ 的一系列瞬时冲量对同一时刻 t 的位移的影响。这里位移发生的时刻 t 被暂时地固定起来（是指定的常数），而瞬时冲量施加的时刻 τ 表示时间的流动坐标，是变量。因此，变量的微分为 $d\tau$，而非 dt。

【说明二】　在杜哈梅积分中，能否把伴生自由振动分离出来?

对于简谐荷载 $F_P(t)=F\sin\theta t$，可以证明，能将杜哈梅积分分解为以下两项之和，即

$$-\frac{A\theta}{\omega}\sin\omega t+A\sin\theta t$$

（伴生自由振动）（纯强迫振动）

其中

$$A=\frac{F}{m\omega^2}\frac{1}{1-\theta^2/\omega^2}$$

12.4.3　应用式（12-28）讨论几种特殊形式动力荷载作用下的动力反应

1. 突加长期荷载

如图 12-43a 所示，设体系原处于静止状态，$y(0)=0$，$\dot{y}(0)=0$，且有

$$F_P(t)=\begin{cases}0, & t<0\\ F_{P0}, & t>0\end{cases}\quad (t=0\text{ 有间断点})$$

当 $t>0$ 时，

$$\begin{aligned}y&=\frac{F_{P0}}{m\omega}\int_0^t\sin\omega(t-\tau)d\tau=\frac{F_{P0}}{m\omega}\left(-\frac{1}{\omega}\right)\int_0^t\sin\omega(t-\tau)d\omega(t-\tau)\\&=-\frac{F_{P0}}{m\omega^2}[-\cos\omega(t-\tau)]_0^t=\frac{F_{P0}}{m\omega^2}(1-\cos\omega t)\end{aligned}$$

所以

$$\boxed{y=y_{st}(1-\cos\omega t)=y_{st}\left(1-\cos\frac{2\pi t}{T}\right)} \tag{12-29}$$

仍系周期运动，但不是简谐振动。当 $t>0$ 时，质点围绕其静平衡位置（新的基线）$y=y_{st}$ 做简谐振动（图 12-43b）：

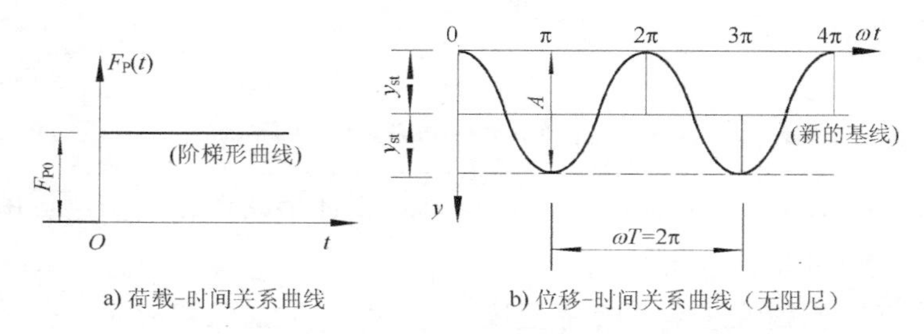

a) 荷载-时间关系曲线　　b) 位移-时间关系曲线（无阻尼）

图 12-43　突加长期荷载示意图

$$\left.\begin{array}{l}\text{周期}\quad T=2\pi/\omega \\ \text{最大振幅}\quad A=2y_{st} \\ \text{动力系数}\quad \beta=A/y_{st}=2\end{array}\right\}\ (\text{当 }\omega t=\pi\text{ 时，}\cos\pi=-1) \tag{12-30}$$

由此看出，突加荷载所引起的最大动位移 A 比相应的最大静位移 y_{st} 增大一倍。

2. 突加短时荷载（矩形脉冲）

如图 12-44 所示，设荷载 F_{P0} 在时刻 $t=0$ 突然加上，在 $0<t<u$ 时段内，荷载数值保持不变，在时刻 $t=u$ 以后荷载又突然消失。这种荷载可表示为

$$F_P(t)=\begin{cases}0, & t<0 \\ F_{P0}, & 0<t<u \quad (t=0\text{ 有间断点}) \\ 0, & t>u\end{cases}$$

$F_P(t)-t$ 曲线如图 12-44a、b 所示。下面分两个阶段计算。

1）阶段Ⅰ（$0\leqslant t\leqslant u$）：属强迫振动，与突加长期荷载公式相同，即

$$\begin{cases}y^{\mathrm{I}}=y_{st}(1-\cos\omega t) \\ A^{\mathrm{I}}=2y_{st} \\ \beta^{\mathrm{I}}=2\end{cases}$$

2）阶段Ⅱ（$t\geqslant u$）：无荷载作用，属自由振动。

【解法一】　以阶段Ⅰ末的 $y(u)$ 和 $\dot{y}(u)$ 为初始条件做自由振动，得动力位移公式。

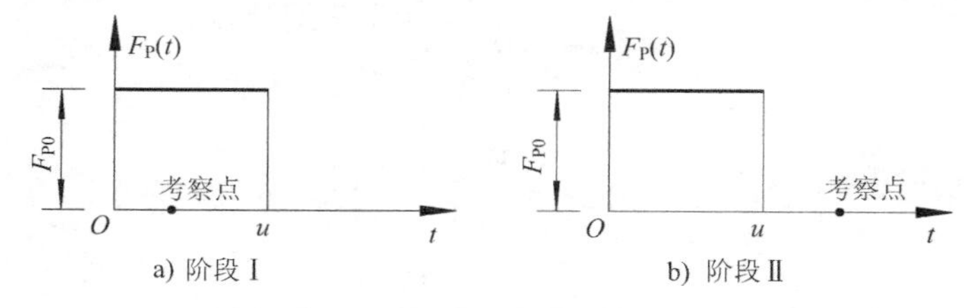

a) 阶段Ⅰ　　b) 阶段Ⅱ

图 12-44　突加短时荷载示意图

【解法二】　如下述：

$$
\begin{aligned}
y^{\mathrm{II}} &= \frac{1}{m\omega}\int_0^u F_{\mathrm{P0}}\sin\omega(t-\tau)\mathrm{d}\tau + 0 = \frac{F_{\mathrm{P0}}}{m\omega}\left(-\frac{1}{\omega}\right)\int_0^u \sin\omega(t-\tau)\mathrm{d}\omega(t-\tau) \\
&= -\frac{F_{\mathrm{P0}}}{m\omega^2}[-\cos\omega(t-\tau)]_0^u = \frac{F_{\mathrm{P0}}}{m\omega^2}[\cos\omega(t-u)-\cos\omega t] \\
&= y_{\mathrm{st}}\left[\cos\omega\left(t-\frac{u}{2}-\frac{u}{2}\right)-\cos\omega\left(t-\frac{u}{2}+\frac{u}{2}\right)\right] = 2y_{\mathrm{st}}\sin\omega\frac{u}{2}\sin\omega\left(t-\frac{u}{2}\right)
\end{aligned}
$$

故

$$
\boxed{\begin{aligned} y^{\mathrm{II}} &= 2y_{\mathrm{st}}\sin(\omega u/2)\times\sin[\omega(t-u/2)] \\ A^{\mathrm{II}} &= 2y_{\mathrm{st}}\sin(\omega u/2)\end{aligned}} \tag{12-31}
$$

最大位移发生在哪一个阶段，与荷载作用的时间 u 的长短有很大关系。

1）当 $u>T/2$ 时（u “长”）：相当于突加长期荷载，最大动力反应发生在阶段Ⅰ。此时动力系数 $\beta=\beta^{\mathrm{I}}=2$。

验证：

$$
y^{\mathrm{I}} = y_{\mathrm{st}}(1-\cos\omega t) = y_{\mathrm{st}}\left(1-\cos\frac{2\pi}{T}t\right)
$$

当 $t=T/2$ 时，

$$
A = A^{\mathrm{I}} = y_{\mathrm{st}}(1-\cos\pi) = 2y_{\mathrm{st}}
$$

所以有

$$
\beta=\beta^{\mathrm{I}}=2
$$

2）当 $u<T/2$ 时（u “短”）：最大动力反应发生在阶段Ⅱ。此时

$$
A = A^{\mathrm{II}} = 2y_{\mathrm{st}}\sin\left(\frac{\omega u}{2}\right) = 2y_{\mathrm{st}}\sin\left(\frac{\pi u}{T}\right)
$$

故动力系数

$$
\beta=\beta^{\mathrm{II}} = 2\sin\left(\frac{\pi u}{T}\right)
$$

综合上述两个阶段情况的结果得到动力系数反应谱，如图 12-45 所示，其动力系数

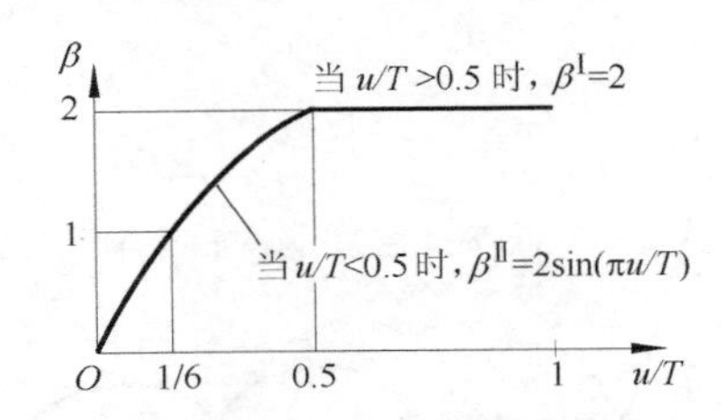

图 12-45　突加短时荷载动力系数反应谱

$$
\beta=\begin{cases}\beta^{\mathrm{II}} = 2\sin\dfrac{\pi u}{T}, \dfrac{u}{T}<\dfrac{1}{2} \\ \beta^{\mathrm{I}} = 2, \dfrac{u}{T}>\dfrac{1}{2}\end{cases} \tag{12-32}
$$

3. 线性渐增荷载

如图12-46所示，在一定时间内（$0 \leqslant t \leqslant t_r$），荷载由0增至$F_{P0}$，然后保持不变。

$$F_P(t)=\begin{cases}\dfrac{F_{P0}}{t_r}t, 0 \leqslant t \leqslant t_r\\ F_{P0}, t>t_r\end{cases}$$

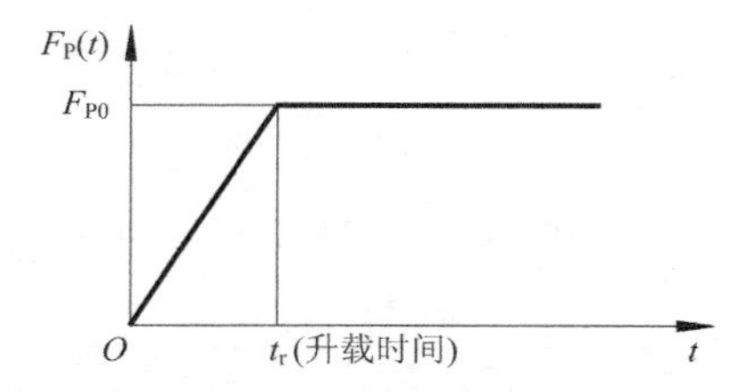

图12-46 线性渐增荷载示意图

这种荷载引起的动力反应同样可以利用杜哈梅积分公式求解。分两阶段：

1）阶段Ⅰ（$t \leqslant t_r$）：

$$y^{\mathrm{I}}=\frac{1}{m\omega}\int_0^t \frac{F_{P0}}{t_r}\tau\sin\omega(t-\tau)\mathrm{d}\tau=\frac{F_{P0}}{m\omega t_r}\left(-\frac{1}{\omega}\right)\int_0^t \tau\sin\omega(t-\tau)\mathrm{d}\omega(t-\tau)$$

$$\boxed{y^{\mathrm{I}}=y_{st}\frac{1}{t_r}\left(t-\frac{\sin\omega t}{\omega}\right)} \quad (t \leqslant t_r) \tag{12-33a}$$

2）阶段Ⅱ（$t \geqslant t_r$）：

$$y^{\mathrm{II}}=\frac{1}{m\omega}\int_0^{t_r}\frac{F_{P0}}{t_r}\tau\sin\omega(t-\tau)\mathrm{d}\tau+\frac{1}{m\omega}\int_{t_r}^{t}F_{P0}\sin\omega(t-\tau)\mathrm{d}\tau$$

$$\boxed{y^{\mathrm{II}}=y_{st}\left\{1-\frac{1}{\omega t_r}[\sin\omega t-\sin\omega(t-t_r)]\right\} \quad (t \geqslant t_r)} \tag{12-33b}$$

从图12-47所示的动力系数反应谱可看出：

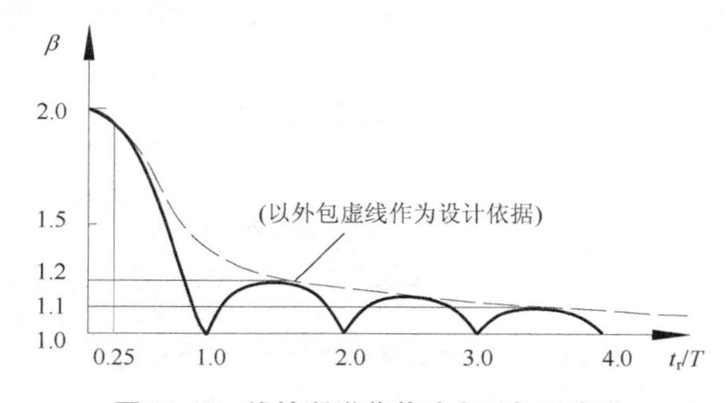

图12-47 线性渐增荷载动力系数反应谱

1）动力系数β介乎于1与2之间。

2）当$t_r/T<0.25$时，则β接近2.0，即相当于突加荷载的情况。

3）当$t_r/T>4$时，则β接近于1.0，即相当于静荷载的情况。

12.4.4 地面运动作用

地面在水平方向发生运动，将使单自由度体系产生强迫振动。如地震和邻近动力设备对结构的影响都属于地面运动作用。下面来讨论地面运动所产生的强迫振动。

如图 12-48a 所示结构，在 A 点集中质量 m 上本来并无动力荷载直接作用，但由于地面产生了水平运动 y_g，也会引起结构的质量 m 发生水平相对位移 y 的振动。在振动中的任一时刻 t，质量 m 具有绝对位移（$y+y_g$）和绝对加速度（$\ddot{y}+\ddot{y}_g$）。作用在质量 m 上的惯性力为

$$F_I(t)=-m(\ddot{y}+\ddot{y}_g) \tag{a}$$

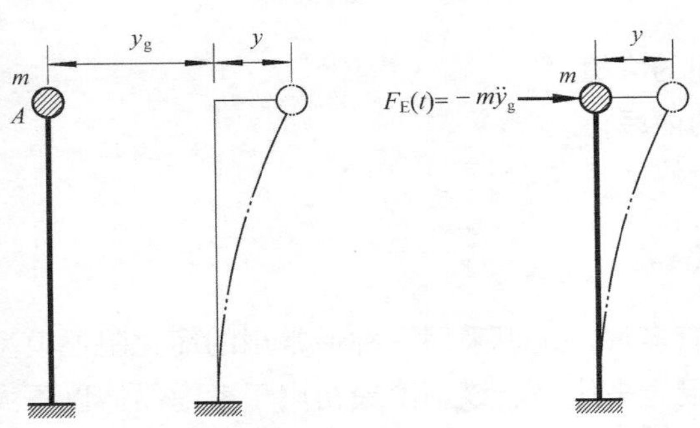

a) 地面运动作用下产生的动力反应　　b) 等效动力荷载的动力作用

图 12-48　地面运动作用示意图

在振动过程中，结构的弹性回复力 $F_S(t)$ 和阻尼力 $F_C(t)$ 分别只和质量 m 的相对位移及相对速度有关，因而，可列出结构的运动方程为

$$-m(\ddot{y}+\ddot{y}_g)-c\dot{y}-k_{11}y=0$$

或

$$m\ddot{y}+c\dot{y}+k_{11}y=-m\ddot{y}_g$$

可写成

$$m\ddot{y}+c\dot{y}+k_{11}y=F_E(t) \tag{b}$$

式中，

$$F_E(t)=-m\ddot{y}_g \tag{c}$$

称为**等效动力荷载**，如图 12-48b 所示。式（c）中的负号，只表明 $F_E(t)$ 的方向与地面运动的加速度方向相反，它在实际分析中没有多大的意义。

根据杜哈梅积分，若不考虑阻尼的影响，可得式（b）的解为

$$y=\frac{1}{\omega}\int_0^t[-\ddot{y}_g(\tau)\sin\omega(t-\tau)]\mathrm{d}\tau \tag{d}$$

由此，可以得出如下结论：求解地面运动 y_g 作用下产生的动力反应，等效于在质量 m 水平方向施加动力荷载 $F_E(t)=-m\ddot{y}_g$ 所产生的动力作用。这一结论，可推广和应用于多自由度体系。

12.5 阻尼对振动的影响

以上两节是在忽略阻尼影响的条件下研究单自由度体系的振动问题。因此，有些结论，如自由振动时振幅永不衰减，共振时振幅可趋于∞等，与实际振动情况并不相符。有必要对阻尼力这个因素加以考虑。

12.5.1 关于阻尼的定义

阻尼是使振动衰减的因素，或使能量耗散的因素。振动过程中的阻尼力有多种来源，例如：

1）结构与支承之间的摩擦。

2）结构材料之间的内摩擦。

3）周围介质的阻力等。

12.5.2 黏滞阻尼理论

关于阻尼力的理论有多种，这里采用一种最常用的简化阻尼模型。

阻尼的影响可用阻尼力来代表。该理论最初用于考虑物体以不大的速度在黏性液体中运动时所遇到的抗力，因此称为**黏滞阻尼力**。

该理论假设阻尼力的大小与质点速度成正比，其方向与质点速度的方向相反。即

$$\boxed{F_C=-c\dot{y}} \quad \text{（对变形而言，是一种非弹性力）} \tag{a}$$

式中，c 为阻尼系数；$\dot{y}$ 为质点速度。负号表明 F_C 的方向恒与质点速度 $\dot{y}$ 的方向相反，它在振动时做负功，因而造成能量耗散。

单自由度体系有阻尼强迫振动的运动方程为

$$\boxed{m\ddot{y}+c\dot{y}+k_{11}y=F_P(t)} \tag{b}$$

这是二阶线性非齐次常系数微分方程。

12.5.3 单自由度体系的有阻尼自由振动

研究有阻尼的自由振动，其目的在于：

1）求考虑阻尼的自振频率 ω_r 或自振周期 T_r。

2）求阻尼比 ξ，由其大小可判断结构会不会产生振动（$\xi<1$，结构才考虑振动），知道振动衰减的快慢（ξ 越大，衰减速度越快）。

在式（b）中，令 $F_P(t)=0$，即得有阻尼自由振动方程

$$\boxed{m\ddot{y}+c\dot{y}+k_{11}y=0} \tag{12-34}$$

令 $\omega^2=k_{11}/m$，$c/m=2\xi\omega$，有

$$\boxed{\xi=\frac{c}{2m\omega}} \tag{12-35}$$

则

$$\boxed{\ddot{y}+2\xi\omega\dot{y}+\omega^2 y=0} \tag{12-36}$$

式中，ξ 称为阻尼比。

设微分方程（12-36）的解为

$$y=Ce^{\lambda t}$$

则 λ 由特征方程

$$\lambda^2+2\xi\omega\lambda+\omega^2=0 \tag{c}$$

所确定，其解为

$$\lambda=\omega(-\xi\pm\sqrt{\xi^2-1}) \tag{d}$$

根据 $\xi<1$、$\xi=1$、$\xi>1$ 三种情况，可得出三种运动状态，现分析如下：

1. 考虑 $\xi<1$ 的情况（即低阻尼情况）

令考虑阻尼时的自振频率

$$\boxed{\omega_r=\omega\sqrt{1-\xi^2}} \tag{12-37}$$

则

$$\lambda_{1,2}=-\xi\omega\pm i\omega_r \quad \text{（两个共轭虚根）}$$

此时，微分方程（12-36）的解为

$$y=e^{-\xi\omega t}(C_1\cos\omega_r t+C_2\sin\omega_r t) \tag{e}$$

再引入初始条件（当 $t=0$ 时，$y(0)=y_0$，$\dot{y}(0)=v_0$），即得

$$\boxed{y=e^{-\xi\omega t}\left(y_0\cos\omega_r t+\frac{v_0+\xi\omega y_0}{\omega_r}\sin\omega_r t\right)} \tag{12-38}$$

式中，$e^{-\xi\omega t}$ 称为衰减系数。

为将 y 写成更简单的单项形式，引入 a、α 代替 y_0、v_0（参见图 12-49）。

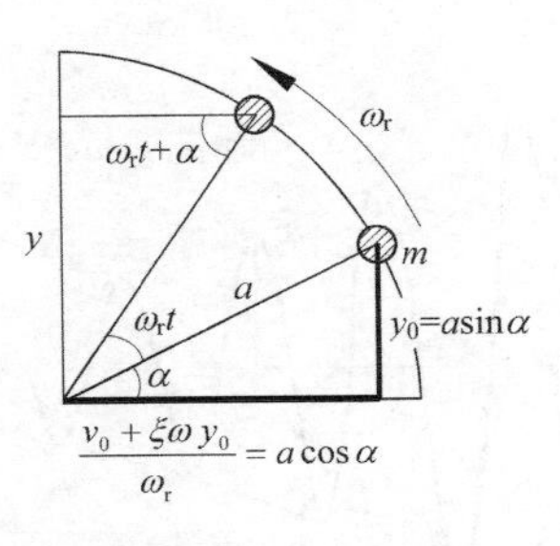

图 12-49　引入 a 和 α

设

$$\left.\begin{aligned} y_0&=a\sin\alpha \\ \frac{v_0+\xi\omega y_0}{\omega_r}&=a\cos\alpha \end{aligned}\right\} \tag{f}$$

则

$$a=\sqrt{y_0^2+\left(\frac{v_0+\xi\omega y_0}{\omega_r}\right)^2},\ \alpha=\arctan\frac{y_0\omega_r}{v_0+\xi\omega y_0} \tag{12-39}$$

即当$\xi<1$时，则

$$y=e^{-\xi\omega t}a\sin(\omega_r t+\alpha) \tag{12-40}$$

与无阻尼自由振动情况

$$y=a\sin(\omega t+\alpha)$$

相比较可见，低阻尼时（$\xi<1$时）仍属周期运动，但不是简谐振动（因为$e^{-\xi\omega t}$不是常数，t是变量），是周期性的衰减运动。

由式（12-40）或式（12-38），可画出低阻尼体系自由振动时的y-t曲线，如图12-50所示。

【讨论】 下面讨论两个问题：

（1）阻尼对自振频率的影响

$$\omega_r=\omega\sqrt{1-\xi^2} \tag{g}$$

因此，自振频率ω_r随ξ的增大而减小，即随阻尼系数c的增大而减小。

当$\xi<0.2$时（一般建筑结构$\xi<0.1$），$0.98<\frac{\omega_r}{\omega}<1$，阻尼对自振频率的影响可以忽略不计，故取

$$\omega_r\approx\omega$$

$$T_r=\frac{2\pi}{\omega_r}\approx T$$

（2）阻尼对振幅$A(t)=ae^{-\xi\omega t}$的影响 如图12-50所示，阻尼对振幅的影响系按照等比级数$e^{-\xi\omega T_r}$或y_{k+1}/y_k逐渐衰减的波动曲线。

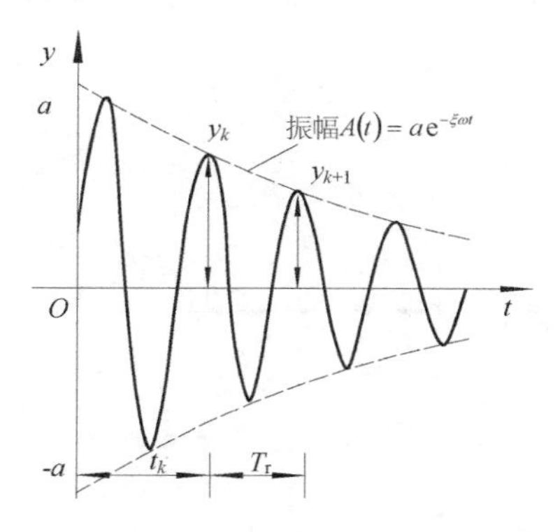

图12-50 低阻尼情况的位移-时间曲线

经过一个周期$T=2\pi/\omega$，相邻两个振幅y_{k+1}与y_k的比值为

$$\frac{y_{k+1}}{y_k}=\frac{e^{-\xi\omega(t_k+T_r)}}{e^{-\xi\omega t_k}}=e^{-\xi\omega T_r} \tag{h}$$

由此可见，振幅是按公比$e^{-\xi\omega T_r}$（即y_{k+1}/y_k）的几何级数衰减的，而且ξ值越大（阻尼越

大)，则衰减速度越快。

对式（h）等号两边倒数（分子与分母换位后）取自然对数，得

$$\ln \frac{y_k}{y_{k+1}} = \ln(e^{\xi\omega T_r}) = \xi\omega T_r = \xi\omega \frac{2\pi}{\omega_r}$$

因此

$$\xi = \frac{1}{2\pi}\frac{\omega_r}{\omega}\ln \frac{y_k}{y_{k+1}}$$

如果 $\xi<0.2$，则 $\omega_r/\omega \approx 1$，于是可取

$$\xi = \frac{1}{2\pi}\ln \frac{y_k}{y_{k+1}}$$

令 $\gamma = \ln \frac{y_k}{y_{k+1}}$ 为振幅的对数递减率，则

$$\xi = \frac{\gamma}{2\pi}$$

同样，相隔 n 个周期

$$\boxed{\xi = \frac{1}{2\pi n}\ln \frac{y_k}{y_{k+n}}} \tag{12-41}$$

令 $\gamma' = \ln \frac{y_k}{y_{k+n}}$，则

$$\xi = \frac{\gamma'}{2\pi n}$$

工程上通过实测 y_k 及 y_{k+n}，并利用式（12-41）来计算 ξ。

关于求体系振动 n 周后的振幅 y_n，其计算式为

$$\xi = \frac{1}{2\pi n}\ln \frac{y_0}{y_n}$$

即

$$\frac{y_n}{y_0} = e^{-\xi(\omega T)n}$$

当 $n=1$ 时，

$$\frac{y_1}{y_0} = e^{-\xi\omega T}$$

则

$$y_n = \left(\frac{y_1}{y_0}\right)^n y_0$$

2. 考虑临界阻尼 $\xi=1$ 的情况

由 $\lambda = \omega(-\xi \pm \sqrt{\xi^2-1})$，得

$$\lambda_{1,2} = -\omega$$

因此，微分方程 $\ddot{y}+2\xi\omega\dot{y}+\omega^2 y=0$ 的解为

$$y=(C_1+C_2t)\mathrm{e}^{-\omega t}$$

再引入初始条件，得

$$\boxed{y=[y_0(1+\omega t)+v_0t]\mathrm{e}^{-\omega t}} \tag{12-42}$$

其 y-t 曲线如图 12-51 所示。这条曲线仍然具有衰减性质，但不具有波动性质。

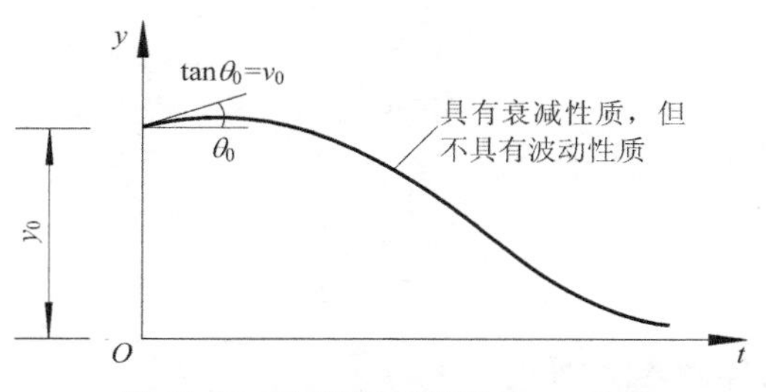

图 12-51 临界阻尼情况的 y-t 曲线

综合以上的讨论可知：当 $\xi<1$ 时，体系在自由反应中是会引起振动的；而当阻尼增大到 $\xi=1$ 时，体系在自由反应中即不再引起振动，这时的阻尼系数称为**临界阻尼系数**，用 c_r 表示。

在 $\xi=\dfrac{c}{2m\omega}$ 中，令 $\xi=1$，则

$$\boxed{c_r=2m\omega=2\sqrt{mk_{11}}} \tag{12-43}$$

故

$$\boxed{\xi=\frac{c}{c_r}}=\frac{\text{阻尼系数}}{\text{临界阻尼系数}}$$

称为阻尼比，是反映阻尼情况的基本参数。

3. 对于 $\xi>1$ 的情形

体系在自由反应中，仍不出现振动现象。由于在实际问题中很少遇到这种情况，故不做进一步讨论。

【小结】 关于低阻尼的自由振动计算公式

1）求阻尼比

$$\xi=\begin{cases}\dfrac{\gamma}{2\pi}=\dfrac{1}{2\pi}\ln\dfrac{y_k}{y_{k+1}}\\[2ex]\dfrac{\gamma'}{2\pi n}=\dfrac{1}{2\pi n}\ln\dfrac{y_k}{y_{k+n}}\end{cases}$$

2）求振动周期数

$$n=\frac{\gamma'}{2\pi\xi}=\frac{1}{2\pi\xi}\ln\frac{y_k}{y_{k+n}}$$

3）求振动时间

$$t_n=nT$$

4）求结构刚度

$$k_{11}=\frac{(2\pi n)^2 m}{t_n^2}$$

式中，$t_n=nT=2\pi n\sqrt{m/k_{11}}$。

5）求阻尼系数

$$C=2m\omega\xi$$

6）求振动 n 周后的振幅

$$y_n=\left(\frac{y_1}{y_0}\right)^n y_0$$

【例 12-19】 图 12-52 所示刚架，它的横梁为无限刚性，质量为 2500kg，由于柱顶施以水平位移 y_0（初始振幅）做有阻尼自由振动。已测得对数递减率 $\gamma=0.1$。试求：

（1）阻尼比 ξ；

（2）振幅衰减至初始振幅 5%时，所需的周期数 n；

（3）若在 25s 内振幅衰减到初始振幅的 5%时，柱子的总抗剪刚度 k_{11}。

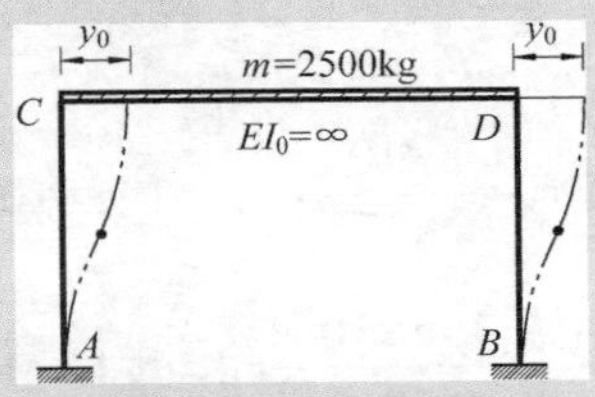

图 12-52　例 12-19 图

解：（1）求阻尼比 ξ

$$\xi=\frac{\gamma}{2\pi}=\frac{0.1}{2\times3.1416}=0.016$$

（2）求周期数 n

$$n=\frac{\gamma'}{2\pi\xi}=\frac{1}{2\pi\xi}\ln\frac{y_k}{y_{k+n}}\quad(k=0)$$

$$n=\frac{1}{2\pi\xi}\ln\frac{y_0}{y_n}=\frac{1}{2\pi\times\frac{0.1}{2\pi}}\ln\frac{1}{0.05}=29.9$$

取 $n=30$（周）。

（3）求柱子的总抗剪刚度 k_{11}　由

$$t_n=nT_r=nT=n\cdot 2\pi\sqrt{\frac{m}{k_{11}}}$$

有

$$k_{11}=\frac{(2\pi n)^2 m}{t_n^2}=\frac{(2\times3.1416\times30)^2\times2500}{25^2}\text{N/m}=142.12\times10^3\text{N/m}$$

【例12-20】 图12-53所示门架横梁$EI_0=\infty$，质量集中在横梁上，设总质量为m（未知）。为了确定水平振动时门架的动力特性，进行了以下振动实验：在横梁处加一水平力$F_P=9.8\text{kN}$，门架发生侧移$y_0=0.5\text{cm}$，然后突然释放，使结构做自由振动。此时，测得周期$T=1.5\text{s}$，并测得一个周期后横梁摆回的侧移为$y_1=0.4\text{cm}$。试计算：

（1）门架的阻尼系数c；

（2）振动5周后的振幅y_5。

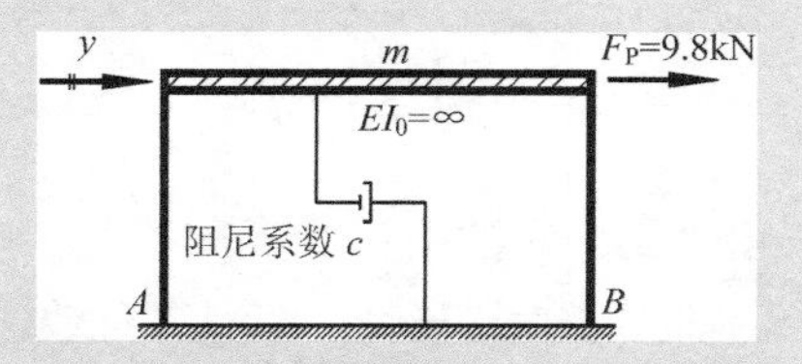

图12-53 例12-20图

解：（1）求阻尼系数c 取$T=T_r$（低阻尼），则有

$$\omega=\frac{2\pi}{T}=\frac{2\pi}{1.5}=4.1888\text{s}^{-1}$$

$$k_{11}=\frac{F_P}{y_0}=\frac{9.8\times10^3}{0.005}\text{N/m}=196\times10^4\text{N/m}$$

$$m=\frac{k_{11}}{\omega^2}=\frac{196\times10^4}{(4.1888)^2}\text{kg}=1.12\times10^5\text{kg}$$

$$\xi=\frac{\gamma}{2\pi}=\frac{1}{2\pi}\ln\frac{y_0}{y_1}=\frac{1}{2\times3.1416}\ln\frac{0.5}{0.4}=0.0355(\text{低阻尼})$$

$$c=2m\omega\xi=33220\text{N}\cdot\text{s/m}=332.2\text{N}\cdot\text{s/cm}$$

（2）求振动5周后的振幅y_5

$$\frac{y_n}{y_0}=\mathrm{e}^{-\xi\omega nT}\xrightarrow{(n=5)}\frac{y_5}{y_0}$$

$$\frac{y_1}{y_0}=\mathrm{e}^{-\xi\omega T}\longrightarrow\frac{y_5}{y_0}=\left(\frac{y_1}{y_0}\right)^5$$

由此可得

$$y_5=\left(\frac{y_1}{y_0}\right)^5y_0=\left(\frac{0.4}{0.5}\right)^5\times0.5\text{cm}=0.164\text{cm}$$

12.5.4 有阻尼的强迫振动（$\xi<1$）

运动方程为

$$\boxed{\ddot{y}+2\xi\omega\dot{y}+\omega^2y=F_P(t)/m} \qquad (12\text{-}44)$$

1. 任意荷载作用下的有阻尼强迫振动

可仿照相应的无阻尼强迫振动的方法（冲量法）推导如下：

1）由式（12-38）$y=e^{-\xi\omega t}\left(y_0\cos\omega_r t+\dfrac{v_0+\xi\omega y_0}{\omega_r}\sin\omega_r t\right)$可知，单独由 v_0（y_0 为二阶微量，被忽略）所引起的振动为

$$y=e^{-\xi\omega t}\frac{v_0}{\omega_r}\sin\omega_r t \tag{a}$$

由于冲量 $S=mv_0$，故在初始时刻由冲量 S 引起的振动为

$$y=e^{-\xi\omega t}\frac{S}{m\omega_r}\sin\omega_r t \tag{b}$$

2）任意荷载 $F_P(t)$ 的加载过程可以看作由一系列瞬时冲量所组成。在由 $t=\tau$ 到 $t=\tau+d\tau$ 的时段内，荷载的微元冲量 $dS=F_P(\tau)d\tau$。此 dS 引起的动力反应（对于 $t>\tau$）为

$$dy=\frac{F_P(\tau)d\tau}{m\omega_r}e^{-\xi\omega(t-\tau)}\sin\omega_r(t-\tau) \tag{c}$$

3）对式（c）进行积分，即得总反应为

$$\boxed{y=\int_0^t\frac{F_P(\tau)}{m\omega_r}e^{-\xi\omega(t-\tau)}\sin\omega_r(t-\tau)d\tau} \tag{12-45}$$

这就是开始处于静止状态的单自由度体系，在任意荷载 $F_P(t)$ 作用下，所引起的有阻尼强迫振动的位移公式。

4）如果当 $t=0$ 时，$y=y_0$，$\dot{y}=v_0$，则总位移为

$$\boxed{y=e^{-\xi\omega t}\left(y_0\cos\omega_r t+\frac{v_0+\xi\omega y_0}{\omega_r}\sin\omega_r t\right)+\int_0^t\frac{F_P(\tau)}{m\omega_r}e^{-\xi\omega(t-\tau)}\sin\omega_r(t-\tau)d\tau} \tag{12-46}$$

式中，第一项为自由振动部分；第二项为伴生自由振动和纯强迫振动。

2. 突加长期荷载 F_{P0}

将 $F(\tau)=F_{P0}$代入式（12-45），经积分得（当 $t>0$ 时）

$$\boxed{y=\frac{F_{P0}}{m\omega^2}\left[1-e^{-\xi\omega t}\left(\cos\omega_r t-\frac{\xi\omega}{\omega_r}\sin\omega_r t\right)\right]} \tag{12-47}$$

此式与无阻尼强迫振动的式（12-29）$y=y_{st}(1-\cos\omega t)$ 相对应。若在式（12-47）中将 ξ 取为 0，并取 $\omega_r=\omega$，则得到式（12-29）。

相应的动力位移图如图 12-54 所示（此图可与无阻尼体系的动力位移图 12-43b 相对照）。由此看出，最初引起的最大位移可能接近最大“静”位移 $y_{st}=F_{P0}/m\omega^2$的两倍，然后经过衰减振动，最后停留在静力平衡位置上。

3. 简谐荷载

对简谐荷载直接求解微分方程更简便。

令

$$F_P(t)=F\sin\theta t$$

则运动方程

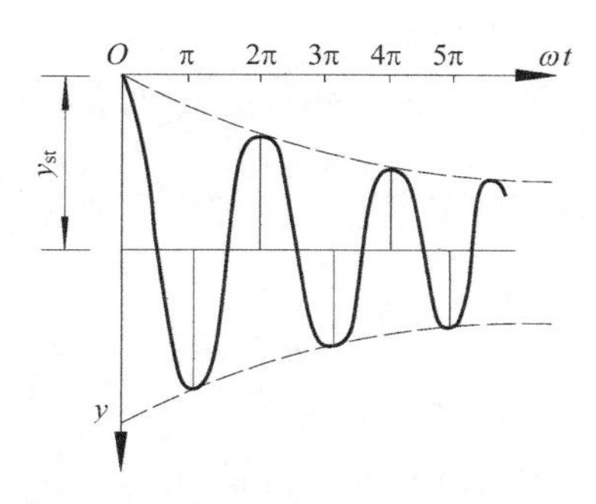

图 12-54 突加长期荷载的动力位移图（有阻尼）

$$\boxed{\ddot{y}+2\xi\omega\dot{y}+\omega^2 y=\frac{F}{m}\sin\theta t} \tag{12-48}$$

（1）齐次方程的通解 $\overline{y}$ 其表达式为

$$\overline{y}=e^{-\xi\omega t}(C_1\cos\omega_r t+C_2\sin\omega_r t)$$

这与有阻尼自由振动的运动微分方程的解相同。

（2）特解 y^* 用待定系数法求解，设

$$y^*=A_1\sin\theta t+B_1\cos\theta t$$

于是有

$$\dot{y}^*=A_1\theta\cos\theta t-B_1\theta\sin\theta t$$

$$\ddot{y}^*=-A_1\theta^2\sin\theta t-B_1\theta^2\cos\theta t$$

代入式（12-48），使方程在任意时刻得到满足。分别令等式两侧 $\sin\theta t$ 和 $\cos\theta t$ 的相应系数相等，整理后，得

$$\left.\begin{aligned}(\omega^2-\theta^2)B_1+2\xi\omega\theta A_1=0\\ -2\xi\omega\theta B_1+(\omega^2-\theta^2)A_1=\frac{F}{m}\end{aligned}\right\}$$

由以上两个式子解出

$$\boxed{\begin{aligned}A_1=\frac{F}{m}\frac{\omega^2-\theta^2}{(\omega^2-\theta^2)^2+4\xi^2\omega^2\theta^2}\\ B_1=\frac{F}{m}\frac{-2\xi\omega\theta}{(\omega^2-\theta^2)^2+4\xi^2\omega^2\theta^2}\end{aligned}} \tag{12-49}$$

（3）通解 y 其表达式为

$$y=\overline{y}+y^*=[e^{-\xi\omega t}(C_1\cos\omega_r t+C_2\sin\omega_r t)]+(A_1\sin\theta t+B_1\cos\theta t) \tag{12-50}$$

其中两个常数 C_1 和 C_2 由初始条件确定。

由于阻尼的存在，式（12-50）中，频率为 ω_r 的第一部分（含有阻尼的自由振动和伴生自由振动），含有衰减系数 $e^{-\xi\omega t}$，将很快衰减而消失；频率为 θ 的第二部分，由于受到荷载的周期影响而不衰减，这部分振动称为**平稳振动**（或**纯受迫振动**）。

（4）关于平稳振动（有阻尼）的讨论 任一时刻的动力位移

$$y=y^*=A_1\sin\theta t+B_1\cos\theta t$$

可改写为以下单项形式：

$$\boxed{y=y_{P}\sin(\theta t-\alpha)} \tag{12-51}$$

式中，y_P 为有阻尼的纯受迫振动的振幅：

$$y_{P}=y_{st}\beta \tag{12-52a}$$

α 为位移与干扰力之间的相位角：

$$\alpha=\arctan\frac{2\xi(\theta/\omega)}{1-(\theta/\omega)^{2}}=\arctan\frac{2\xi\omega\theta}{\omega^{2}-\theta^{2}} \tag{12-52b}$$

β 为相应的动力系数：

$$\beta=\frac{y_{P}}{y_{st}}=\left[\left(1-\frac{\theta^{2}}{\omega^{2}}\right)^{2}+\left(\frac{2\xi\theta}{\omega}\right)^{2}\right]^{-\frac{1}{2}} \tag{12-53}$$

现对式（12-51）推证如下：

将式（12-49）中 A_1、B_1 计算式中的分母提出公因子 ω^4，则

$$A_{1}=\frac{F}{m\omega^{2}}\frac{1-\theta^{2}/\omega^{2}}{(1-\theta^{2}/\omega^{2})^{2}+(2\xi\theta/\omega)^{2}}$$

$$B_{1}=\frac{F}{m\omega^{2}}\frac{-2\xi\theta/\omega}{(1-\theta^{2}/\omega^{2})^{2}+(2\xi\theta/\omega)^{2}}$$

于是有

$$y=\frac{F}{m\omega^{2}}\frac{1}{(1-\theta^{2}/\omega^{2})^{2}+(2\xi\theta/\omega)^{2}}[(1-\theta^{2}/\omega^{2})\sin\theta t-(2\xi\theta/\omega)\cos\theta t]$$

设（参见图 12-55）

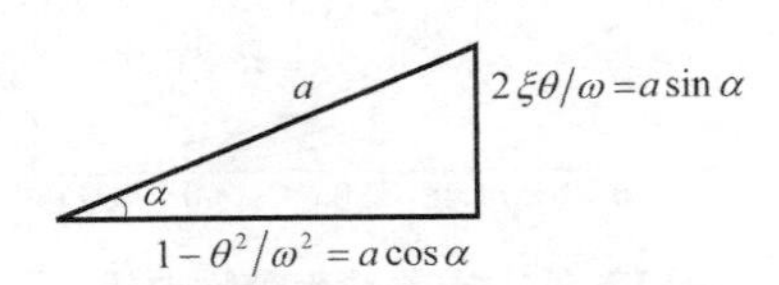

图 12-55　引入 a 和 α

$$A_1\text{ 表达式中分子}:1-\theta^{2}/\omega^{2}=a\cos\alpha$$

$$B_1\text{ 表达式中分子}:2\xi\theta/\omega=a\sin\alpha$$

即

$$a=\sqrt{(1-\theta^{2}/\omega^{2})^{2}+(2\xi\theta/\omega)^{2}}$$

$$\tan\alpha=(2\xi\theta/\omega)/(1-\theta^{2}/\omega^{2})$$

故

$$y=\frac{F}{m\omega^{2}}\frac{1}{a^{2}}[a\sin(\theta t-\alpha)]$$

即

$$y=y_{st}\frac{1}{a}\sin(\theta t-\alpha)$$

令

$$\beta=\frac{1}{a}=[(1-\theta^2/\omega^2)^2+(2\xi\theta/\omega)^2]^{-\frac{1}{2}}$$

则

$$y=y_{st}\beta\sin(\theta t-\alpha)$$

再令 $y_P=y_{st}\beta$，则

$$y=y_P\sin(\theta t-\alpha)$$

此即式（12-51）。

【讨论一】 关于动力系数 β

式（12-53）表明：动力系数 β 不仅与频率比值 θ/ω 有关，而且与阻尼比 ξ 有关。对于不同的值 ξ，所画出相应的 β 与 θ/ω 之间的关系曲线，称为**振幅-频率特性曲线**，如图 12-56 所示。由此发现：

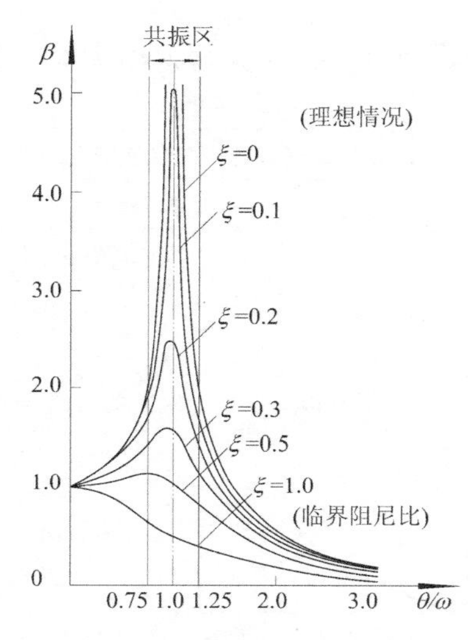

图 12-56 振幅-频率特性曲线

1）当 ξ 由 0 增加至 1 时，位移响应曲线从险峻的山峰变为平缓的小丘。

2）由于有阻尼，且 β 总是一个有限值，即有两种极端情况，一种最危险情况：

① $\theta/\omega\to0$，$\beta\to1$，可看作静力；

② $\theta/\omega\to\infty$，$\beta\to0$，相当于无干扰力；

③ $\theta/\omega\to1$，$\beta=1/\sqrt{(2\xi\times1)^2}=1/2\xi$，实际结构 $\xi\neq0$（有阻尼），β 不可能达到∞，此时发生共振。

为了研究共振时动力反应，阻尼的影响是不容忽视的。

3）有阻尼体系中，$\beta_{共}=\beta|_{\frac{\theta}{\omega}=1}\neq\beta_{max}$，但二者数值比较接近。

β_{max}不发生在 $\theta/\omega=1$ 处，而稍偏左。只需令 $d\beta/d(\theta/\omega)=0$，即可求得 $(\theta/\omega)_{峰}=\sqrt{1-2\xi^2}$。若 $\xi=0.1$，则 $(\theta/\omega)_{峰}=0.989949$。

将 $(\theta/\omega)_{峰}=\sqrt{1-2\xi^2}$ 代入式（12-53），即得

$$\boxed{\beta_{峰}(即\beta_{max})=\frac{1}{2\xi\sqrt{1-\xi^2}}\approx\beta\left|_{\frac{\theta}{\omega}=1}=\frac{1}{2\xi}\right.} \tag{12-54}$$

一般把 $\theta/\omega=1$ 作为共振点，并取

$$\boxed{\beta_{max}\approx\beta_{共}=\frac{1}{2\xi}} \tag{12-55}$$

4）结论：在共振区范围内（$0.75\leqslant\theta/\omega\leqslant1.25$），应考虑阻尼影响（减幅作用大）；在远离共振区的范围内，可以不考虑阻尼的影响（偏安全）。

【讨论二】　关于相位角 α

比较以下两式：

$$F_P(t)=F\sin\theta t$$

$$y=y_P\sin(\theta t-\alpha)\,[即式(12\text{-}51)]$$

可以看出，有阻尼的位移 y 比简谐荷载 $F_P(t)$ 滞后一个相位角 α。该 α 值可以由式（12-52b）

$$\alpha=\arctan\frac{2\xi(\theta/\omega)}{1-(\theta/\omega)^2}$$

求出。下面，通过相位角 α 变化的三个典型情况，来分析振动时相应诸力的平衡关系。

1）当荷载频率很小，即 $\theta\ll\omega$ 时，$\alpha\to0°$。由式（12-51）可知，位移与荷载趋于同步。此时，体系振动很慢，惯性力和阻尼力都很小，故动力荷载主要由弹性力与之平衡。

2）当荷载频率很大，即 $\theta\gg\omega$ 时，$\alpha\to180°$。由式（12-51）可知，位移与荷载趋于反向。此时，体系振动很快，惯性力很大，弹性力和阻尼力相对比较小，故动力荷载主要与惯性力平衡。

3）当荷载频率接近自振频率，即 $\theta\approx\omega$ 时，$\alpha\to90°$。说明位移落后于荷载 90°。因此，当荷载最大时，位移和加速度都接近于零，故动力荷载主要由阻尼力与之平衡。而在无阻尼振动中，因没有阻尼力去平衡动力荷载，故将会出现位移无限增大的情况。

由此看出，在共振情况下，阻尼力起重要作用，它的影响是不容忽略的。在工程设计中，应该注意通过调整结构的刚度和质量来控制结构的自振频率 ω，使其不致与干扰力的频率 θ 接近，以避免共振现象。一般常使最低自振频率 ω 至少较 θ 大 25%，这样，可控制 θ/ω 的比值小于 0.75，即不在共振区内，因而计算时也可不考虑阻尼影响。

容易推证，有阻尼时，$F_P(t)$ 与 y 不是同时达到最大值，后者其 $t=\frac{\pi}{2\theta}+\frac{\alpha}{\theta}$，即要比前者 $t=\frac{\pi}{2\theta}$滞后一个时段$\frac{\alpha}{\theta}$；而 y 与 $F_I(t)$ 则是同时达到最大值。

12.6　多自由度体系的自由振动

- 工程实例

①多层房屋的侧向振动；②不等高排架的振动；③块式基础的水平回转振动；④高耸结

构（如烟囱）在地震作用下的振动；⑤桥梁的振动；⑥拱坝和水闸的振动等，一般均化为多自由度体系计算。

- 目的

1）计算自振频率 ω_i，即 $\omega_1,\omega_2,\cdots,\omega_n$。

2）确定振型（振动形式）$\boldsymbol{Y}^{(i)}$，即 $\boldsymbol{Y}^{(1)},\boldsymbol{Y}^{(2)},\cdots,\boldsymbol{Y}^{(n)}$ 或振型常数 ρ_1、ρ_2（仅适用于两个自由度体系），并讨论振型的特性——主振型的正交性（从而完成了结构动力学中关于自由振动的全部概念）。

- 方法

1）刚度法——根据力的平衡条件建立运动微分方程。

2）柔度法——根据位移协调条件建立运动微分方程。

对于多自由度体系自由振动分析一般不考虑阻尼。

12.6.1 两个自由度体系的自由振动

1. 刚度法

（1）运动方程的建立　对于图12-57a所示体系，若不考虑阻尼，取质量 m_1 和 m_2 作为隔离体，质点上作用惯性力和弹性回复力，如图12-57b所示，根据达朗贝尔原理，可列出平衡方程

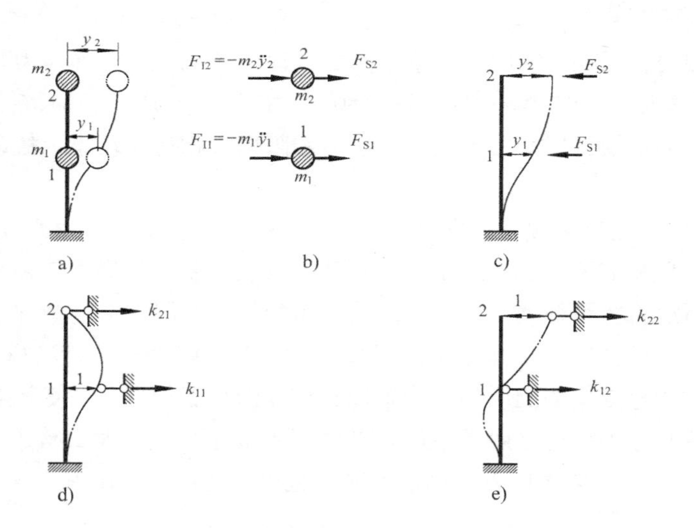

图12-57　刚度法建立运动方程示意图

$$\left.\begin{aligned}F_{I1}+F_{S1}=0\\F_{I2}+F_{S2}=0\end{aligned}\right\}\tag{a}$$

在图12-57c中，结构所受的力 F_{S1}、F_{S2}与结构的位移 y_1、y_2之间应满足刚度方程

$$\left.\begin{aligned}F_{S1}=-(k_{11}y_1+k_{12}y_2)\\F_{S2}=-(k_{21}y_1+k_{22}y_2)\end{aligned}\right\}\tag{b}$$

这里的 k_{ij}是结构的刚度系数（图12-57d、e）。例如，k_{12}是使点2沿运动方向产生单位位

移（点 1 位移保持为 0）时，在点 1 沿第一个自由度方向需施加的力；或理解为：第 2 个自由度方向发生单位位移引起的第 1 个自由度方向对应约束的支反力。

将惯性力及式（b）代入式（a），可得

$$\boxed{\left.\begin{aligned}m_1\ddot{y}_1+k_{11}y_1+k_{12}y_2=0\\m_2\ddot{y}_2+k_{21}y_1+k_{22}y_2=0\end{aligned}\right\}} \tag{12-56a}$$

也可用矩阵表示为

$$\begin{bmatrix}m_1 & 0\\0 & m_2\end{bmatrix}\begin{bmatrix}\ddot{y}_1\\\ddot{y}_2\end{bmatrix}+\begin{bmatrix}k_{11} & k_{12}\\k_{21} & k_{22}\end{bmatrix}\begin{bmatrix}y_1\\y_2\end{bmatrix}=[0]$$

$$\boldsymbol{M}\ddot{\boldsymbol{y}}+\boldsymbol{K}\boldsymbol{y}=\boldsymbol{0} \tag{12-56b}$$

式中，$\boldsymbol{M}$ 为质量矩阵；$\ddot{\boldsymbol{y}}$ 为加速度列阵；$\boldsymbol{K}$ 为刚度矩阵；$\boldsymbol{y}$ 为位移列阵。

（2）运动方程的求解　假设微分方程组特解的形式仍与单自由度体系自由振动的一样为简谐振动，即

$$\boxed{\left.\begin{aligned}y_1=Y_1\sin(\omega t+\alpha)\\y_2=Y_2\sin(\omega t+\alpha)\end{aligned}\right\}} \tag{12-57}$$

式中，Y_1、Y_2 分别为 m_1 和 m_2 的位移幅值。

式（12-57）所表明的质点运动具有以下特点：

1）两个质点的振动同频率（ω）、同相位（α）。

2）两个质点的振动位移在数值上随时间而变化，但二者的比值始终保持不变，即

$$\frac{y_1}{y_2}=\frac{Y_1}{Y_2}=\text{常数}$$

这种结构位移形状保持不变的振动形式，称为**主振型**或**振型**。这样的振动称为**按振型自振**（单频振动，具有不变的振动形式），而实际的多自由度体系的自由振动是多频振动，振动形状随时间而变化，但可化为各个主振型振动的叠加。

（3）求自振频率 ω_i　由式（12-57），得

$$\left.\begin{aligned}\ddot{y}_1=-\omega^2Y_1\sin(\omega t+\alpha)\\\ddot{y}_2=-\omega^2Y_2\sin(\omega t+\alpha)\end{aligned}\right\}$$

将 y 及 $\ddot{y}$ 代入运动方程（12-56），并消去公因子 $\sin(\omega t+\alpha)$，得到关于质点振幅 Y_1 和 Y_2 的两个齐次代数方程，称为**振型方程**或**特征向量方程**，即

$$\boxed{\begin{aligned}(k_{11}-\omega^2m_1)Y_1+k_{12}Y_2=0\\k_{21}Y_1+(k_{22}-\omega^2m_2)Y_2=0\end{aligned}}$$

或

$$\boxed{(\boldsymbol{K}-\omega^2\boldsymbol{M})\boldsymbol{Y}=\boldsymbol{0}} \tag{12-58}$$

上式中 $Y_1=Y_2=0$ 虽然是方程的解，但它相应于没有发生振动的静止状态。为了要求得 Y_1、Y_2 不全为零的解答，应使其系数行列式为零，即

$$D=\begin{vmatrix} k_{11}-\omega^2 m_1 & k_{12} \\ k_{21} & k_{22}-\omega^2 m_2 \end{vmatrix}=0 \tag{12-59}$$

由此式可确定体系的自振频率 ω_i，因此称为**频率方程或特征方程**。

主振型 $\boldsymbol{Y}^{(i)}$ 常称为**特征向量**，自振频率的平方 ω^2 常称为**特征值**，合称**特征对**。

由式（12-59）可以求出 ω^2，进而求出 ω，将式（12-59）展开，有

$$(k_{11}-\omega^2 m_1)(k_{22}-\omega^2 m_2)-k_{12}k_{21}=0$$

整理后，得

$$(\omega^2)^2-\left(\frac{k_{11}}{m_1}+\frac{k_{22}}{m_2}\right)\omega^2+\frac{k_{11}k_{22}-k_{12}k_{21}}{m_1 m_2}=0$$

上式是 ω^2 的二次方程，由此可以解出 ω^2 的两个根，即

$$\omega_{1,2}^2=\frac{1}{2}\left(\frac{k_{11}}{m_1}+\frac{k_{22}}{m_2}\right)\mp\sqrt{\left[\frac{1}{2}\left(\frac{k_{11}}{m_1}+\frac{k_{22}}{m_2}\right)\right]^2-\frac{k_{11}k_{22}-k_{12}k_{21}}{m_1 m_2}} \tag{12-60}$$

由式（12-60）可见，ω 只与体系本身的刚度系数及其质量分布情形有关，而与外部荷载无关。

应用虚功原理可以证明，以上两根均为正。

约定 $\omega_1<\omega_2$，其中 ω_1 称为第一圆频率（最小圆频率、基本圆频率），ω_2 称为第二圆频率。求出 ω_1 和 ω_2 之后，即可求各自相应的振型。

（4）求主振型　写成向量形式 $\boldsymbol{Y}^{(i)}$，或写成比值形式 ρ_i（振型常数）。

第一，求第一主振型：

在式（12-57）中，令 $\omega=\omega_1$，则

$$\left.\begin{aligned} y_1=Y_{11}\sin(\omega_1 t+\alpha_1) \\ y_2=Y_{21}\sin(\omega_1 t+\alpha_1) \end{aligned}\right\}\text{甲组特解}$$

式中，Y_{11} 和 Y_{21} 分别表示第一振型中质点1和2的振幅。代入振型方程（12-58），得

$$\left.\begin{aligned} (k_{11}-\omega_1^2 m_1)Y_{11}+k_{12}Y_{21}=0 \quad \text{(a-1)} \\ k_{21}Y_{11}+(k_{22}-\omega_1^2 m_2)Y_{21}=0 \quad \text{(a-2)} \end{aligned}\right\}$$

由于系数行列式 $D=0$，此两个方程是线性相关的（实际上只有一个独立的方程），不能求出 Y_{11} 和 Y_{21} 的具体数值，而只能求得二者的比值 Y_{11}/Y_{21}（由以上两个方程中的任一方程均可求出该比值）。

第一振型（相对于 ω_1），可表示为

$$\boldsymbol{Y}^{(1)}=\begin{bmatrix} Y_{11} \\ Y_{21} \end{bmatrix} \quad \text{或} \quad \rho_1=\frac{Y_{11}}{Y_{21}}$$

利用式（a-1），可求得振型常数

$$\rho_1=\frac{Y_{11}}{Y_{21}}=\frac{-k_{12}}{k_{11}-\omega_1^2 m_1} \quad \text{（相对位移）} \tag{12-61a}$$

同样，利用式（a-2），也可求得

$$\boxed{\rho_1=\frac{Y_{11}}{Y_{21}}=\frac{-(k_{22}-\omega_1^2 m_2)}{k_{21}}} \tag{12-61b}$$

第二，求第二主振型：

在式（12-57）中，令 $\omega=\omega_2$，则

$$\left.\begin{aligned} y_1&=Y_{12}\sin(\omega_2 t+\alpha_2)\\ y_2&=Y_{22}\sin(\omega_2 t+\alpha_2)\end{aligned}\right\}\text{乙组特解}$$

式中，Y_{12}和 Y_{22}分别表示第二振型中质点 1 和 2 的振幅。代入振型方程（12-58a），得

$$\left.\begin{aligned} (k_{11}-\omega_2{}^2 m_1)Y_{12}+k_{12}Y_{22}=0 \quad &\text{(b-1)}\\ k_{21}Y_{12}+(k_{22}-\omega_2{}^2 m_2)Y_{22}=0 \quad &\text{(b-2)}\end{aligned}\right\}$$

第二振型（相对于 ω_2），可表示为

$$\boldsymbol{Y}^{(2)}=\begin{bmatrix}Y_{12}\\ Y_{22}\end{bmatrix} \quad \text{或} \quad \rho_2=\frac{Y_{12}}{Y_{22}}$$

利用式（b-1），可求得振型常数

$$\boxed{\rho_2=\frac{Y_{12}}{Y_{22}}=\frac{-k_{12}}{k_{11}-\omega_2^2 m_1}} \quad \text{（相对位移）} \tag{12-61c}$$

同样，利用式（b-2），也可求得

$$\boxed{\rho_2=\frac{Y_{12}}{Y_{22}}=\frac{-(k_{22}-\omega_2^2 m_2)}{k_{21}}} \tag{12-61d}$$

根据式（12-61a）、式（12-61c）或式（12-61b）、式（12-61d）可作出图 12-58a 所示两个自由度体系的第一主振型和第二主振型，如图 12-58b、c 所示。

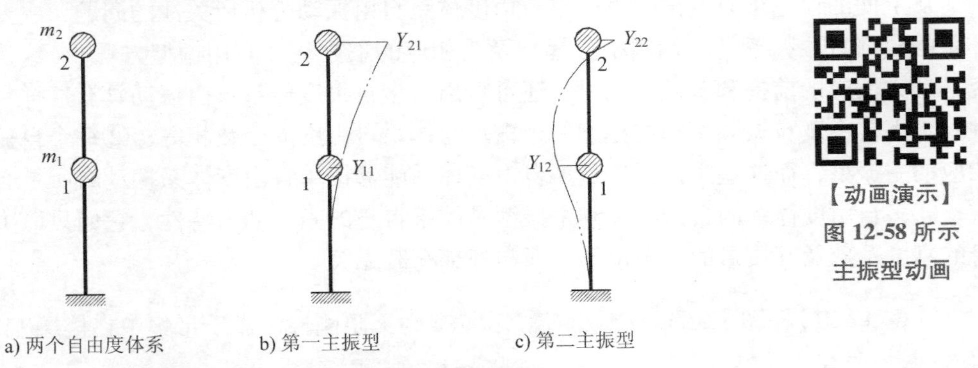

a) 两个自由度体系　　b) 第一主振型　　c) 第二主振型

图 12-58　两个自由度体系的主振型

在一般情况下，两个自由度体系的自由振动可以看作两个频率及其主振型的组合振动。相应于 ω_1，有一组特解（前述甲组特解），相应于 ω_2 也有一组特解（前述乙组特解），它们是线性无关的。这两组特解的线性组合，即为通解

$$\begin{aligned} y_1&=A_1 Y_{11}\sin(\omega_1 t+\alpha_1)+A_2 Y_{12}\sin(\omega_2 t+\alpha_2)\\ y_2&=A_1 \underbrace{Y_{21}\sin(\omega_1 t+\alpha_1)}_{\text{甲组特解}}+A_2 \underbrace{Y_{22}\sin(\omega_2 t+\alpha_2)}_{\text{乙组特解}}\end{aligned}$$

式中，两对待定常数 A_1、α_1 和 A_2、α_2 由初始条件（y_0 和 v_0）确定。

两个自由度体系可按第一主振型、第二主振型或二者的组合振动。

体系能按某个振型自振，其条件是：y_0 和 v_0 应当与此主振型相对应。要想引起按第一主振型的简谐自振，则所给 y_{01}/y_{02} 或 v_{01}/v_{02} 必须等于 ρ_1；要想引起按第二主振型的简谐自振，则所给 y_{01}/y_{02} 或 v_{01}/v_{02} 必须等于 ρ_2。否则，将产生组合的非简谐的周期运动。

（5）**标准化（归一化）主振型** 为了使主振型 $\boldsymbol{Y}^{(i)}$ 的振幅具有确定值，需要另外补充条件，这样得到的主振型叫作**标准化主振型**。一般可规定主振型 $\boldsymbol{Y}^{(i)}$ 中某个元素为给定值，如规定某个元素 Y_{ji} 等于1，或最大元素等于1。

例如，图12-59a、b中，

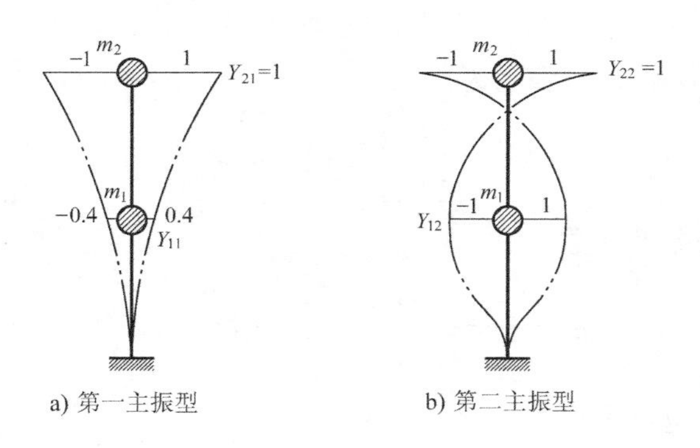

图12-59 标准化主振型

$$\boldsymbol{Y}^{(1)}=\begin{bmatrix}0.4\\1\end{bmatrix},\boldsymbol{Y}^{(2)}=\begin{bmatrix}-1\\1\end{bmatrix}$$

从上面的讨论可以看出，进行多自由度体系自由振动分析所关注的问题，主要是要确定体系的全部自振频率（利用频率方程）及其相应的主振型（利用振型方程），这是进一步研究其动力反应的前提和基础。同时，还可看出，多自由度体系自由振动具有这样一些重要特性：①多自由度自振频率和主振型的个数均与体系自由度的个数相等；②每个自振频率有其相应的主振型，而这些主振型就是多自由度体系能够按单自由度体系振动时所具有的特定形式；③多自由度体系的自振频率和主振型是体系自身的固有动力特性，它们只取决于体系自身的刚度系数及其质量的分布情形，而与外部荷载无关。

【例12-21】 图12-60a所示框架，其横梁为无限刚性。设质量集中在楼层上，试计算其自振频率和主振型。

解： 本例两层超静定框架为两个自由度体系，$m_1=2m$，$m_2=m$。用刚度法计算较为方便。

（1）求刚度系数 k_{ij} 在质点位移 y_1、y_2 方向加水平支杆。让 y_1 方向的支杆发生单位位移 $\Delta_1=1$，如图12-60b所示。k_{11} 等于①、②、③、④、⑤杆的侧移刚度之和，k_{21} 等于④、⑤杆的侧移刚度之和，即

$$k_{11}=\frac{12EI}{l^3}\times 4+\frac{3EI}{l^3}=\frac{51EI}{l^3}$$

$$k_{21}=k_{12}=-\left(\frac{12EI}{l^3}+\frac{3EI}{l^3}\right)=-\frac{15EI}{l^3}$$

再让 y_2 方向的支杆发生单位位移 $\Delta_2=1$，如图 12-60c 所示。k_{22} 等于④、⑤杆的侧移刚度之和，即

$$k_{22}=\frac{12EI}{l^3}+\frac{3EI}{l^3}=\frac{15EI}{l^3}$$

（2）求自振频率 ω_i　将 $m_1=2m$ 和 $m_2=m$ 以及已求出的 k_{ij} 代入式（12-60），则

$$\omega_{1,2}^2=\frac{1}{2}\left(\frac{k_{11}}{2m}+\frac{k_{22}}{m}\right)\mp\sqrt{\left[\frac{1}{2}\left(\frac{k_{11}}{2m}+\frac{k_{22}}{m}\right)\right]^2-\frac{k_{11}k_{22}-k_{12}^2}{(2m)(m)}}$$

$$=(20.25\mp 11.84)\frac{EI}{ml^3}$$

所以

$$\omega_1^2=8.41\frac{EI}{ml^3},\omega_2^2=32.09\frac{EI}{ml^3}$$

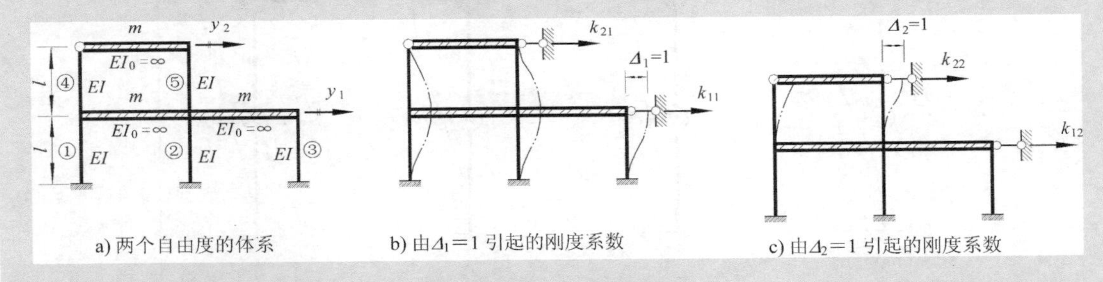

图 12-60　例 12-21 图

由此得

$$\omega_1=2.9\sqrt{\frac{EI}{ml^3}}\ ,\ \omega_2=5.66\sqrt{\frac{EI}{ml^3}}$$

（3）求主振型（振型常数 ρ_i）　分别代入振型公式（12-61a）和式（12-61c），得

第一主振型

$$\rho_1=\frac{Y_{11}}{Y_{21}}=\frac{-k_{12}}{k_{11}-\omega_1^2 m_1}=\frac{15}{51-8.41\times 2}=\frac{15}{34.18}$$

第二主振型

$$\rho_2=\frac{Y_{12}}{Y_{22}}=\frac{-k_{12}}{k_{11}-\omega_2^2 m_1}=\frac{15}{51-32.09\times 2}=-\frac{15}{13.18}$$

对主振型规一化，得

$$\rho_1=\frac{1}{2.28},\ \rho_2=-\frac{1}{0.88}$$

（4）作振型曲线　振型曲线如图 12-61a、b 所示。

【动画演示】
图 12-61 所示
主振型动画

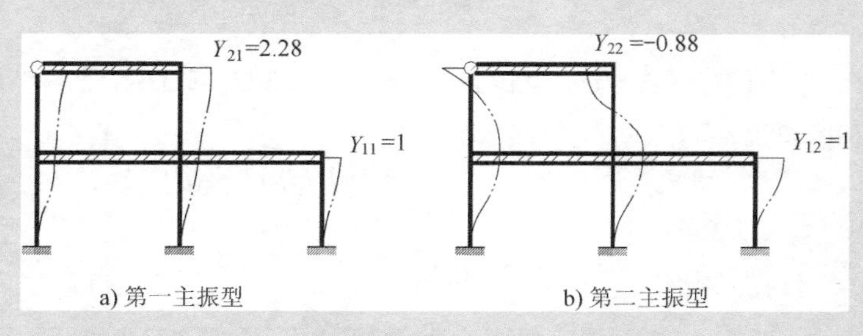

图 12-61　例 12-21 结构主振型

2. 柔度法

其思路是：对于图 12-62a 所示体系，在自由振动中的任一时刻 t，质量 m_1、m_2 的位移 y_1、y_2应当等于体系在当时惯性力 $-m_1\ddot{y}_1$、$-m_2\ddot{y}_2$作用下所产生的静力位移。据此，再参见图 12-62b、c，可列出运动方程如下：

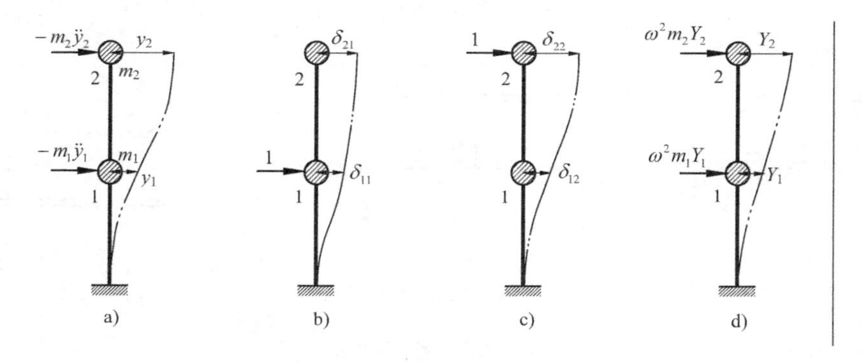

图 12-62　柔度法建立运动方程示意图

（1）运动方程的建立

$$\boxed{\begin{aligned}y_1&=-m_1\ddot{y}_1\delta_{11}-m_2\ddot{y}_2\delta_{12}\\ y_2&=-m_1\ddot{y}_1\delta_{21}-m_2\ddot{y}_2\delta_{22}\end{aligned}} \tag{12-62a}$$

式中，δ_{ij}是体系的柔度系数，如图 12-62b、c 所示。这个按柔度法建立的方程可以与按刚度法建立的方程（12-56a）加以对照。对于式（12-62a）也可写为

$$\begin{bmatrix}\delta_{11} & \delta_{12}\\ \delta_{21} & \delta_{22}\end{bmatrix}\begin{bmatrix}m_1 & 0\\ 0 & m_2\end{bmatrix}\begin{bmatrix}\ddot{y}_1\\ \ddot{y}_2\end{bmatrix}+\begin{bmatrix}y_1\\ y_2\end{bmatrix}=[0]$$

或

$$\boxed{\boldsymbol{\delta M\ddot{y}}+\boldsymbol{y}=\boldsymbol{0}} \tag{12-62b}$$

式中，$\boldsymbol{\delta}$ 为柔度矩阵。

以上运动方程，也可利用刚度法所建立的运动方程间接导出：

由式（12-56b）$\boldsymbol{M}\ddot{\boldsymbol{y}}+\boldsymbol{K}\boldsymbol{y}=\boldsymbol{0}$前乘以$\boldsymbol{\delta}$，得

$$\boxed{\boldsymbol{\delta}\boldsymbol{M}\ddot{\boldsymbol{y}}+\boldsymbol{\delta}\boldsymbol{K}\boldsymbol{y}=\boldsymbol{0}}$$

因$\boldsymbol{\delta}$与$\boldsymbol{K}$互为逆矩阵，其乘积等于单位矩阵$\boldsymbol{I}$，即

$$\boldsymbol{\delta}\boldsymbol{K}=\boldsymbol{I}$$

所以，有

$$\boldsymbol{\delta}\boldsymbol{M}\ddot{\boldsymbol{y}}+\boldsymbol{y}=\boldsymbol{0}$$

得出同一方程。但需注意：$\boldsymbol{\delta}$与$\boldsymbol{K}$虽然互为逆矩阵，但$\boldsymbol{\delta}$中的δ_{ij}与$\boldsymbol{K}$中的k_{ij}元素一般并不互逆（仅单自由度体系例外，因其$\boldsymbol{\delta}$与$\boldsymbol{K}$中均只有一个元素$\delta_{11}=1/k_{11}$）。

（2）运动方程的求解　设特解

$$\boxed{\left.\begin{aligned}y_1&=Y_1\sin(\omega t+\alpha)\\y_2&=Y_2\sin(\omega t+\alpha)\end{aligned}\right\}}\tag{12-63}$$

与刚度法所设相同：同ω、同α；$y_1/y_2=Y_1/Y_2=$常数，均系简谐振动。

（3）求自振频率ω_i

$$\boxed{\left.\begin{aligned}\ddot{y}_1&=-\omega^2Y_1\sin(\omega t+\alpha)\\\ddot{y}_2&=-\omega^2Y_2\sin(\omega t+\alpha)\end{aligned}\right\}}\tag{12-64}$$

两个质点的惯性力分别为

$$F_{I1}=-m_1\ddot{y}_1=m_1\omega^2Y_1\sin(\omega t+\alpha)$$

$$F_{I2}=-m_2\ddot{y}_2=m_2\omega^2Y_2\sin(\omega t+\alpha)$$

将式（12-63）和式（12-64）中的y及$\ddot{y}$代入运动方程（12-62a），并消去公因子$\sin(\omega t+\alpha)$，得到关于质点振幅Y_1和Y_2的两个齐次线性代数方程

$$\boxed{\begin{aligned}Y_1&=\delta_{11}(\omega^2m_1Y_1)+\delta_{12}(\omega^2m_2Y_2)\\Y_2&=\delta_{21}(\omega^2m_1Y_1)+\delta_{22}(\omega^2m_2Y_2)\end{aligned}}\tag{12-65}$$

式（12-65）表明，主振型的位移幅值（Y_1及Y_2），就是体系在此主振型惯性力幅值（$\omega^2m_1Y_1$和$\omega^2m_2Y_2$）作用下引起的静力位移，如图 12-62d 所示。

将式（12-65）同除以ω^2，可写成

$$\boxed{\begin{aligned}\left(\delta_{11}m_1-\frac{1}{\omega^2}\right)Y_1+\delta_{12}m_2Y_2&=0\\\delta_{21}m_1Y_1+\left(\delta_{22}m_2-\frac{1}{\omega^2}\right)Y_2&=0\end{aligned}}\tag{12-66}$$

称为**振型方程**或**特征向量方程**。为了求得Y_1、Y_2不全为 0 的解，应使该系数行列式等于零，即

$$\boxed{D=\begin{vmatrix}\delta_{11}m_1-\dfrac{1}{\omega^2}&\delta_{12}m_2\\\delta_{21}m_1&\delta_{22}m_2-\dfrac{1}{\omega^2}\end{vmatrix}=0}\tag{12-67}$$

称为频率方程或特征方程。由它可以求出 ω_1 和 ω_2。

将式（12-67）展开，得

$$\left(\delta_{11}m_1-\frac{1}{\omega^2}\right)\left(\delta_{22}m_2-\frac{1}{\omega^2}\right)-(\delta_{12}m_2)(\delta_{21}m_1)=0 \tag{a}$$

令 $\lambda=\dfrac{1}{\omega^2}$，代入式（a），得关于 λ 的二次方程

$$\lambda^2-(\delta_{11}m_1+\delta_{22}m_2)\lambda+m_1m_2(\delta_{11}\delta_{22}-\delta_{12}\delta_{21})=0 \tag{b}$$

由式（b），可解出 λ 的两个根，即

$$\lambda_{1,2}=\frac{1}{2}\left[(\delta_{11}m_1+\delta_{22}m_2)\pm\sqrt{(\delta_{11}m_1+\delta_{22}m_2)^2-4(\delta_{11}\delta_{22}-\delta_{12}\delta_{21})m_1m_2}\right] \tag{12-68}$$

约定 $\lambda_1>\lambda_2$（从而满足 $\omega_1<\omega_2$），于是求得

$$\boxed{\omega_1=\frac{1}{\sqrt{\lambda_1}},\omega_2=\frac{1}{\sqrt{\lambda_2}}} \tag{12-69}$$

（4）求主振型

1）第一主振型：将 $\omega=\omega_1$ 代入式（12-66）第一式，得

$$\rho_1=\frac{Y_{11}}{Y_{21}}=\frac{-\delta_{12}m_2}{\delta_{11}m_1-\lambda_1} \tag{12-70a}$$

2）第二主振型：将 $\omega=\omega_2$ 代入同一式，得

$$\rho_2=\frac{Y_{12}}{Y_{22}}=\frac{-\delta_{12}m_2}{\delta_{11}m_1-\lambda_2} \tag{12-70b}$$

根据归一化的主振型，可绘出主振型曲线。

【例 12-22】 试求图 12-63a 所示结构的自振频率及主振型。各杆 EI 为常数，弹性支座的刚度系数 $k=9EI/32l^3$。

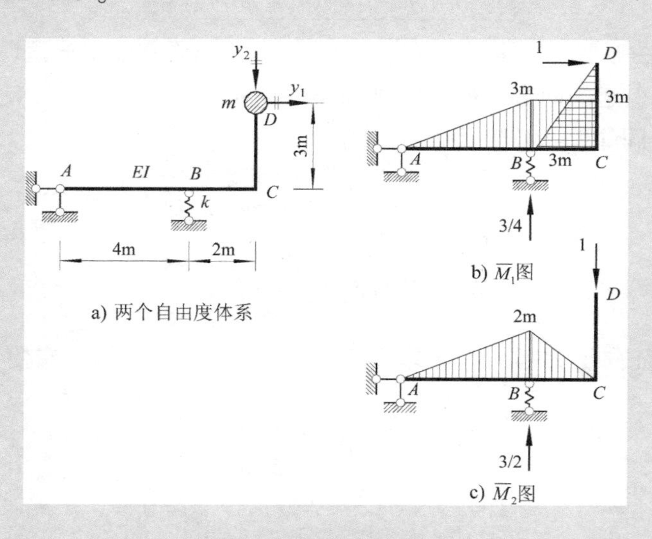

图 12-63 例 12-22 图

解： 此刚架有两个自由度。假设质量 m 水平方向的位移为 y_1，竖直方向的位移为 y_2。

（1）计算柔度系数 δ_{ij}　计算柔度系数时，应考虑弹性支座变形对位移的影响。

作 $\overline{M}_1$、$\overline{M}_2$ 图，如图 12-63b、c 所示。

$$\delta_{11}=\frac{1}{EI}\left[\left(\frac{1}{2}\times3\times3\right)\times\left(\frac{2}{3}\times3\right)+(3\times2)\times3+\left(\frac{1}{2}\times3\times4\right)\times\left(\frac{2}{3}\times3\right)\right]+\frac{3}{4}\times\frac{3}{4}\times\frac{32l^3}{9EI}=\frac{41}{EI}$$

$$\delta_{22}=\frac{1}{EI}\left[\left(\frac{1}{2}\times2\times2\right)\times\left(\frac{2}{3}\times2\right)+\left(\frac{1}{2}\times2\times4\right)\times\left(\frac{2}{3}\times2\right)\right]+\frac{3}{2}\times\frac{3}{2}\times\frac{32l^3}{9EI}=\frac{16}{EI}$$

$$\delta_{12}=\delta_{21}=\frac{1}{EI}\left[\left(\frac{1}{2}\times3\times4\right)\times\left(\frac{2}{3}\times2\right)+(3\times2)\times1\right]+\frac{3}{4}\times\frac{3}{2}\times\frac{32l^3}{9EI}=\frac{18}{EI}$$

（2）求自振频率 ω_i　将 $m_1=m_2=m$ 及已求得的 δ_{ij} 代入式（12-68），求得

$$\lambda_1=\frac{50.415m}{EI},\ \lambda_2=\frac{6.585m}{EI}$$

从而可求得

$$\omega_1=\frac{1}{\sqrt{\lambda_1}}=0.1408\sqrt{\frac{EI}{m}},\ \omega_2=\frac{1}{\sqrt{\lambda_2}}=0.3897\sqrt{\frac{EI}{m}}$$

（3）求主振型 ρ_i　由式（12-70a）和式（12-70b），得

$$\rho_1=\frac{Y_{11}}{Y_{21}}=\frac{1}{0.52},\ \rho_2=\frac{Y_{12}}{Y_{22}}=\frac{1}{-1.92}$$

（4）作振型曲线，如图 12-64a、b 所示。

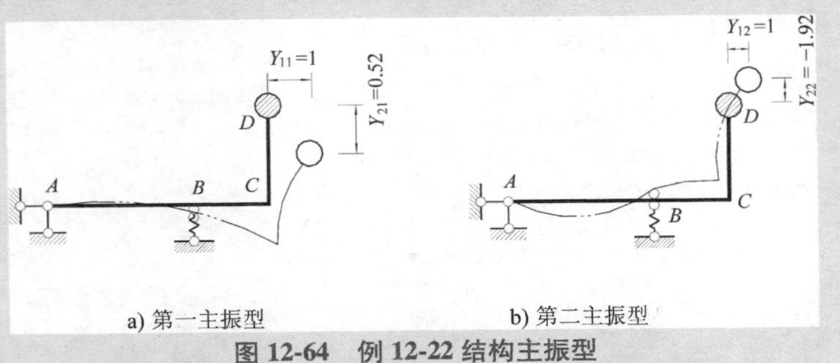

图 12-64　例 12-22 结构主振型

【动画演示】
图 12-64 所示
主振型动画

【例 12-23】　试求图 12-65a 所示等截面梁的自振频率和主振型。质量 $m_1=m_2=m=1000\text{kg}$。$E=200\text{GPa}$，$I=2\times10^4\text{cm}^4$，$l=4\text{m}$。

解： 此体系有两个自由度，两个质点均沿竖直方向振动。

（1）求柔度系数 δ_{ij}　分别用力法（或力矩分配法）作单位力作用下的 $\overline{M}_1$图和 $\overline{M}_2$图，如图 12-65b、c 所示。为求柔度系数，可将虚单位力加于力法基本体系上，作 $\overline{M}_{基1}$图和 $\overline{M}_{基2}$图，如图 12-65d、e 所示。这实质上是一个计算超静定结构的位移问题，即

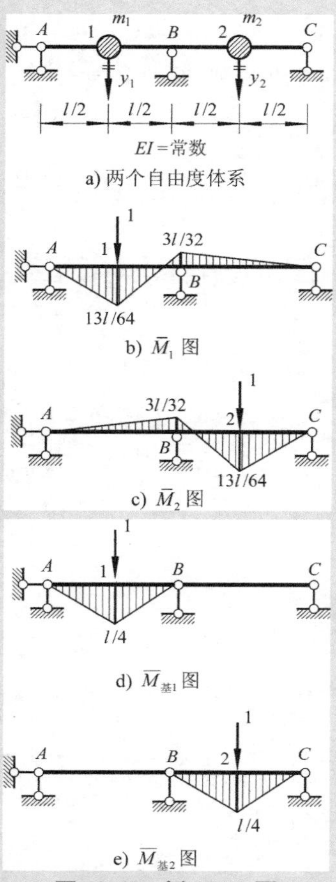

图 12-65 例 12-23 图

$$\delta_{11}=\int\frac{\overline{M}_1\overline{M}_{基1}}{EI}\mathrm{d}x=\frac{23}{24EI}$$

$$\delta_{22}=\int\frac{\overline{M}_2\overline{M}_{基2}}{EI}\mathrm{d}x=\frac{23}{24EI}$$

$$\delta_{12}=\delta_{21}=\int\frac{\overline{M}_2\overline{M}_{基1}}{EI}\mathrm{d}x=\int\frac{\overline{M}_1\overline{M}_{基2}}{EI}\mathrm{d}x=-\frac{3}{8EI}$$

（2）求自振频率 ω_i 代入式（12-68），得

$$\lambda_{1,2}=\frac{1}{2}\left[(\delta_{11}m_1+\delta_{22}m_2)\pm\sqrt{(\delta_{11}m_1+\delta_{22}m_2)^2-4(\delta_{11}\delta_{22}-\delta_{12}\delta_{21})m_1m_2}\right]$$

$$=\frac{m}{2}(2\delta_{11}\pm2\delta_{12})$$

即

$$\lambda_1=\frac{4m}{3EI},\ \lambda_2=\frac{7m}{12EI}$$

所以，自振频率为

$$\omega_1=\frac{1}{\sqrt{\lambda_1}}=0.866\sqrt{\frac{EI}{m}}=173.20\mathrm{s}^{-1}$$

$$\omega_2=\frac{1}{\sqrt{\lambda_2}}=1.309\sqrt{\frac{EI}{m}}=261.86\mathrm{s}^{-1}$$

（3）求主振型 ρ_i　由式（12-70a）和式（12-70b），得

第一主振型

$$\rho_1=\frac{Y_{11}}{Y_{21}}=\frac{-\delta_{12}m_2}{\delta_{11}m_1-\lambda_1}=\frac{1}{-1}$$

第二主振型

$$\rho_2=\frac{Y_{12}}{Y_{22}}=\frac{-\delta_{12}m_2}{\delta_{11}m_1-\lambda_2}=\frac{1}{1}$$

（4）作振型曲线　振型曲线如图 12-66a、b 所示。

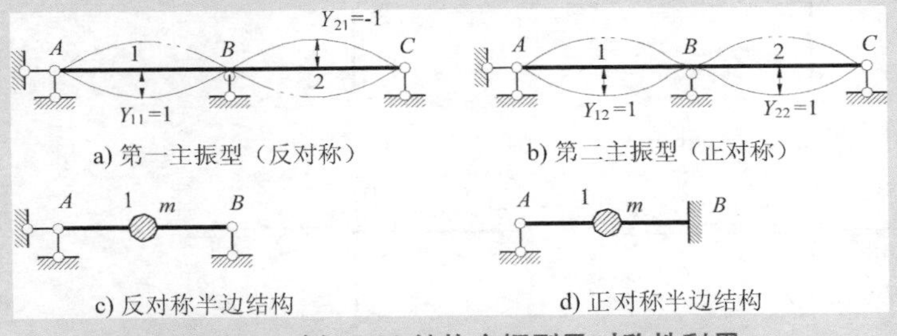

图 12-66　例 12-23 结构主振型及对称性利用

【动画演示】
图 12-66 所示
主振型动画

以上计算结果表明：该例第一主振型是反对称的，第二主振型是正对称的。一般规律是：如果结构和质量布置都是对称的，体系的振型必定是正对称或反对称的，其中较低频率下的振型对应体系的应变能相对较小。而且，当体系的振型为正对称或反对称时，均可以取半边结构计算其相应的自振频率。例如，对于本例而言，可以利用对称性，取图 12-66c 所示的反对称半边结构，计算体系的第一频率 ω_1；而取图 12-66d 所示的正对称半边结构，计算体系的第二频率 ω_2。这样，就将两个自由度体系的计算问题，简化为按两个单自由度体系分别进行计算。

【例 12-24】　试计算图 12-67 所示刚架的自振频率和主振型。

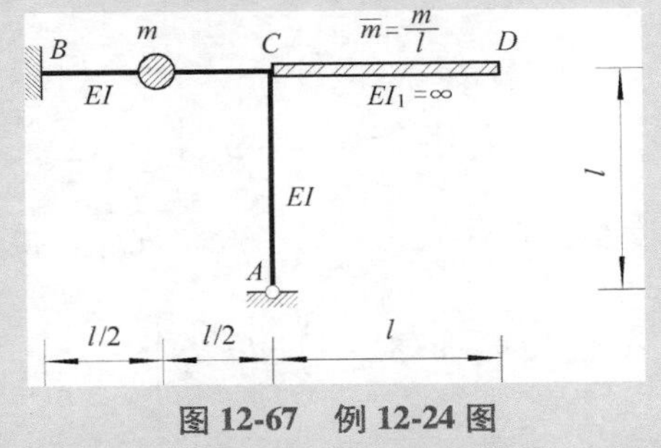

图 12-67　例 12-24 图

解：本题为含有均质刚性杆的两个自由度体系（既有平动，又有转动）。取集中质量 m 处竖向位移 y 和刚性杆 CD 绕 C 点的转角 θ 作为独立的几何位移，如图 12-68a 所示。由

于本题是由线位移和角位移耦合组成的振动，因此，不能简单地利用前面按柔度法推出的公式（12-68）和式（12-70）计算自振频率和主振型，而应从考虑结构整体平衡，建立运动方程入手。

某一瞬时 t，刚架上作用的惯性力如图 12-68b 所示。由分布质量所产生的惯性力对 C 点的合力矩为

$$I_\theta=\frac{1}{2}\times(-\overline{m}l\ddot{\theta})\times l\times\frac{2}{3}l=-\frac{1}{3}\overline{m}l^3\ddot{\theta}=-\frac{1}{3}ml^2\ddot{\theta}$$

（1）计算柔度系数 δ_{ij} 分别在集中质量 m 处和结点 C 处加单位力和单位力偶。用位移法或力矩分配法求解并作出单位弯矩图 $\overline{M}_1$ 图和 $\overline{M}_2$ 图，如图 12-68c、d 所示。

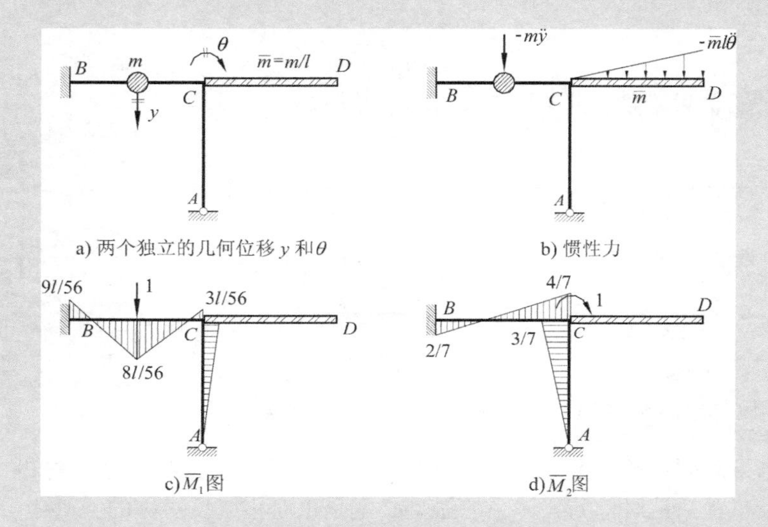

图 12-68 例 12-24 分析过程

利用图乘法求得质量 m 的竖向位移 δ_{11}、δ_{12}和刚性杆绕 C 点的转角 δ_{21}、δ_{22}为

$$\delta_{11}=0.00744\frac{l^3}{EI},\ \delta_{12}=\delta_{21}=-0.01786\frac{l^2}{EI},\ \delta_{22}=0.14286\frac{l}{EI}$$

建立运动方程

$$\left.\begin{aligned}y&=\delta_{11}(-m\ddot{y})+\delta_{12}I_\theta\\ \theta&=\delta_{21}(-m\ddot{y})+\delta_{22}I_\theta\end{aligned}\right\}\qquad\text{(a)}$$

将 $I_\theta=-\frac{1}{3}ml^2\ddot{\theta}$ 及各柔度系数 δ_{ij}代入式（a），经整理后，得

$$\left.\begin{aligned}y&=-m\ddot{y}\delta_{11}-\frac{1}{3}ml^2\ddot{\theta}\delta_{12}\\ \theta&=-m\ddot{y}\delta_{21}-\frac{1}{3}ml^2\ddot{\theta}\delta_{22}\end{aligned}\right\}\qquad\text{(b)}$$

将式（b）与前面建立的运动方程（12-62a）对比可知：只要将 $m_1=m$、$m_2=ml^2/3$ 及各柔度系数 δ_{ij} 代入式（12-68）和式（12-70），即可解出自振频率及主振型。

（2）求自振频率 ω_i

$$\lambda_1=0.05011\frac{ml^3}{EI},\ \lambda_2=0.00495\frac{ml^3}{EI}$$

由式（12-69），可得相应的自振频率

$$\omega_1=\frac{1}{\sqrt{\lambda_1}}=4.467\sqrt{\frac{EI}{ml^3}},\quad \omega_2=\frac{1}{\sqrt{\lambda_2}}=14.214\sqrt{\frac{EI}{ml^3}}$$

（3）求主振型 ρ_i　由式（12-70a）和式（12-70b），得

$$\rho_1=\frac{Y_{11}}{\theta_{21}}=-\frac{l}{7.168}=\frac{1}{-7.168/l},\ \rho_2=\frac{Y_{12}}{\theta_{22}}=\frac{l}{0.418}=\frac{1}{0.418/l}$$

（4）作振型曲线　振型曲线如图 12-69a、b 所示。

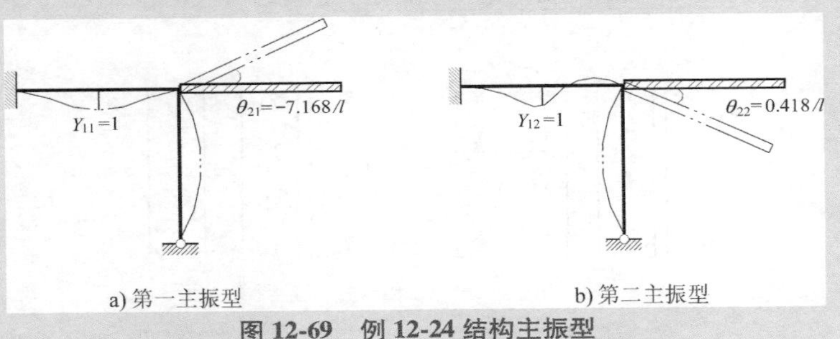

图 12-69　例 12-24 结构主振型

【动画演示】
图 12-69 所示
主振型动画

12.6.2 （推广）n 个自由度体系的自由振动

1. 刚度法

（1）运动方程的建立　图 12-70a 所示为一具有 n 个自由度的体系。取各质点为隔离体，如图 12-70b 所示。质量 m_i 所受的力包括惯性力 $F_{Ii}=-m_i\ddot{y}_i$ 和弹性力 F_{Si}，其平衡方程为

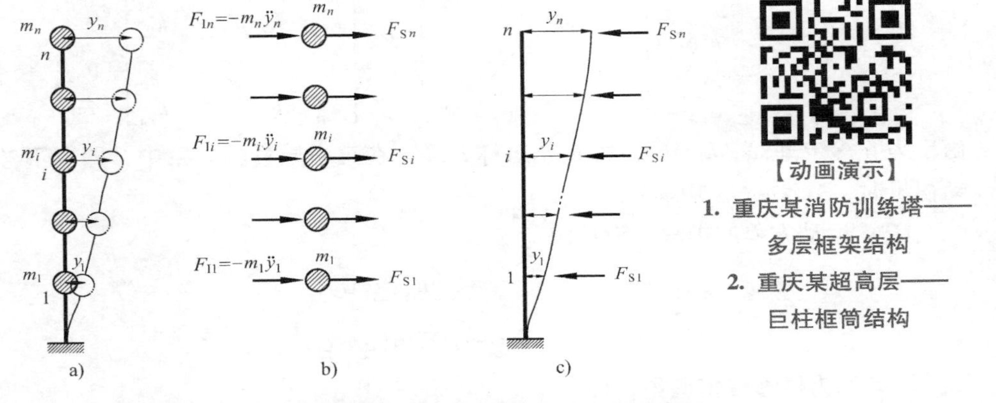

图 12-70　n 个自由度体系用刚度法建立运动方程示意图

$$\boxed{F_{\mathrm{I}i}+F_{\mathrm{S}i}=0} \quad (i=1,2,\cdots,n) \tag{12-71}$$

弹性力 $F_{\mathrm{S}i}$是质量 m_i与结构之间的相互作用力。图 12-70b 中的 $F_{\mathrm{S}i}$是质量 m_i所受的力，图 12-70c 中的 $F_{\mathrm{S}i}$是结构所受的力，二者的方向彼此相反。在图 12-70c 中，结构所受的力 $F_{\mathrm{S}i}$与结构的位移 $y_1,y_2,\cdots,y_n$之间应满足刚度方程

$$\boxed{F_{\mathrm{S}i}=-(k_{i1}y_1+k_{i2}y_2+\cdots+k_{in}y_n)} \quad (i=1,2,\cdots,n) \tag{12-72}$$

式中，k_{ij}是结构的**刚度系数**，即使 y_j方向产生单位位移（其他各质点处的位移保持为零）时，在 y_i方向所需施加的力。

将式（12-72）代入式（12-71），即得自由振动微分方程组

$$\boxed{\begin{aligned} m_1\ddot{y}_1+k_{11}y_1+k_{12}y_2+\cdots+k_{1n}y_n=0 \\ m_2\ddot{y}_2+k_{21}y_1+k_{22}y_2+\cdots+k_{2n}y_n=0 \\ \vdots \\ m_n\ddot{y}_n+k_{n1}y_1+k_{n2}y_2+\cdots+k_{nn}y_n=0 \end{aligned}} \tag{12-73}$$

其矩阵形式为

$$\begin{bmatrix} m_1 & & & \\ & m_2 & & \\ & & \ddots & \\ & & & m_n \end{bmatrix}\begin{bmatrix} \ddot{y}_1 \\ \ddot{y}_2 \\ \vdots \\ \ddot{y}_n \end{bmatrix}+\begin{bmatrix} k_{11} & k_{12} & \cdots & k_{1n} \\ k_{21} & k_{22} & \cdots & k_{2n} \\ \vdots & \vdots & & \vdots \\ k_{n1} & k_{n2} & \cdots & k_{nn} \end{bmatrix}\begin{bmatrix} y_1 \\ y_2 \\ \vdots \\ y_n \end{bmatrix}=\begin{bmatrix} 0 \\ 0 \\ \vdots \\ 0 \end{bmatrix}$$

或简写为

$$\boxed{\boldsymbol{M}\ddot{\boldsymbol{y}}+\boldsymbol{K}\boldsymbol{y}=\boldsymbol{0}} \tag{12-74}$$

式中，$\boldsymbol{y}$ 和 $\ddot{\boldsymbol{y}}$ 分别是**位移向量**和**加速度向量**，即

$$\boldsymbol{y}=[y_1 \quad y_2 \quad \cdots \quad y_n]^{\mathrm{T}}$$

$$\ddot{\boldsymbol{y}}=[\ddot{y}_1 \quad \ddot{y}_2 \quad \cdots \quad \ddot{y}_n]^{\mathrm{T}}$$

$\boldsymbol{M}$ 和 $\boldsymbol{K}$ 分别为体系的**质量矩阵**和**刚度矩阵**，即

$$\boldsymbol{M}=\begin{bmatrix} m_1 & & & \\ & m_2 & & \\ & & \ddots & \\ & & & m_n \end{bmatrix},\boldsymbol{K}=\begin{bmatrix} k_{11} & k_{12} & \cdots & k_{1n} \\ k_{21} & k_{22} & \cdots & k_{2n} \\ \vdots & \vdots & & \vdots \\ k_{n1} & k_{n2} & \cdots & k_{nn} \end{bmatrix}$$

由反力互等定理知，$k_{ij}=k_{ji}$，故 $\boldsymbol{K}$ 是对称方阵；在集中质量的体系中，即当不考虑质量的转动惯量时，$\boldsymbol{M}$ 是对角矩阵。

（2）运动方程的求解　设特解

$$\boxed{\boldsymbol{y}=\boldsymbol{Y}\sin(\omega t+\alpha)} \tag{12-75a}$$

$$\boxed{\ddot{\boldsymbol{y}}=-\omega^2\boldsymbol{Y}\sin(\omega t+\alpha)} \tag{12-75b}$$

式中，$\boldsymbol{Y}$ 称为**位移幅值向量**，即

$$\boldsymbol{Y}=[Y_1 \quad Y_2 \quad \cdots \quad Y_n]^{\mathrm{T}}$$

（3）求自振频率　将 $\boldsymbol{y}$ 和 $\ddot{\boldsymbol{y}}$ 代入式（12-74），得

$$-\omega^2 \boldsymbol{MY}\sin(\omega t+\alpha)+\boldsymbol{KY}\sin(\omega t+\alpha)=\boldsymbol{0}$$

消去公因子 $\sin(\omega t+\alpha)$，即得

$$\boxed{(\boldsymbol{K}-\omega^2\boldsymbol{M})\boldsymbol{Y}=\boldsymbol{0}} \tag{12-76}$$

这是关于位移幅值 $\boldsymbol{Y}$ 的齐次线性代数方程组，称为**振型方程**或**特征向量方程**。

例如，以 $n=2$ 为例，即得

$$\left(\begin{bmatrix} k_{11} & k_{12} \\ k_{21} & k_{22} \end{bmatrix} - \omega^2 \begin{bmatrix} m_1 & 0 \\ 0 & m_2 \end{bmatrix}\right)\begin{bmatrix} Y_1 \\ Y_2 \end{bmatrix} = \begin{bmatrix} 0 \\ 0 \end{bmatrix}$$

即

$$\left.\begin{aligned} (k_{11}-\omega^2 m_1)Y_1+k_{12}Y_2=0 \\ k_{21}Y_1+(k_{22}-\omega^2 m_2)Y_2=0 \end{aligned}\right\}$$

此即式（12-58）。

欲使式（12-76）中的 $\boldsymbol{Y}$ 的各元素不同时为零，则必须使该方程的系数行列式为零，即

$$|\boldsymbol{K}-\omega^2\boldsymbol{M}|=0 \tag{12-77}$$

此即多自由度体系的**频率方程**或**特征方程**。其展开形式为

$$\begin{vmatrix} k_{11}-\omega^2 m_1 & k_{12} & \cdots & k_{1n} \\ k_{21} & k_{22}-\omega^2 m_2 & \cdots & k_{2n} \\ \vdots & \vdots & & \vdots \\ k_{n1} & k_{n2} & \cdots & k_{nn}-\omega^2 m_n \end{vmatrix}=0 \tag{12-78}$$

将行列式展开，可得到一个关于频率 ω^2 的 n 次代数方程（n 是体系自由度数）。求出这个方程的 n 个根 $\omega_1^2,\omega_2^2,\cdots,\omega_n^2$，即可得到体系的 n 个自振频率 $\omega_1,\omega_2,\cdots,\omega_n$，且约定 $\omega_1<\omega_2<\cdots<\omega_n$，即按从小到大的顺序排列成频率向量 $\boldsymbol{\omega}$，称为**频率谱**。其中，ω_1 称为**基本频率**或**第一频率**。

（4）求主振型　令 $\boldsymbol{Y}^{(i)}$ 表示与频率 ω_i 相应的第 i 个主振型向量，即

$$\boldsymbol{Y}^{(i)}=[Y_{1i} \quad Y_{2i} \quad \cdots \quad Y_{ni}]^{\mathrm{T}}$$

将 ω_i 和 $\boldsymbol{Y}^{(i)}$ 代入振型方程（12-76），得

$$\boxed{(\boldsymbol{K}-\omega_i^2\boldsymbol{M})\boldsymbol{Y}^{(i)}=\boldsymbol{0}} \tag{12-79}$$

令 $i=1,2,\cdots,n$，可得出 n 个振型方程，由此可求出 n 个主振型：

$$(\boldsymbol{K}-\omega_1^2\boldsymbol{M})\boldsymbol{Y}^{(1)}=\boldsymbol{0} \longrightarrow \boldsymbol{Y}^{(1)}=[Y_{11} \quad Y_{21} \quad \cdots \quad Y_{n1}]^{\mathrm{T}}$$

$$(\boldsymbol{K}-\omega_2^2\boldsymbol{M})\boldsymbol{Y}^{(2)}=\boldsymbol{0} \longrightarrow \boldsymbol{Y}^{(2)}=[Y_{12} \quad Y_{22} \quad \cdots \quad Y_{n2}]^{\mathrm{T}}$$

$$\cdots$$

$$(\boldsymbol{K}-\omega_n^2\boldsymbol{M})\boldsymbol{Y}^{(n)}=\boldsymbol{0} \longrightarrow \boldsymbol{Y}^{(n)}=[Y_{1n} \quad Y_{2n} \quad \cdots \quad Y_{nn}]^{\mathrm{T}}$$

以上每个振型方程都代表 n 个联立代数方程，以 $Y_{1i},Y_{2i},\cdots,Y_{ni}$ 为未知量。由于这是一组齐次方程，因此，如果

$$Y_{1i},Y_{2i},\cdots,Y_{ni}$$

是方程的解，则

$$CY_{1i},CY_{2i},\cdots,CY_{ni}$$

也是方程的解（这里，C 是任意常数）。也就是说：

由振型方程（12-79）可以唯一地确定主振型 $\boldsymbol{Y}^{(i)}$ 的形状，即 $\boldsymbol{Y}^{(i)}$ 中各幅值的相对值，但不能唯一地确定它的幅值（因方程右端项干扰力为零）。

（5）标准化主振型（归一化主振型） 为了使主振型 $\boldsymbol{Y}^{(i)}$ 的幅值也具有确定值，需要另外补充条件（进行标准化），这样得到的主振型称为**标准化主振型**。

一般常用以下两种作法：

1）规定主振型 $\boldsymbol{Y}^{(i)}$ 中的某个元素为某个给定值。通常规定第一个元素 Y_{1i} 或最后一个元素 Y_{ni} 等于1，也可以规定最大的一个元素等于1。

2）规定主振型 $\boldsymbol{Y}^{(i)}$ 满足

$$\boldsymbol{Y}^{(i)\mathrm{T}}\boldsymbol{M}\boldsymbol{Y}^{(i)}=1$$

【例12-25】 试求图12-71a所示三层刚架的自振频率和主振型（横梁变形略去不计）。各层间侧移刚度（亦称抗剪刚度，为该层上下两端发生单位水平相对位移时该层各柱剪力之和）分别为 k_1、k_2、k_3，其单位为MN/m。

解：以各楼层的水平位移为几何坐标。

（1）求自振频率 ω_i

1）建立刚度矩阵 $\boldsymbol{K}$：由图12-71b、c、d，可知

$$k_{11}=k_1+k_2=441$$

$$k_{21}=k_{12}=-k_2=-196$$

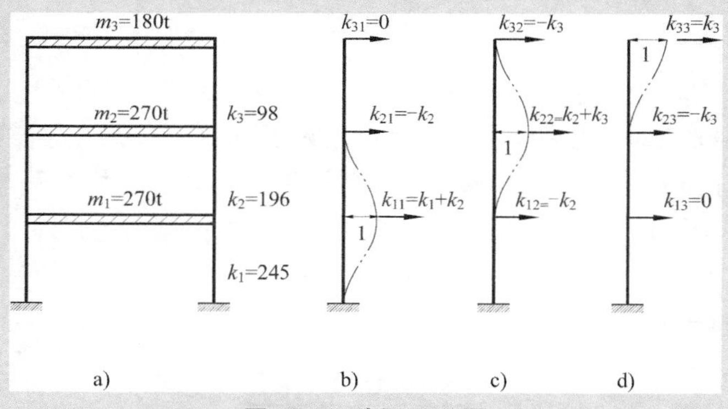

图12-71 例12-25图

$$k_{31}=k_{13}=0$$

$$k_{22}=k_2+k_3=294$$

$$k_{32}=k_{23}=-k_3=-98$$

$$k_{33}=k_3=98$$

于是，得到刚度矩阵为

$$\boldsymbol{K}=\begin{bmatrix}k_{11} & k_{12} & k_{13}\\ k_{21} & k_{22} & k_{23}\\ k_{31} & k_{32} & k_{33}\end{bmatrix}=98\times10^{6}\begin{bmatrix}4.5 & -2 & 0\\ -2 & 3 & -1\\ 0 & -1 & 1\end{bmatrix}\mathrm{N/m}$$

2）建立质量矩阵 $\boldsymbol{M}$，即

$$\boldsymbol{M}=\begin{bmatrix} m_1 & 0 & 0 \\ 0 & m_2 & 0 \\ 0 & 0 & m_3 \end{bmatrix}=180\times10^3\begin{bmatrix} 1.5 & 0 & 0 \\ 0 & 1.5 & 0 \\ 0 & 0 & 1 \end{bmatrix}\text{kg}$$

3）引入符号 η，并求自振频率

$$\eta=\frac{m_3}{k_3}\omega^2=\left(\frac{180\times10^3}{98\times10^6}\right)\omega^2=\left(\frac{180}{98}\times10^{-3}\right)\omega^2$$

$$\omega^2=\left(\frac{98}{180}\times10^3\right)\eta$$

则

$$\boldsymbol{K}-\omega^2\boldsymbol{M}=98\times10^6\begin{bmatrix} 4.5-1.5\eta & -2 & 0 \\ -2 & 3-1.5\eta & -1 \\ 0 & -1 & 1-\eta \end{bmatrix}$$

频率方程为

$$|\boldsymbol{K}-\omega^2\boldsymbol{M}|=0$$

其展开式为

$$(3\eta-1)\left(\eta-\frac{5}{3}\right)(\eta-4)=0$$

解得上式的三个根为

$$\eta_1=\frac{1}{3},\eta_2=\frac{5}{3},\eta_3=4$$

于是得

$$\omega_1=\sqrt{\frac{k_3\eta_1}{m_3}}=13.47\text{s}^{-1}$$

$$\omega_2=\sqrt{\frac{k_3\eta_2}{m_3}}=30.12\text{s}^{-1}$$

$$\omega_3=\sqrt{\frac{k_3\eta_3}{m_3}}=46.67\text{s}^{-1}$$

（2）求主振型 $\boldsymbol{Y}^{(i)}$　设取各标准化振型的第一个元素 Y_{1i} 为 1，确定 $\boldsymbol{Y}^{(i)}$ 的方程为

$$(\boldsymbol{K}-\omega_i^2\boldsymbol{M})\boldsymbol{Y}^{(i)}=\boldsymbol{0}$$

由前面计算，可得

$$98\times10^6\begin{bmatrix} 4.5-1.5\eta_i & -2 & 0 \\ -2 & 3-1.5\eta_i & -1 \\ 0 & -1 & 1-\eta_i \end{bmatrix}\begin{bmatrix} Y_{1i} \\ Y_{2i} \\ Y_{3i} \end{bmatrix}=\begin{bmatrix} 0 \\ 0 \\ 0 \end{bmatrix}$$

为求第一标准化振型，令 $i=1$，并将 $\eta_1=1/3$ 代入上式，利用其前两个方程，得

$$\left.\begin{aligned}4Y_{11}-2Y_{21}=0\\-2Y_{11}+2.5Y_{21}-Y_{31}=0\end{aligned}\right\}$$

设 $Y_{11}=1$，解出

$$Y_{21}=2$$

$$Y_{31}=3$$

将 Y_{11}、Y_{21}、Y_{31} 三个元素汇总在一起，得第一振型为

$$\boldsymbol{Y}^{(1)}=\begin{bmatrix}1\\2\\3\end{bmatrix}$$

依照以上做法，可得第二和第三标准化振型为

$$\boldsymbol{Y}^{(2)}=\begin{bmatrix}1\\1\\-1.5\end{bmatrix},\ \boldsymbol{Y}^{(3)}=\begin{bmatrix}1\\-0.75\\0.25\end{bmatrix}$$

三个振型的形状如图 12-72a、b、c 所示。

【动画演示】
图 12-72 所示
主振型动画

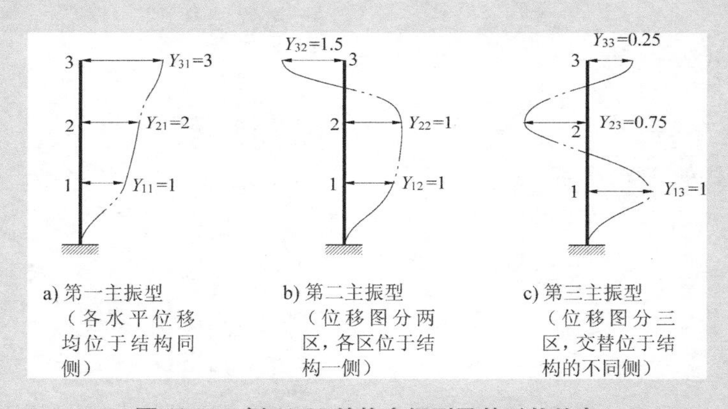

图 12-72 例 12-25 结构主振型及其形状特点

2. 柔度法（推广到 n 个自由度）

采用柔度法分析具有 n 个自由度体系的自由振动，通常有两种做法：一种做法是按位移协调条件直接建立运动方程；另一种做法是利用刚度法已推导出的方程间接地导出。下面采用后一种作法。

（1）振型方程 首先，利用刚度法导出的特征向量方程（12-76）

$$(\boldsymbol{K}-\omega^2\boldsymbol{M})\boldsymbol{Y}=\boldsymbol{0}$$

然后，用 $\boldsymbol{\delta}$ 左乘上式，由于

$$\boldsymbol{\delta K}=\boldsymbol{I}\quad(\boldsymbol{\delta}\text{ 与 }\boldsymbol{K}\text{ 互为逆矩阵})$$

故得

$$(\boldsymbol{I}-\omega^2\boldsymbol{\delta M})\boldsymbol{Y}=\boldsymbol{0}$$

上式同除以 ω^2，再令

$$\lambda=\frac{1}{\omega^2}$$

可得柔度法的振型方程

$$\boxed{(\boldsymbol{\delta M}-\lambda \boldsymbol{I})\boldsymbol{Y}=\boldsymbol{0}} \tag{12-80}$$

（2）频率方程　因体系做自由振动时，$\boldsymbol{Y}$ 的各元素不能全为零，故由式（12-80）可得柔度法的频率方程为

$$\boxed{D=|\boldsymbol{\delta M}-\lambda \boldsymbol{I}|=0} \tag{12-81a}$$

其展开式为

$$\boxed{\begin{vmatrix} \delta_{11}m_1-\lambda & \delta_{12}m_2 & \cdots & \delta_{1n}m_n \\ \delta_{21}m_1 & \delta_{22}m_2-\lambda & \cdots & \delta_{2n}m_n \\ \vdots & \vdots & & \vdots \\ \delta_{n1}m_1 & \delta_{n2}m_2 & \cdots & \delta_{nn}m_n-\lambda \end{vmatrix}=0} \tag{12-81b}$$

由此得到关于 λ 的 n 次代数方程，可解出 n 个根 $\lambda_1,\lambda_2,\cdots,\lambda_n$，进而可求 n 个频率 $\omega_1,\omega_2,\cdots,\omega_n$。将所有的频率从小到大排列，得频率谱。

（3）主振型　最后，求与频率 ω_i 相应的主振型 $\boldsymbol{Y}^{(i)}$。为此，将 $\lambda_i=1/\omega_i^2$ 和 $\boldsymbol{Y}^{(i)}$ 代入式（12-80）中，得

$$\boxed{(\boldsymbol{\delta M}-\lambda_i \boldsymbol{I})\boldsymbol{Y}^{(i)}=\boldsymbol{0}} \tag{12-82}$$

令 $i=1,2,\cdots,n$，可得 n 个振型方程，由此可求出 n 个主振型 $\boldsymbol{Y}^{(1)},\boldsymbol{Y}^{(2)},\cdots,\boldsymbol{Y}^{(n)}$。如同刚度法一样，在对各主振型进行标准化（规一化）后，即可作出相应的各振型曲线。

【例 12-26】　试求图 12-73a 所示刚架的自振频率和主振型。已知各杆 EI=常数。

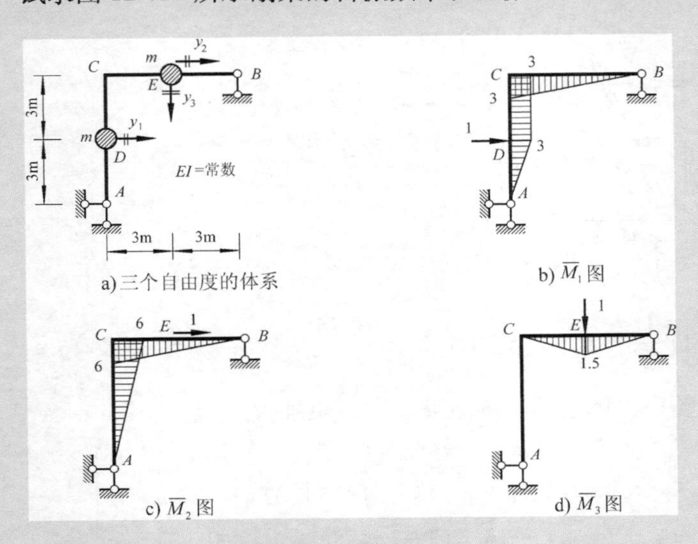

图 12-73　例 12-26 图

解：本刚架具有三个自由度，设各位移正向如图 12-73a 所示。

（1）求柔度系数　作$\overline{M}_1$、$\overline{M}_2$和$\overline{M}_3$图，如图12-73b、c、d所示。由图乘法，可得

$$\delta_{11}=\int\frac{\overline{M}_1\overline{M}_1}{EI}\mathrm{d}x$$

$$=\frac{1}{EI}\left[\left(\frac{1}{2}\times3\times3\right)\times\frac{2}{3}\times3+(3\times3)\times3+\left(\frac{1}{2}\times3\times6\right)\times\frac{2}{3}\times3\right]$$

$$=\frac{54}{EI}$$

$$\delta_{22}=\int\frac{\overline{M}_2\overline{M}_2}{EI}\mathrm{d}x$$

$$=\frac{2}{EI}\left[\left(\frac{1}{2}\times6\times6\right)\times\frac{2}{3}\times6\right]=\frac{144}{EI}$$

$$\delta_{33}=\int\frac{\overline{M}_3\overline{M}_3}{EI}\mathrm{d}x$$

$$=\frac{2}{EI}\left[\left(\frac{1}{2}\times1.5\times3\right)\times\frac{2}{3}\times1.5\right]=\frac{4.5}{EI}$$

$$\delta_{12}=\delta_{21}=\int\frac{\overline{M}_1\overline{M}_2}{EI}\mathrm{d}x$$

$$=\frac{1}{EI}\left[\left(\frac{1}{2}\times3\times3\right)\times\frac{2}{3}\times3+(3\times3)\times\frac{3}{4}\times6+\left(\frac{1}{2}\times3\times6\right)\times\frac{2}{3}\times6\right]$$

$$=\frac{85.5}{EI}$$

$$\delta_{32}=\delta_{23}=\int\frac{\overline{M}_2\overline{M}_3}{EI}\mathrm{d}x$$

$$=\frac{1}{EI}\left[\left(\frac{1}{2}\times1.5\times6\right)\times3\right]=\frac{13.5}{EI}$$

$$\delta_{31}=\delta_{13}=\int\frac{\overline{M}_1\overline{M}_3}{EI}\mathrm{d}x$$

$$=\frac{1}{EI}\left[\left(\frac{1}{2}\times1.5\times6\right)\times1.5\right]=\frac{6.75}{EI}$$

（2）求自振频率　体系的柔度矩阵和质量矩阵为

$$\boldsymbol{\delta}=\frac{1}{EI}\begin{bmatrix}54&85.5&6.75\\85.5&144&13.5\\6.75&13.5&4.5\end{bmatrix},\boldsymbol{M}=\begin{bmatrix}m&0&0\\0&m&0\\0&0&m\end{bmatrix}$$

将以上的$\boldsymbol{\delta}$和$\boldsymbol{M}$中各元素的值代入频率方程展开式（12-81b）

$$\begin{vmatrix} \delta_{11}m_1-\lambda & \delta_{12}m_2 & \delta_{13}m_3 \\ \delta_{21}m_1 & \delta_{22}m_2-\lambda & \delta_{23}m_3 \\ \delta_{31}m_1 & \delta_{32}m_2 & \delta_{33}m_3-\lambda \end{vmatrix}=0$$

即得

$$\begin{vmatrix} 54m-\lambda & 85.5m & 6.75m \\ 85.5m & 144m-\lambda & 13.5m \\ 6.75m & 13.5m & 4.5m-\lambda \end{vmatrix}=0$$

由此，可建立关于 λ 的一元三次代数方程，并解得

$$\lambda_1=196.796\frac{m}{EI},\ \lambda_2=4.136\frac{m}{EI},\ \lambda_3=1.567\frac{m}{EI}$$

故自振频率为

$$\omega_1=\sqrt{\frac{1}{\lambda_1}}=0.0713\sqrt{\frac{EI}{m}}$$

$$\omega_2=\sqrt{\frac{1}{\lambda_2}}=0.492\sqrt{\frac{EI}{m}}$$

$$\omega_3=\sqrt{\frac{1}{\lambda_3}}=0.799\sqrt{\frac{EI}{m}}$$

（3）求主振型并绘振型图　将 $\lambda_i(i=1、2、3)$ 分别代入振型方程（12-82）

$$(\boldsymbol{\delta M}-\lambda_i\boldsymbol{I})\boldsymbol{Y}^{(i)}=\boldsymbol{0}$$

并令 $Y_{3i}=1$，即可求得各阶主振型为

1）第一主振型

$$\begin{bmatrix} Y_{11} \\ Y_{21} \\ Y_{31} \end{bmatrix}=\begin{bmatrix} 6.600 \\ 10.944 \\ 1 \end{bmatrix}$$

2）第二主振型

$$\begin{bmatrix} Y_{12} \\ Y_{22} \\ Y_{32} \end{bmatrix}=\begin{bmatrix} -0.625 \\ 0.286 \\ 1 \end{bmatrix}$$

3）第三主振型

$$\begin{bmatrix} Y_{13} \\ Y_{23} \\ Y_{33} \end{bmatrix}=\begin{bmatrix} 1.221 \\ -0.828 \\ 1 \end{bmatrix}$$

作各主振型图，如图 12-74a、b、c 所示。

【动画演示】
图 12-74 所示
主振型动画

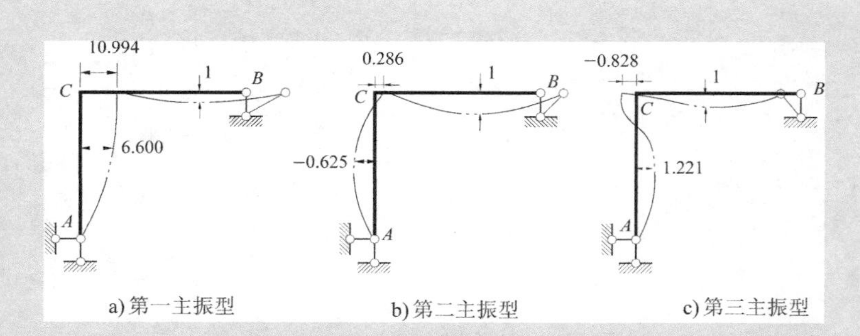

a) 第一主振型　b) 第二主振型　c) 第三主振型

图 12-74　例 12-26 结构主振型

【例 12-27】　求图 12-75a 所示刚架的自振频率和振型。已知 $m_1=m_4=100\text{kg}$，$m_2=m_3=150\text{kg}$，$EI_1=6\text{MN}\cdot\text{m}^2$，$EI_2=3EI_1$。

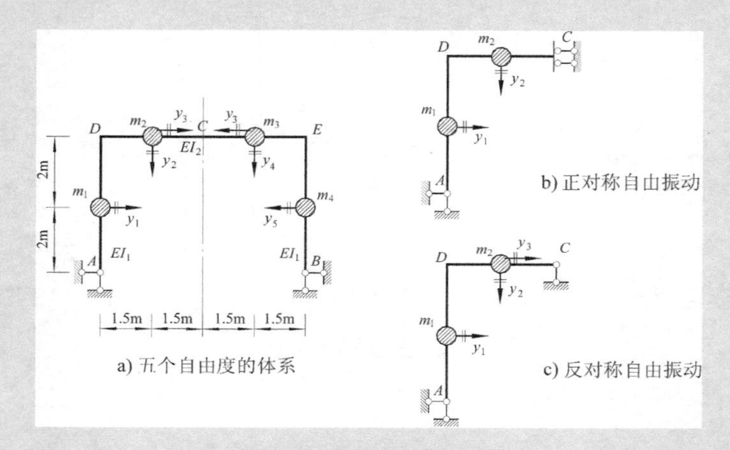

a) 五个自由度的体系　b) 正对称自由振动　c) 反对称自由振动

图 12-75　例 12-27 图

解：此刚架具有五个自由度。利用对称性，分解为有两个自由度的正对称自由振动（图 12-75b）和有三个自由度的反对称自由振动（图 12-75c），分别进行计算，其结果列于下面线框内。

$$\omega_1'=182\ \text{s}^{-1}\xrightarrow[\text{重新排列}]{\text{从小到大}}②\ \omega_2\longrightarrow \boldsymbol{Y}^{(2)\text{T}}=[1.000\quad -0.789]$$

$$\omega_2'=338\ \text{s}^{-1}\longrightarrow ④\ \omega_4\longrightarrow \boldsymbol{Y}^{(4)\text{T}}=[1.000\quad 1.898]$$

(对应于图 12-75b)

$$\omega_1''=34.2\ \text{s}^{-1}\longrightarrow ①\ \omega_1\longrightarrow \boldsymbol{Y}^{(1)\text{T}}=[1.000\quad 0.041\quad 1.517]$$

$$\omega_2''=312\ \text{s}^{-1}\longrightarrow ③\ \omega_3\longrightarrow \boldsymbol{Y}^{(3)\text{T}}=[1.000\quad -0.327\quad -0.431]$$

$$\omega_3''=538\ \text{s}^{-1}\longrightarrow ⑤\ \omega_5\longrightarrow \boldsymbol{Y}^{(5)\text{T}}=[1.000\quad 2.727\quad -0.513]$$

(对应于图 12-75c)

根据以上求出结果并归一化的主振型，可绘出五个主振型的形状，如图 12-76a、b、c、d、e 所示。

第一、三、五主振型是反对称的。

第二、四主振型是对称的。

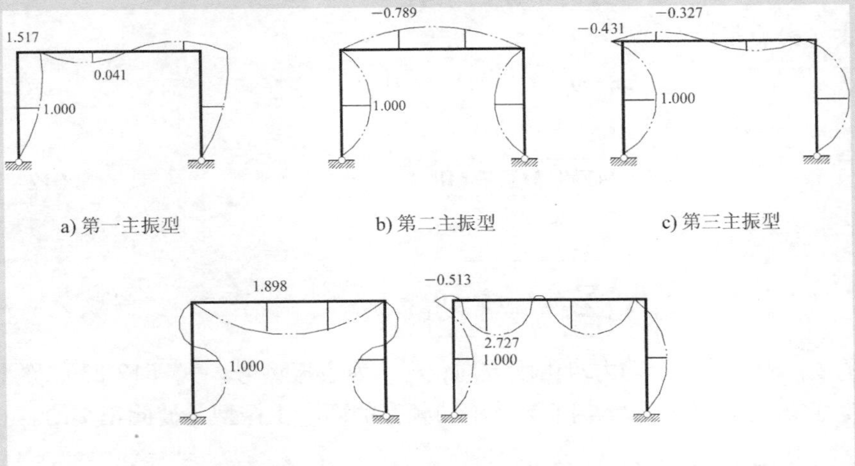

a) 第一主振型　b) 第二主振型　c) 第三主振型

d) 第四主振型　e) 第五主振型

图 12-76　例 12-27 结构的主振型

【动画演示】
图 12-76 所示
主振型动画

12.7　主振型的正交性

下面，说明同一多自由度体系的各主振型之间存在的一个特性——主振型的正交性。

• 在同一体系中，不同的两个固有振型之间，无论对于 $\boldsymbol{M}$ 或是 $\boldsymbol{K}$，都具有正交的性质（分别称为第一正交性和第二正交性）。

• 利用这一特性，一是可以将多自由度体系的强迫振动简化为单自由度问题（主要应用在任意干扰力作用下的强迫振动），二是可以检查主振型的计算是否正确，并判断主振型的形状特点。

【拓展阅读】
巧用正交性

12.7.1　主振型的第一正交性

关于主振型的正交性，可以利用虚功互等定理导出，也可以从 n 个自由度体系的振型方程（12-76）

$$(\boldsymbol{K}-\omega^2\boldsymbol{M})\boldsymbol{Y}=\boldsymbol{0}$$

出发加以推证。

设 ω_i 为第 i 个自振频率，其相应的振型为 $\boldsymbol{Y}^{(i)}$；ω_j 为第 j 个自振频率，其相应的振型为 $\boldsymbol{Y}^{(j)}$。将它们分别代入式（12-76），可得

$$\boldsymbol{KY}^{(i)}=\omega_i^2\boldsymbol{MY}^{(i)} \tag{a}$$

$$\boldsymbol{KY}^{(j)}=\omega_j^2\boldsymbol{MY}^{(j)} \tag{b}$$

对式（a）两边左乘以 $\boldsymbol{Y}^{(j)}$ 的转置矩阵$\boldsymbol{Y}^{(j)\mathrm{T}}$，对式（b）两边左乘以$\boldsymbol{Y}^{(i)\mathrm{T}}$，则有

$$\boldsymbol{Y}^{(j)\mathrm{T}}\boldsymbol{K}\boldsymbol{Y}^{(i)}=\omega_i^2\boldsymbol{Y}^{(j)\mathrm{T}}\boldsymbol{M}\boldsymbol{Y}^{(i)} \tag{c}$$

$$\boldsymbol{Y}^{(i)\mathrm{T}}\boldsymbol{K}\boldsymbol{Y}^{(j)}=\omega_j^2\boldsymbol{Y}^{(i)\mathrm{T}}\boldsymbol{M}\boldsymbol{Y}^{(j)} \tag{d}$$

由于 $\boldsymbol{K}$ 和 $\boldsymbol{M}$ 均为对称矩阵，故 $\boldsymbol{K}^{\mathrm{T}}=\boldsymbol{K}$，$\boldsymbol{M}^{\mathrm{T}}=\boldsymbol{M}$。将式（d）两边转置，将有

$$\boldsymbol{Y}^{(j)\mathrm{T}}\boldsymbol{K}\boldsymbol{Y}^{(i)}=\omega_j^2\boldsymbol{Y}^{(j)\mathrm{T}}\boldsymbol{M}\boldsymbol{Y}^{(i)} \tag{e}$$

再将式（c）减去式（e），得

$$(\omega_i^2-\omega_j^2)\boldsymbol{Y}^{(j)\mathrm{T}}\boldsymbol{M}\boldsymbol{Y}^{(i)}=0$$

当 $\omega_i\neq\omega_j$时，得

$$\boxed{\boldsymbol{Y}^{(j)\mathrm{T}}\boldsymbol{M}\boldsymbol{Y}^{(i)}=0} \tag{12-83a}$$

即

$$\boxed{\sum_{s=1}^{n}m_sY_{si}Y_{sj}=0} \tag{12-83b}$$

式中，s 为自由度序号，表示第 s 个动力自由度方向；i、j 为主振型号。式（12-83）称为主振型的第一正交性，它表明，对于质量矩阵 $\boldsymbol{M}$，不同频率的两个主振型是彼此正交的。

12.7.2 主振型的第二正交性

将式（12-83a）代入式（c），可得

$$\boxed{\boldsymbol{Y}^{(j)\mathrm{T}}\boldsymbol{K}\boldsymbol{Y}^{(i)}=0} \tag{12-84}$$

式（12-84）称为主振型的第二正交性，它表明，对于刚度矩阵 $\boldsymbol{K}$，不同频率的两个主振型也是彼此正交的。

12.7.3 主振型正交性的物理意义

1. 第一正交性的物理意义

将式（12-83b）$\sum_{s=1}^{n}m_sY_{si}Y_{sj}=0$ 分别乘以 ω_i^2 和 ω_j^2，可以得出以下两式：

$$\sum_{s=1}^{n}\underbrace{(m_s\omega_i^2Y_{si})}_{\text{第}i\text{主振型惯性力幅值}}\overbrace{Y_{sj}}^{\text{第}j\text{主振型幅值}}=0 \tag{a}$$

$$\sum_{s=1}^{n}\underbrace{(m_s\omega_j^2Y_{sj})}_{\text{第}j\text{主振型惯性力幅值}}\overbrace{Y_{si}}^{\text{第}i\text{主振型幅值}}=0 \tag{b}$$

式（a）说明第 i 主振型惯性力在第 j 主振型上所做的虚功为零；式（b）说明第 j 主振型惯性力在第 i 主振型上所做的虚功为零。因此，第一正交性的物理意义是：相应于某一主振型的惯性力不会在其他主振型上做功。

2. 第二正交性的物理意义

由式（12-84），可推导出

$$\sum_{s=1}^{n}\sum_{r=1}^{n}\underbrace{k_{sr}Y_{ri}}_{\text{第}i\text{主振型弹性力}}\overbrace{Y_{sj}}^{\text{第}j\text{主振型幅值}}=0 \tag{c}$$

式中，s 和 r 均为自由度序号；i、j 为主振型号。

由式（c）可知，第二正交性的物理意义是：相应于某一主振型的弹性力不会在其他主振型上做功。

3. 小结

主振型的正交性可理解为：相应于某一主振型做简谐振动的能量不会转移到其他振型上去，也就不会引起其他振型的振动。因此，各主振型可单独存在而不互相干扰。

【例 12-28】 验证算例 12-25 所求得的主振型是否满足正交关系。

解：由例 12-25 得知质量矩阵和刚度矩阵分别为

$$\boldsymbol{M}=m_3\begin{bmatrix}1.5&0&0\\0&1.5&0\\0&0&1\end{bmatrix},\ \boldsymbol{K}=k_3\begin{bmatrix}4.5&-2&0\\-2&3&-1\\0&-1&1\end{bmatrix}$$

又三个主振型分别为

$$\boldsymbol{Y}^{(1)}=\begin{bmatrix}1\\2\\3\end{bmatrix},\ \boldsymbol{Y}^{(2)}=\begin{bmatrix}1\\1\\-1.5\end{bmatrix},\ \boldsymbol{Y}^{(3)}=\begin{bmatrix}1\\-0.75\\0.25\end{bmatrix}$$

（1）验算第一正交性

$$\boldsymbol{Y}^{(1)\mathrm{T}}\boldsymbol{M}\boldsymbol{Y}^{(2)}=[1\quad 2\quad 3]m_3\begin{bmatrix}1.5&0&0\\0&1.5&0\\0&0&1\end{bmatrix}\begin{bmatrix}1\\1\\-1.5\end{bmatrix}$$

$$=(1\times1.5\times1+2\times1.5\times1-3\times1\times1.5)m_3=0$$

同时，有

$$\boldsymbol{Y}^{(1)\mathrm{T}}\boldsymbol{M}\boldsymbol{Y}^{(3)}=0$$

$$\boldsymbol{Y}^{(2)\mathrm{T}}\boldsymbol{M}\boldsymbol{Y}^{(3)}=0$$

（2）验算第二正交性

$$\boldsymbol{Y}^{(1)\mathrm{T}}\boldsymbol{K}\boldsymbol{Y}^{(2)}=[1\quad 2\quad 3]k_3\begin{bmatrix}4.5&-2&0\\-2&3&-1\\0&-1&1\end{bmatrix}\begin{bmatrix}1\\1\\-1.5\end{bmatrix}$$

$$=(0.5+1-1.5)k_3=0$$

同时，有

$$\boldsymbol{Y}^{(1)\mathrm{T}}\boldsymbol{K}\boldsymbol{Y}^{(3)}=0$$

$$\boldsymbol{Y}^{(2)\mathrm{T}}\boldsymbol{K}\boldsymbol{Y}^{(3)}=0$$

经以上检验表明，例 12-25 所求得的主振型（图 12-72）是满足第一、第二正交关系的，其计算是正确无误的。

12.8 多自由度体系在简谐荷载作用下的强迫振动（无阻尼）

• 简谐荷载作用：一般采用直接法——直接从运动微分方程求解，也可用主振型叠加法。

• 任意干扰力作用：一般采用主振型叠加法（详见12.9节）。

12.8.1 刚度法

仍以图12-77所示的两个自由度体系为例。

1. 运动方程的建立

以质点为隔离体，其振动方程为

$$\boxed{\begin{aligned} m_1\ddot{y}_1+k_{11}y_1+k_{12}y_2=F_{P1}(t) \\ m_2\ddot{y}_2+k_{21}y_1+k_{22}y_2=F_{P2}(t) \end{aligned}} \qquad (12\text{-}85)$$

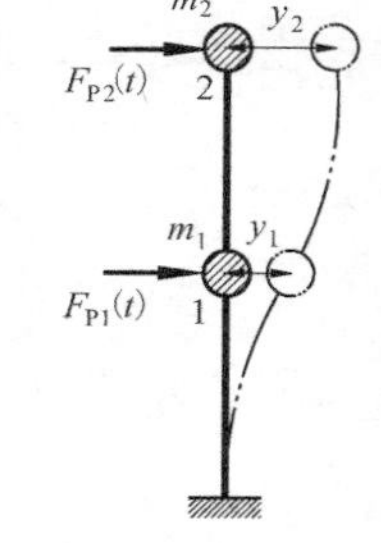

图12-77 两个自由度体系受简谐荷载作用（刚度法）

与自由振动的方程（12-56a）相比，这里只多了荷载项$F_{Pi}(t)$。

2. 运动方程的求解

（1）设特解形式 如果荷载是简谐荷载，即

$$\boxed{\begin{aligned} F_{P1}(t)=F_{P1}\sin\theta t \\ F_{P2}(t)=F_{P2}\sin\theta t \end{aligned}} \qquad (12\text{-}86)$$

则在平稳振动阶段，各质点也做简谐振动，故设特解为

$$\boxed{\begin{aligned} y_1=Y_1\sin\theta t \\ y_2=Y_2\sin\theta t \end{aligned}} \qquad (12\text{-}87)$$

（2）求位移幅值 将式（12-86）和式（12-87）代入式（12-85），消去公因子$\sin\theta t$后，得

$$\boxed{\begin{aligned} (k_{11}-\theta^2 m_1)Y_1+k_{12}Y_2=F_{P1} \\ k_{21}Y_1+(k_{22}-\theta^2 m_2)Y_2=F_{P2} \end{aligned}} \qquad (12\text{-}88)$$

这是以质点位移幅值Y_1、Y_2为未知量的代数方程组。由此可解得质点位移的幅值。位移幅值Y_i为正号，表示与$F_{Pi}(t)$同方向达到最大值；位移幅值Y_i为负号表示与$F_{Pi}(t)$反方向达到最大值。

（3）方程的解答 将式（12-88）中求得的Y_1、Y_2代入所设特解式（12-87），即可得到任意时刻的位移

$$\left.\begin{aligned} y_1=Y_1\sin\theta t \\ y_2=Y_2\sin\theta t \end{aligned}\right\}$$

3. 惯性力幅值的确定

求出Y_1、Y_2后，利用式（12-87）不难求出任一质点的惯性力，即

$$\boxed{\begin{aligned}F_{I1}&=-m_1\ddot{y}_1=m_1Y_1\theta^2\sin\theta t=I_1\sin\theta t\\F_{I2}&=-m_2\ddot{y}_2=m_2Y_2\theta^2\sin\theta t=I_2\sin\theta t\end{aligned}} \tag{12-89}$$

式中，I_1、I_2 分别为质点 m_1、m_2 的惯性力幅值，其表达式为

$$\boxed{\begin{aligned}I_1&=m_1\theta^2Y_1\\I_2&=m_2\theta^2Y_2\end{aligned}} \tag{12-90}$$

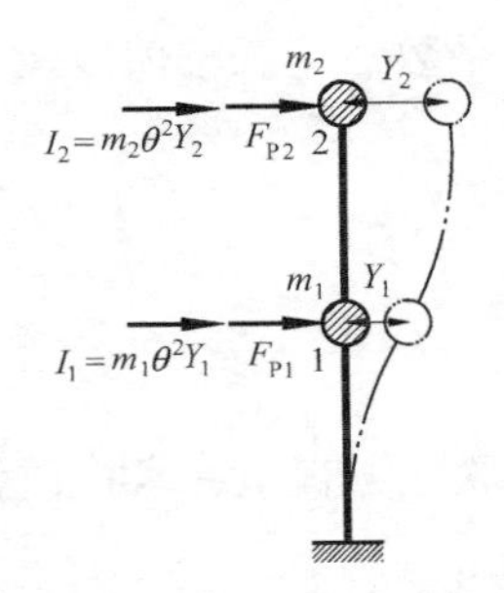

图 12-78　列写幅值方程法

4. 求最大动位移（位移幅值）

$$(y_1)_{d,max}=Y_1,(y_2)_{d,max}=Y_2$$

5. 求最大动内力（内力幅值）

常采用列写幅值方程法。即将位移达到幅值 Y_1、Y_2 时的干扰力幅值 F_{P1} 和 F_{P2} 以及惯性力幅值 $m_1\theta^2Y_1$、$m_2\theta^2Y_2$ 一起，沿 y 坐标方向施加于结构上，如图 12-78 所示（注意：所含 Y_i 要自带本身正负号），然后按静力计算 $M_{动}$（即 $M_{d,max}$）即可。

【例 12-29】　试求图 12-79a 所示结构质量处最大水平动位移，并绘制最大动力弯矩图。已知 $\theta=3\sqrt{EI/ml^3}$。

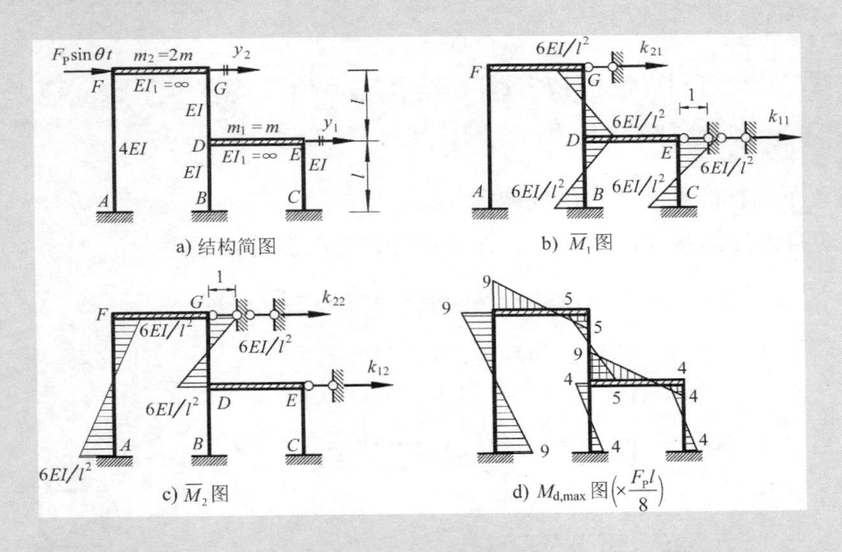

图 12-79　例 12-29 图

解：此体系有两个自由度，质量 m_1、m_2 分别沿 y_1、y_2 水平方向振动（图 12-79a）。

（1）求刚度系数　首先，在质量 m_1 和 m_2 的运动方向于 E、G 处各增设一根附加链杆。然后，令其分别移动单位位移，绘出相应的单位弯矩图 $\overline{M}_1$ 图和 $\overline{M}_2$ 图，如图 12-79b、c 所示。最后，根据截取的静力平衡条件，不难求得

$$k_{11}=\frac{12EI}{l^3}\times 3=\frac{36EI}{l^3},\ k_{22}=\frac{12EI}{l^3}+\frac{6EI}{l^3}=\frac{18EI}{l^3},\ k_{12}=k_{21}=-\frac{12EI}{l^3}$$

（2）计算位移幅值　已知荷载的幅值为 $F_{P1}=0$，$F_{P2}=F_P$。将 $m_1=m$、$m_2=2m$ 和各刚度系数、荷载幅值以及 $\theta=3\sqrt{EI/ml^3}$ 代入式（12-88），得

$$\left.\begin{aligned}\left(\frac{36EI}{l^3}-\frac{9EI}{l^3}\right)Y_1-\frac{12EI}{l^3}Y_2=0\\ -\frac{12EI}{l^3}Y_1+\left(\frac{18EI}{l^3}-\frac{18EI}{l^3}\right)Y_2=F_P\end{aligned}\right\}$$

解联立方程组，求得位移幅值（质量处最大水平动位移）为

$$(y_1)_{d,\max}=Y_1=-\frac{F_Pl^3}{12EI},\ (y_2)_{d,\max}=Y_2=-\frac{3F_Pl^3}{16EI}$$

其中，位移幅值为负，表示当干扰力向右达到幅值时，则位移向左达到幅值。

（3）绘制最大动力弯矩图

1）方法一：列写幅值方程法。利用式（12-90）计算出惯性力幅值 I_1、I_2，然后将它们与干扰力幅值 F_P 一起，沿 y 坐标方向同时加在结构相应的位置上，按静力计算 $M_{d,\max}$，并绘出 $M_{d,\max}$ 图。

2）方法二：也可利用叠加原理计算，即 $M_{d,\max}=\overline{M}_1Y_1+\overline{M}_2Y_2$。

本题采用方法二绘出最大动力弯矩图，如图 12-79d 所示。

【推广】　下面推广到 n 个自由度体系

对于 n 个自由度体系（图 12-80），按刚度法建立的振动方程为

$$\boxed{\begin{aligned}&m_1\ddot{y}_1+k_{11}y_1+k_{12}y_2+\cdots+k_{1n}y_n=F_{P1}(t)\\&m_2\ddot{y}_2+k_{21}y_1+k_{22}y_2+\cdots+k_{2n}y_n=F_{P2}(t)\\&\qquad\vdots\\&m_n\ddot{y}_n+k_{n1}y_1+k_{n2}y_2+\cdots+k_{nn}y_n=F_{Pn}(t)\end{aligned}} \tag{12-91}$$

写成矩阵形式

$$\boxed{\boldsymbol{M}\ddot{\boldsymbol{y}}+\boldsymbol{K}\boldsymbol{y}=\boldsymbol{F}_P(t)} \tag{12-92a}$$

如果荷载是简谐荷载，即

$$\boldsymbol{F}_P(t)=\begin{bmatrix}F_{P1}\\F_{P2}\\\vdots\\F_{Pn}\end{bmatrix}\sin\theta t=\boldsymbol{F}_P\sin\theta t$$

则在平稳振动阶段，各质点也做简谐振动

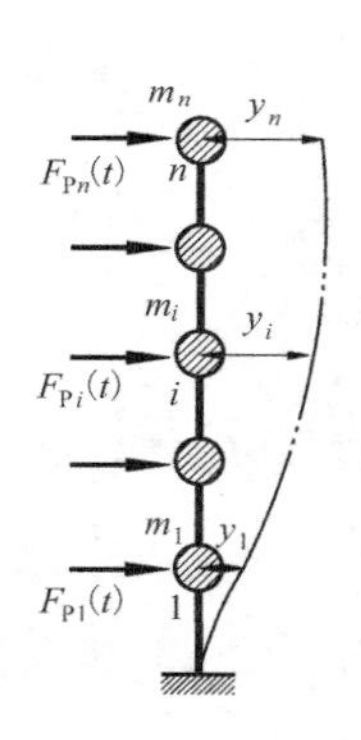

图 12-80　n 个自由度体系受简谐荷载作用（刚度法）

$$\boldsymbol{Y}(t)=\begin{bmatrix}Y_1\\Y_2\\\vdots\\Y_n\end{bmatrix}\sin\theta t=\boldsymbol{Y}\sin\theta t \tag{12-93}$$

代入式（12-92a），消去公因子 $\sin\theta t$ 后，得

$$\boxed{(\boldsymbol{K}-\theta^2\boldsymbol{M})\boldsymbol{Y}=\boldsymbol{F}_{\mathrm{P}}} \tag{12-94}$$

式（12-94）括号中系数矩阵称为动力刚度矩阵，其行列式可用 D_0 表示，即

$$\boxed{D_0=|\boldsymbol{K}-\theta^2\boldsymbol{M}|} \tag{12-95}$$

如果 $D_0\neq 0$，即动力刚度矩阵的逆矩阵存在，可由式（12-94），解出质点位移幅值

$$\boxed{\boldsymbol{Y}=(\boldsymbol{K}-\theta^2\boldsymbol{M})^{-1}\boldsymbol{F}_{\mathrm{P}}} \tag{12-96a}$$

再代入式（12-93），即可求得任意时刻各质点的位移 $\boldsymbol{y}$。相应的惯性力幅值为

$$\boxed{I_i=m_i\theta^2Y_i}\ (i=1,2,\cdots,n) \tag{12-97}$$

【注一】　当动力荷载 $\boldsymbol{F}_{\mathrm{P}}(t)$ 不全作用在质点上时（图 12-81a），则可以将其转化为作用在各质点上的等效结点动力荷载 $\boldsymbol{F}_{\mathrm{E}}(t)$。其具体做法是：在未加荷载前，首先想象地在各质点安置附加支座，使各质点不能移动，然后加上荷载，并求出各附加支座的反力 $\boldsymbol{F}_{\mathrm{R}}(t)$（图 12-81b），最后将它们反向地作用在原体系上，即令 $\boldsymbol{F}_{\mathrm{E}}(t)=-\boldsymbol{F}_{\mathrm{R}}(t)$（图 12-81c）。则图 12-81c 所示外力 $\boldsymbol{F}_{\mathrm{E}}(t)$ 所引起的各质点的位移，显然应与原荷载 $\boldsymbol{F}_{\mathrm{P}}(t)$（图 12-81a）所引起的位移相同。顺便指出，在求图 12-81b 中各附加支座的反力时，因为所有质点都被固定（惯性力均等于零），因此，可以按照静力学的方法（把所有荷载都作为静荷载）进行计算。这时变量 t 被作为一个参数看待，所以求出的各附加支座的支反力是时间 t 的函数。图 12-81d 所示为列写幅值方程法求最大动内力的荷载图。

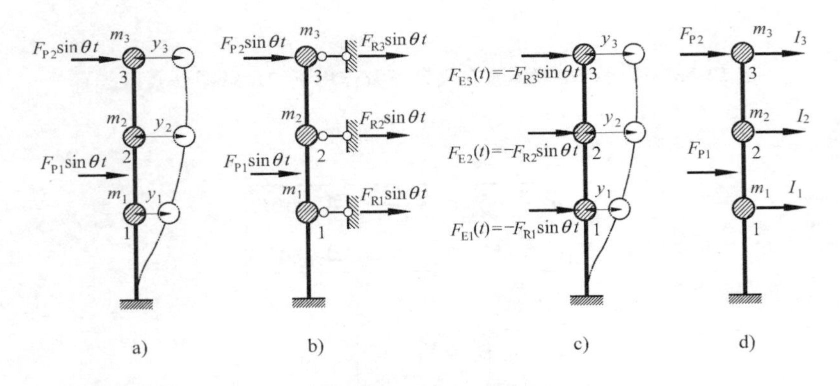

图 12-81　动力荷载 $\boldsymbol{F}_{\mathrm{P}}(t)$ 不全作用于质点（刚度法）

如上所述，对于动力荷载 $\boldsymbol{F}_{\mathrm{P}}(t)$ 不全作用在质点上的情况，只要事先将其转化为等效动力荷载 $\boldsymbol{F}_{\mathrm{E}}(t)$，则可建立形式上与运动方程（12-92a）以及求解位移幅值的式（12-96a）完全一致的方程，即

$$\boxed{M\ddot{y}+Ky=F_E(t)} \tag{12-92b}$$

以及

$$\boxed{Y=(K-\theta^2 M)^{-1}F_E} \tag{12-96b}$$

【注二】 观察式（12-95），并比较自由振动的频率方程（12-77）可知，如果$\theta=\omega$，则$D_0=0$。这时，式（12-94）的解Y趋于无穷大。由此看出，当干扰力频率θ与任一自振频率ω相等时，就可能出现共振现象。对于具有n个自由度的体系来说，在n种情况下（$\theta=\omega_i$，$i=1,2,\cdots,n$）都可能出现共振现象。

12.8.2 柔度法

图12-82a所示的两个自由度体系，受简谐荷载作用。在任一瞬时t，质点1、2的位移y_1、y_2可以看作由于该体系在惯性力$-m_1\ddot{y}_1$、$-m_2\ddot{y}_2$及动力荷载共同作用下产生的位移，通过叠加，可写出运动方程为

$$\left.\begin{aligned}y_1&=(-m_1\ddot{y}_1)\delta_{11}+(-m_2\ddot{y}_2)\delta_{12}+\Delta_{1P}\sin\theta t\\y_2&=(-m_1\ddot{y}_1)\delta_{21}+(-m_2\ddot{y}_2)\delta_{22}+\Delta_{2P}\sin\theta t\end{aligned}\right\}$$

式中，Δ_{1P}、Δ_{2P}表示由荷载幅值F_P作用使质点1、2产生的“静”位移。

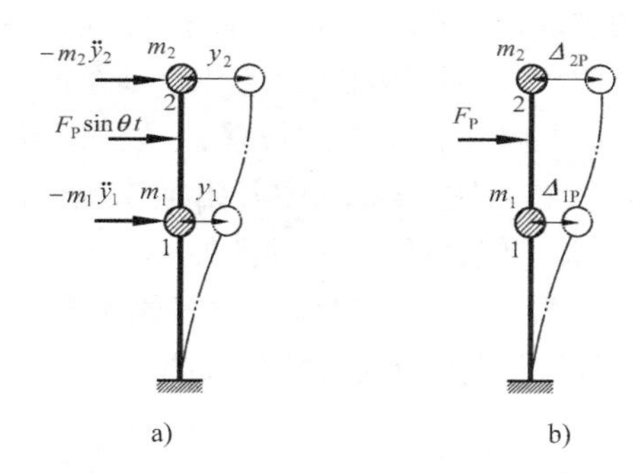

图12-82 两个自由度体系在简谐荷载作用下的示意图（柔度法）

上式也可以写成

$$\boxed{\begin{aligned}\delta_{11}m_1\ddot{y}_1+\delta_{12}m_2\ddot{y}_2+y_1&=\Delta_{1P}\sin\theta t\\\delta_{21}m_1\ddot{y}_1+\delta_{22}m_2\ddot{y}_2+y_2&=\Delta_{2P}\sin\theta t\end{aligned}} \tag{12-98}$$

设平稳阶段的解为

$$\boxed{\begin{aligned}y_1&=Y_1\sin\theta t\\y_2&=Y_2\sin\theta t\end{aligned}} \tag{12-99}$$

将式（12-99）代入式（12-98），消去公因子$\sin\theta t$后，得

$$\boxed{\begin{aligned}(\delta_{11}m_1\theta^2-1)Y_1+\delta_{12}m_2\theta^2Y_2+\Delta_{1P}&=0\\\delta_{21}m_1\theta^2Y_1+(\delta_{22}m_2\theta^2-1)Y_2+\Delta_{2P}&=0\end{aligned}} \tag{12-100}$$

这是以质点幅值 Y_1、Y_2 为未知量的代数方程组。由此，可解得位移幅值。

由式（12-100）求得位移幅值 Y_1、Y_2 后，进而可得到各质点的位移、惯性力、惯性力幅值和位移幅值如下：

位移
$$\boxed{\begin{aligned}y_1&=Y_1\sin\theta t\\ y_2&=Y_2\sin\theta t\end{aligned}}$$

惯性力
$$\boxed{\begin{aligned}-m_1\ddot{y}_1&=m_1\theta^2Y_1\sin\theta t\\ -m_2\ddot{y}_2&=m_2\theta^2Y_2\sin\theta t\end{aligned}}\tag{12-101a}$$

惯性力幅值
$$\boxed{\begin{aligned}I_1&=m_1\theta^2Y_1\\ I_2&=m_2\theta^2Y_2\end{aligned}}\tag{12-101b}$$

位移幅值
$$\boxed{\begin{aligned}Y_1&=\frac{I_1}{m_1\theta^2}\\ Y_2&=\frac{I_2}{m_2\theta^2}\end{aligned}}\tag{12-101c}$$

为了更方便地求出惯性力幅值，可将式（12-101c）代入式（12-100），得惯性力幅值方程为

$$\boxed{\begin{aligned}&\left(\delta_{11}-\frac{1}{m_1\theta^2}\right)I_1+\delta_{12}I_2+\Delta_{1P}=0\\ &\delta_{21}I_1+\left(\delta_{22}-\frac{1}{m_2\theta^2}\right)I_2+\Delta_{2P}=0\end{aligned}}\tag{12-102}$$

解此方程，即可直接求得各惯性力幅值。

按柔度法计算最大动内力的方法可采用：

方法一：列写幅值方程法。如同刚度法一样，将位移达到幅值 Y_1、Y_2 时的干扰力幅值 F_{P1}、F_{P2} 以及各质点的惯性力幅值 $I_1(=m_1\theta^2Y_1)$、$I_2(=m_2\theta^2Y_2)$ 一起，沿 y 坐标方向施加于结构相应的位置上（注意：所含 Y_i 项带本身正负号），然后按静力计算，即可求得动内力（内力幅值）。

方法二：也可利用叠加原理计算，即

$$\boxed{M_{d,\max}=\overline{M}_1I_1+\overline{M}_2I_2+M_P}\tag{12-103}$$

式中，M_P 为动力荷载幅值单独作用下的“静”弯矩。

【例 12-30】 图 12-83a 所示梁的 $E=210\text{GPa}$，$I=1.6\times10^{-4}\text{m}^4$，重量 $mg=20\text{kN}$，设动力荷载的幅值 $F_P=4.8\text{kN}$，$\theta=30\text{s}^{-1}$。试求两质量处的最大竖向位移，并绘动力弯矩幅值图。

解：（1）计算柔度系数 δ_{ij}　分别绘出单位力作用在质量的振动方向及荷载幅值作用下的 $\overline{M}_1$、$\overline{M}_2$、M_P 图，如图 12-83b、c、d 所示。用图乘法计算，得

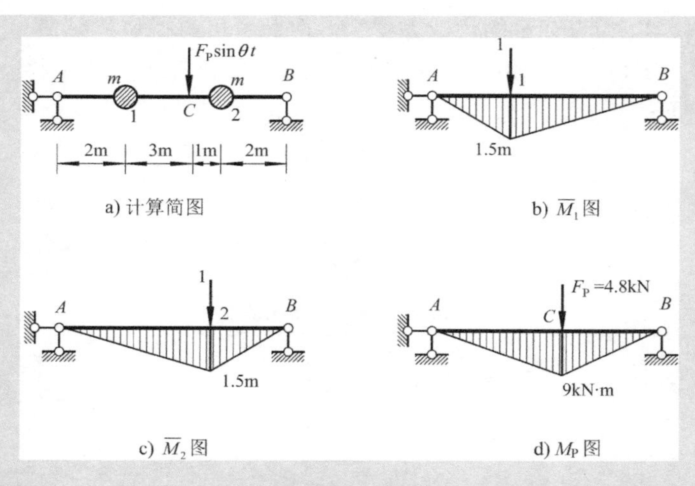

图 12-83 例 12-30 图

$$\delta_{11}=\delta_{22}=\frac{6}{EI},\ \delta_{12}=\delta_{21}=\frac{14}{3EI}$$

$$\Delta_{1P}=\frac{153}{5EI},\ \Delta_{2P}=\frac{35}{EI}$$

（2）计算位移幅值 Y_1 和 Y_2　将 $m_1=m_2=m$、$\theta=30s^{-1}$ 及各柔度系数数值代入式（12-100），得

$$\left.\begin{aligned}\left(\frac{6}{EI}m\times30^2-1\right)Y_1+\left(\frac{14}{3EI}m\times30^2\right)Y_2+\frac{153}{5EI}=0\\\left(\frac{14}{3EI}m\times30^2\right)Y_1+\left(\frac{6}{EI}m\times30^2-1\right)Y_2+\frac{35}{EI}=0\end{aligned}\right\}$$

将 $m=(20/9.8)\text{t}=2.04\text{t}$ 及 EI 的值代入方程组，解出位移幅值为

$$Y_1=0.00227\text{m}=2.27\text{mm}$$

$$Y_2=0.00241\text{m}=2.41\text{mm}$$

（3）计算惯性力幅值 I_1 和 I_2

$$I_1=m_1\theta^2Y_1=(2.04\times30^2\times0.00227)\text{kN}=4.17\text{kN}$$

$$I_2=m_2\theta^2Y_2=(2.04\times30^2\times0.00241)\text{kN}=4.42\text{kN}$$

（4）绘最大动力弯矩图　将 I_1 和 I_2 及荷载幅值 $F_P=4.8\text{kN}$ 加在梁上相应位置（图 12-84a），绘出最大动力弯矩 $M_{d,\max}$图，如图 12-84b 所示。

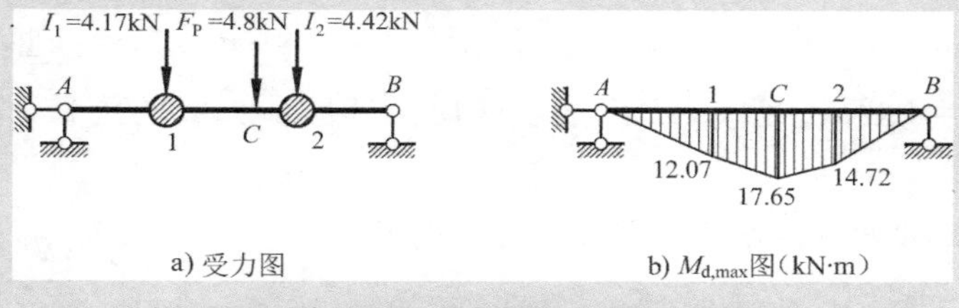

图 12-84 例 12-30 结构受力图及动力弯矩图

（5）讨论　计算质量 m_1、m_2 位移的动力系数及 m_1 处截面弯矩的动力系数，以兹比较。

m_1 处位移动力系数为

$$\beta_{Y1}=\frac{Y_1}{y_{1st}}=\frac{Y_1}{\Delta_{1P}}=\frac{0.00227}{153/5EI}=\frac{0.00227\times5\times1.6\times10^{-4}\times210\times10^6}{153}=2.49$$

m_2 处位移动力系数为

$$\beta_{Y2}=\frac{Y_2}{y_{2st}}=\frac{Y_2}{\Delta_{2P}}=\frac{0.00241}{35/EI}=\frac{0.00241\times1.6\times10^{-4}\times210\times10^6}{35}=2.31$$

质量 m_1 处截面由动力荷载幅值产生的“静”弯矩（图 12-83d）

$$M_{1st}=\left(9\times\frac{2}{5}\right)\text{kN}\cdot\text{m}=3.6\text{kN}\cdot\text{m}$$

质量 m_1 处截面弯矩的动力系数为

$$\beta_{M1}=\frac{(M_1)_{d,max}}{M_{1st}}=\frac{12.07}{3.6}=3.353$$

从上面计算结果可知，$\beta_{Y1}\neq\beta_{Y2}\neq\beta_{M1}$。对于多自由度体系，无论简谐荷载是否作用在质点上，各质点的位移动力系数是不相同的，而且同一截面的位移动力系数与弯矩动力系数也不相同，即整个体系没有一个统一的动力系数，这是与单自由度体系不相同的。

【推广】　推广到 n 个自由度体系

对于 n 个自由度体系（图 12-85a），在简谐荷载作用下（不考虑阻尼影响），按柔度法建立的振动方程为

$$\begin{cases}\delta_{11}m_1\ddot{y}_1+\delta_{12}m_2\ddot{y}_2+\cdots+\delta_{1n}m_n\ddot{y}_n+y_1=\Delta_{1P}\sin\theta t\\ \delta_{21}m_1\ddot{y}_1+\delta_{22}m_2\ddot{y}_2+\cdots+\delta_{2n}m_n\ddot{y}_n+y_2=\Delta_{2P}\sin\theta t\\ \vdots\\ \delta_{n1}m_1\ddot{y}_1+\delta_{n2}m_2\ddot{y}_2+\cdots+\delta_{nn}m_n\ddot{y}_n+y_n=\Delta_{nP}\sin\theta t\end{cases}\qquad(12\text{-}104\text{a})$$

写成矩阵形式

$$\boldsymbol{\delta M\ddot{y}}+\boldsymbol{y}=\boldsymbol{\Delta}_\text{P}\sin\theta t\qquad(12\text{-}104\text{b})$$

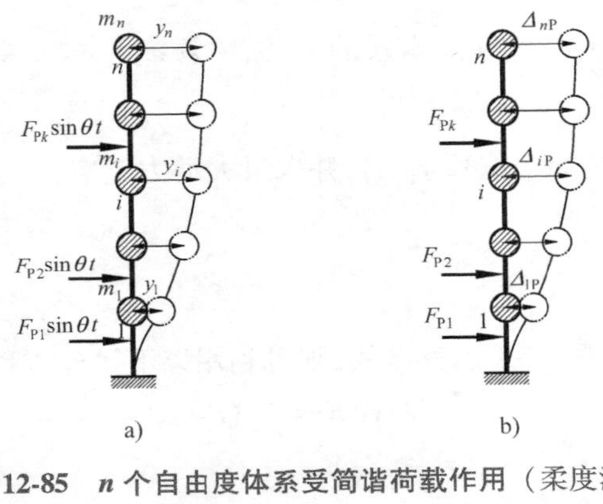

图 12-85　n 个自由度体系受简谐荷载作用（柔度法）

式中，$\boldsymbol{\Delta}_{\mathrm{P}}=[\Delta_{1\mathrm{P}} \quad \Delta_{2\mathrm{P}} \quad \cdots \quad \Delta_{n\mathrm{P}}]^{\mathrm{T}}$为简谐荷载幅值使各质点产生的“静”位移列阵（图12-85b）。

设平稳阶段的解为

$$\boxed{\boldsymbol{y}=\boldsymbol{Y}\sin\theta t} \tag{12-105}$$

式中，$\boldsymbol{Y}=[Y_1 \quad Y_2 \quad \cdots \quad Y_n]^{\mathrm{T}}$为体系中各质点位移幅值列阵。

将式（12-105）代入式（12-104），消去公因子$\sin\theta t$后，得

$$\boxed{(\theta^2\boldsymbol{\delta M}-\boldsymbol{I})\boldsymbol{Y}+\Delta_{\mathrm{P}}=\boldsymbol{0}} \tag{12-106}$$

解此方程组，即可求得各质点在纯强迫振动中的位移幅值$\boldsymbol{Y}$。

因为任一质点m_i的惯性力幅值为

$$\boxed{I_i=m_i\theta^2Y_i} \quad (i=1,2,\cdots,n)[即式(12-97)]$$

故

$$\boxed{Y_i=\frac{I_i}{m_i\theta^2}} \quad (i=1,2,\cdots,n) \tag{12-107}$$

将式（12-107）代入式（12-106），得惯性力幅值方程为

$$\boxed{\left(\boldsymbol{\delta}-\frac{1}{\theta^2}\boldsymbol{M}\right)\boldsymbol{I}+\boldsymbol{\Delta}_{\mathrm{P}}=\boldsymbol{0}} \tag{12-108}$$

解此方程组，即可直接求出各惯性力幅值$\boldsymbol{I}$。

为计算多自由度体系在简谐荷载作用下的最大动内力，可采用列写幅值方程法，也可利用内力叠加公式

$$\boxed{M_{\mathrm{d,max}}=\overline{M}_1I_1+\overline{M}_2I_2+\cdots+M_{\mathrm{P}}} \tag{12-109}$$

12.9 多自由度体系在任意动力荷载作用下的强迫振动

本节采用振型叠加法分析。振型叠加法又称为正则坐标法、主振型分解法。

已知干扰力$F_{\mathrm{P1}}(t)$与$F_{\mathrm{P2}}(t)$，体系的自振频率ω_1、ω_2，主振型$\boldsymbol{Y}^{(1)}=\begin{bmatrix}Y_{11}\\Y_{21}\end{bmatrix}$、$\boldsymbol{Y}^{(2)}=\begin{bmatrix}Y_{12}\\Y_{22}\end{bmatrix}$，无阻尼。求任一时刻的动位移$y_1$、$y_2$，并求最大动力反应。

12.9.1 运动方程

对于图12-86a所示体系，若采用直接法，则可利用以下微分方程：

$$\boldsymbol{M}\ddot{\boldsymbol{y}}+\boldsymbol{K}\boldsymbol{y}=\boldsymbol{F}_{\mathrm{P}}(t) \tag{a}$$

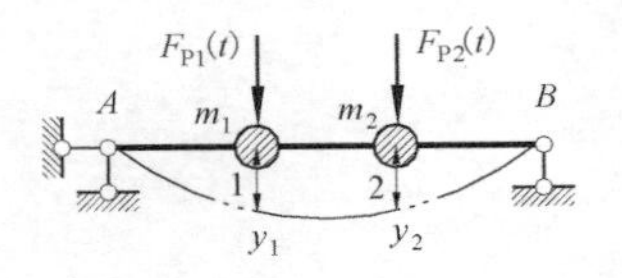

a) 两个自由度的体系

$y=Y\eta$ 几何意义

体系的实际位移 $\boldsymbol{y}$ 可以看作由固有振型 $\boldsymbol{Y}^{(1)}$、$\boldsymbol{Y}^{(2)}$ 各乘以对应的正则坐标(组合系数) η_1、η_2 后叠加而成。

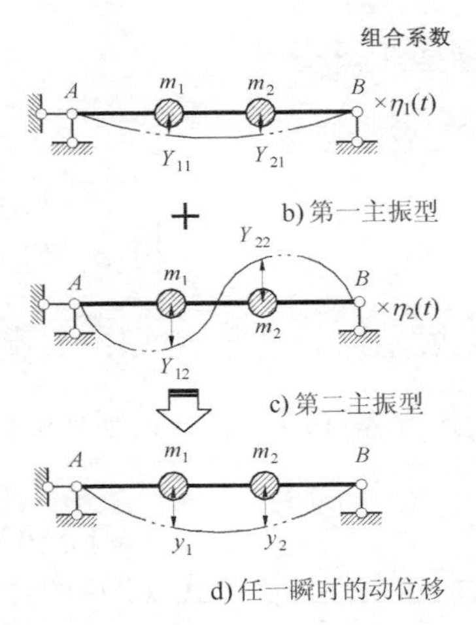

b) 第一主振型

c) 第二主振型

d) 任一瞬时的动位移

图 12-86　几何坐标 y 与正则坐标 η 的关系

即

$$\begin{bmatrix} m_1 & 0 \\ 0 & m_2 \end{bmatrix}\begin{bmatrix} \ddot{y}_1 \\ \ddot{y}_2 \end{bmatrix}+\begin{bmatrix} k_{11} & k_{12} \\ k_{21} & k_{22} \end{bmatrix}\begin{bmatrix} y_1 \\ y_2 \end{bmatrix}=\begin{bmatrix} F_{P1}(t) \\ F_{P2}(t) \end{bmatrix}$$

求解。这里采用的是**几何坐标**，以质点的位移作为计算对象，未知量为 $y_1(t)$、$y_2(t)$。其缺点是这两个方程**耦联**（在通常情况下，$\boldsymbol{M}$ 和 $\boldsymbol{K}$ 并不都是对角矩阵），必须联立求解。为简化计算，应设法使耦合联立方程变为独立无关的非耦合方程，称为**解耦**。

12.9.2　解耦

不直接求解 $y_1(t)$、$y_2(t)$，而引入两个新变量**正则坐标** $\boldsymbol{\eta}_1(t)$、$\boldsymbol{\eta}_2(t)$，将 $y_1(t)$、$y_2(t)$ 按主振型进行分解（亦即进行正则坐标变换），这是振型叠加法的核心步骤。

设 $\boldsymbol{\eta}_1$、$\boldsymbol{\eta}_2$ 为两个新的坐标，并使新旧坐标之间有如下关系：

$$\boxed{\begin{bmatrix} y_1 \\ y_2 \end{bmatrix}=\begin{bmatrix} Y_{11} & Y_{12} \\ Y_{21} & Y_{22} \end{bmatrix}\begin{bmatrix} \eta_1 \\ \eta_2 \end{bmatrix}} \tag{12-110}$$

其几何意义如图 12-86b、c、d 所示。将变换形式写成矩阵形式为

$$\boxed{\boldsymbol{y}=\boldsymbol{Y}\boldsymbol{\eta}} \tag{12-111}$$

式中，$\boldsymbol{y}$ 是**几何坐标**，是实际位移；$\boldsymbol{\eta}$ 是**正则坐标**，是把 $\boldsymbol{y}$ 按 $\boldsymbol{Y}$ 分解时的组合系数；$\boldsymbol{Y}$ 是**主振型矩阵**，新旧坐标之间的转换矩阵。$\boldsymbol{Y}$ 是非奇异矩阵，因而能保证新旧坐标间存在一一对应的单值关系。

式（12-111）也可以写成展开式

$$\boxed{\boldsymbol{y}=\boldsymbol{Y}^{(1)}\eta_1+\boldsymbol{Y}^{(2)}\eta_2} \tag{12-112}$$

这是将各振型分量沿动位移 1、2 方向加以叠加，从而得出质点的总位移。因此，$\boldsymbol{\eta}_i$ 就是把实际位移［$\boldsymbol{y}$］按主振型分解时的组合系数。

12.9.3 主振型矩阵分块

主振型矩阵可表达为

$$\boldsymbol{Y}=\begin{bmatrix} Y_{11} & \vdots & Y_{12} \\ Y_{21} & \vdots & Y_{22} \end{bmatrix}=[\boldsymbol{Y}^{(1)} \quad \boldsymbol{Y}^{(2)}]$$

12.9.4 广义质量、广义刚度和广义荷载

将 $\boldsymbol{y}$ 及 $\ddot{\boldsymbol{y}}$ 代入方程（a），进行正则坐标变换：

$$\boldsymbol{y}=\boldsymbol{Y\eta},\ddot{\boldsymbol{y}}=\boldsymbol{Y}\ddot{\boldsymbol{\eta}}$$

$$\boldsymbol{MY}\ddot{\boldsymbol{\eta}}+\boldsymbol{KY\eta}=\boldsymbol{F}_{\mathrm{P}}(t) \tag{b}$$

下面利用主振型的正交性，简化式（b）的计算。

首先，将式（b）前乘以 $\boldsymbol{Y}^{(1)\mathrm{T}}=[Y_{11} \quad Y_{21}]$，则

$$\boldsymbol{Y}^{(1)\mathrm{T}}\boldsymbol{MY}\ddot{\boldsymbol{\eta}}+\boldsymbol{Y}^{(1)\mathrm{T}}\boldsymbol{KY\eta}=\boldsymbol{Y}^{(1)\mathrm{T}}\boldsymbol{F}_{\mathrm{P}}(t)$$

其中，第一项

$$\boldsymbol{Y}^{(1)\mathrm{T}}\boldsymbol{M}[\boldsymbol{Y}^{(1)} \quad \boldsymbol{Y}^{(2)}]\begin{bmatrix}\ddot{\eta}_1\\ \ddot{\eta}_2\end{bmatrix}=\boldsymbol{Y}^{(1)\mathrm{T}}\boldsymbol{M}(\boldsymbol{Y}^{(1)}\ddot{\eta}_1+\boldsymbol{Y}^{(2)}\ddot{\eta}_2)=\boldsymbol{Y}^{(1)\mathrm{T}}\boldsymbol{MY}^{(1)}\ddot{\eta}_1\ \underbrace{\boldsymbol{Y}^{(1)\mathrm{T}}+\boldsymbol{MY}^{(2)}}_{\text{第一正交条件为0}}\ddot{\eta}_2$$

同理，第二项

$$\boldsymbol{Y}^{(1)\mathrm{T}}\boldsymbol{K}[\boldsymbol{Y}^{(1)} \quad \boldsymbol{Y}^{(2)}]\begin{bmatrix}\eta_1\\ \eta_2\end{bmatrix}=\boldsymbol{Y}^{(1)\mathrm{T}}\boldsymbol{KY}^{(1)}\eta_1+\underbrace{\boldsymbol{Y}^{(1)\mathrm{T}}\boldsymbol{KY}^{(2)}}_{\text{第二正交条件为0}}\eta_2$$

于是有

$$\boldsymbol{Y}^{(1)\mathrm{T}}\boldsymbol{MY}^{(1)}\ddot{\eta}_1+\boldsymbol{Y}^{(1)\mathrm{T}}\boldsymbol{KY}^{(1)}\eta_1=\boldsymbol{Y}^{(1)\mathrm{T}}\boldsymbol{F}_{\mathrm{P}}(t) \tag{c}$$

此方程只含一个变量 η_1 及其对时间的二阶导数 $\ddot{\eta}_1$。引入符号

$$M_1=\boldsymbol{Y}^{(1)\mathrm{T}}\boldsymbol{MY}^{(1)}$$

$$K_1=\boldsymbol{Y}^{(1)\mathrm{T}}\boldsymbol{KY}^{(1)}$$

$$F_1(t)=\boldsymbol{Y}^{(1)\mathrm{T}}\boldsymbol{F}_{\mathrm{P}}(t)$$

则方程（c）变为

$$M_1\ddot{\eta}_1+K_1\eta_1=F_1(t) \tag{d}$$

这里，把原来的联立方程组变成了对应于第一主振型独立方程（d）。

同样，将式（b）前乘以 $\boldsymbol{Y}^{(2)\mathrm{T}}=[Y_{12} \quad Y_{22}]$，则

$$M_2\ddot{\eta}_2+K_2\eta_2=F_2(t) \tag{e}$$

得到对应于第二主振型的独立方程（e）。

12.9.5 解耦后运动方程的一般形式

$$\boxed{M_i\ddot{\eta}_i(t)+K_i\eta_i(t)=F_i(t)} \quad (i=1,2,\cdots,n) \tag{12-113}$$

式（12-113）两边同时除以 M_i，再考虑自振频率的平方 $\omega_i^2=\dfrac{K_i}{M_i}$，则得

$$\boxed{\ddot{\eta}_i(t)+\omega_i^2\eta_i(t)=\frac{F_i(t)}{M_i}}\quad (i=1,2,\cdots,n) \tag{12-114}$$

此即关于正则坐标 $\boldsymbol{\eta}_i(t)$ 的运动方程，对于 n 个自由度体系，这是彼此独立的 n 个一元方程。由此式求得正则坐标 η_i后，即可代入式（12-111）求出位移 $\boldsymbol{y}$，将解法由解耦合方程变成解非耦合方程，就是振型叠加法的优点。

【注意】 由 M_i组成的广义质量矩阵 $\boldsymbol{M}^*$ 以及由 K_i组成的广义刚度矩阵 $\boldsymbol{K}^*$ 都是对角矩阵，即

$$\boldsymbol{M}^*=\begin{bmatrix} M_1 & & & \\ & M_2 & & \\ & & \ddots & \\ & & & M_n \end{bmatrix},\quad \boldsymbol{K}^*=\begin{bmatrix} K_1 & & & \\ & K_2 & & \\ & & \ddots & \\ & & & K_n \end{bmatrix}$$

12.9.6 运动方程（12-114）的解

对于解耦的运动方程（12-114），可参照杜哈梅积分

$$y(t)=\frac{1}{m\omega}\int_0^t F_{\mathrm{P}}(\tau)\sin\omega(t-\tau)\mathrm{d}\tau$$

写为

$$\boxed{\eta_i(t)=\frac{1}{M_i\omega_i}\int_0^t F_i(\tau)\sin\omega_i(t-\tau)\mathrm{d}\tau} \tag{12-115a}$$

12.9.7 特例：对于简谐干扰力

$$\eta_i(t)=\frac{1}{1-\theta^2/\omega_i^2}\frac{F_i(t)}{M_i\omega_i^2}\left(=\beta_i\frac{F_i\sin\theta t}{M_i\omega_i^2}=\beta_i y_{\mathrm{st}}\sin\theta t\right)$$

即

$$\eta_i(t)=\frac{F_i(t)}{M_i(\omega_i^2-\theta^2)} \tag{12-115b}$$

若考虑初始位移不为零的情况（例如 $y(0)=0.1\mathrm{cm}$ 等），则

$$\boxed{\eta_i(t)=\eta_i(0)\cos\omega_i t+\frac{\dot{\eta}_i(0)}{\omega_i}\sin\omega_i t+\text{杜哈梅积分}} \tag{12-116}$$

式中，

$$\boxed{\begin{aligned}\eta_i(0)&=\frac{\boldsymbol{Y}^{(i)\mathrm{T}}\boldsymbol{M}\boldsymbol{y}(0)}{M_i}\\ \dot{\eta}_i(0)&=\frac{\boldsymbol{Y}^{(i)\mathrm{T}}\boldsymbol{M}\dot{\boldsymbol{y}}(0)}{M_i}\end{aligned}} \tag{12-117}$$

【补证计算公式（12-117）】

对式（12-111）$\boldsymbol{y}=\boldsymbol{Y}\boldsymbol{\eta}$ 两边前乘以 $\boldsymbol{Y}^{(1)\mathrm{T}}\boldsymbol{M}$，并利用第一正交条件则可得

$$\begin{aligned} \boldsymbol{Y}^{(1)\mathrm{T}}\boldsymbol{M}\boldsymbol{y} &= \boldsymbol{Y}^{(1)\mathrm{T}}\boldsymbol{M}\boldsymbol{Y}\boldsymbol{\eta} = \boldsymbol{Y}^{(1)\mathrm{T}}\boldsymbol{M}[\boldsymbol{Y}^{(1)} \quad \boldsymbol{Y}^{(2)}]\begin{bmatrix}\eta_1\\ \eta_2\end{bmatrix} \\ &= \boldsymbol{Y}^{(1)\mathrm{T}}\boldsymbol{M}(\boldsymbol{Y}^{(1)}\eta_1+\boldsymbol{Y}^{(2)}\eta_2) \\ &= \boldsymbol{Y}^{(1)\mathrm{T}}\boldsymbol{M}\boldsymbol{Y}^{(1)}\eta_1+\boldsymbol{Y}^{(1)\mathrm{T}}\boldsymbol{M}\boldsymbol{Y}^{(2)}\eta_2 \\ &= M_1\eta_1 \end{aligned}$$

故

$$\eta_1(0)=\frac{\boldsymbol{Y}^{(1)\mathrm{T}}\boldsymbol{M}\boldsymbol{y}(0)}{\boldsymbol{M}_1}$$

$$\dot{\eta}_1(0)=\frac{\boldsymbol{Y}^{(1)\mathrm{T}}\boldsymbol{M}\dot{\boldsymbol{y}}(0)}{\boldsymbol{M}_1}$$

故对于第 i 个振型，若 $t=0$ 时有初位移 $y(0)$ 和初速度 $\dot{y}(0)$，则有

$$\eta_i(0)=\frac{\boldsymbol{Y}^{(i)\mathrm{T}}\boldsymbol{M}\boldsymbol{y}(0)}{M_i}$$

$$\dot{\eta}_i(0)=\frac{\boldsymbol{Y}^{(i)\mathrm{T}}\boldsymbol{M}\dot{\boldsymbol{y}}(0)}{\boldsymbol{M}_i}$$

证毕。

12.9.8 原运动方程的解

求得 $\eta_i(t)$ 后，代入式（12-111），即可得 $\boldsymbol{y}$。必须指出：此法基于叠加原理，不能用于分析非线性振动体系。

12.9.9 计算步骤

1）求自振频率和主振型；

2）计算广义质量： $M_i=\boldsymbol{Y}^{(i)\mathrm{T}}\boldsymbol{M}\boldsymbol{Y}^{(i)}$

3）计算广义荷载： $F_i(t)=\boldsymbol{Y}^{(i)\mathrm{T}}\boldsymbol{F}_{\mathrm{p}}(t)$

4）求正则坐标：

① 对于一般动力荷载，用杜哈梅积分

$$\eta_i(t)=\frac{1}{M_i\omega_i}\int_0^t F_i(\tau)\sin\omega_i(t-\tau)\,\mathrm{d}\tau \qquad [\text{即（12-115a）}]$$

若初始条件不为零，则用式（12-116）。

② 对于简谐荷载：用以下正则坐标式

$$\eta_i(t)=\frac{F_i(t)}{M_i(\omega_i^2-\theta^2)} \qquad [\text{即（12-115b）}]$$

5）求质点位移： $\boldsymbol{y}=\boldsymbol{Y}\boldsymbol{\eta}$

6）求动力弯矩（参见图 12-87）：

用 $Q_i(t)$ 表示质点 i 在任意瞬时 t 所受到的荷载和惯性力之和。惯性力 $m_i\theta^2y_i$ 中的 y_i 系由前述第 5）步 $\boldsymbol{y}=\boldsymbol{Y}\boldsymbol{\eta}$ 求出，要带自身的正负号，即

$$Q_i(t)=F_{\mathrm{P}i}(t)+m_i\theta^2y_i$$

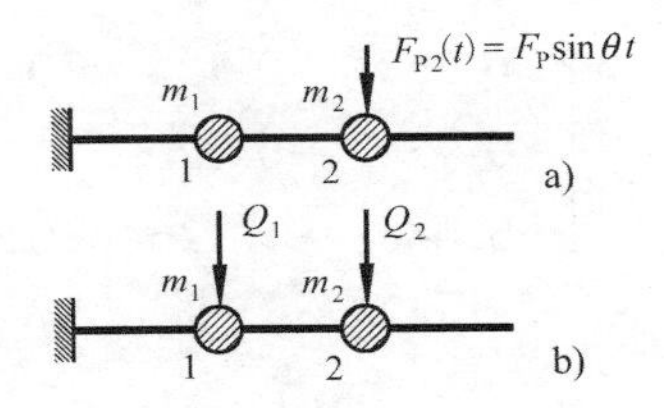

图 12-87　求动力弯矩的荷载图

【例 12-31】　分别用直接法、振型叠加法计算图 12-88a 所示刚架各楼层的振幅值。已知：第二层上作用有水平简谐荷载 $F_P(t)=20\sin\theta t$kN，每分钟振动 200 次。

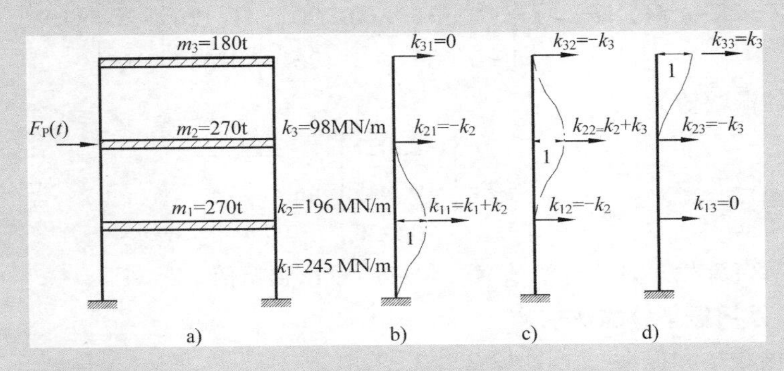

图 12-88　例 12-31 图

解:【解法一】　采用直接法求解

(1) 形成刚度矩阵（图 12-88b、c、d）和质量矩阵

$$\boldsymbol{K}=\begin{bmatrix}4.5 & -2 & 0\\ -2 & 3 & -1\\ 0 & -1 & 1\end{bmatrix}\times 98\text{MN/m},\ \boldsymbol{M}=\begin{bmatrix}1.5 & 0 & 0\\ 0 & 1.5 & 0\\ 0 & 0 & 1\end{bmatrix}\times 180\text{t}$$

(2) 计算各楼层的幅值

1) 荷载的频率为　　$\theta=\dfrac{2\pi}{60}\times 200\text{s}^{-1}$，故 $\theta^2=438.4\text{s}^{-2}$

2) 求动力刚度矩阵的逆矩阵：

$$\boldsymbol{K}-\theta^2\boldsymbol{M}=\left(98\times\begin{bmatrix}4.5 & -2 & 0\\ -2 & 3 & -1\\ 0 & -1 & 1\end{bmatrix}-438.4\times\begin{bmatrix}1.5 & 0 & 0\\ 0 & 1.5 & 0\\ 0 & 0 & 1\end{bmatrix}\times 180\times 10^{-3}\right)\text{MN/m}$$

$$=98\times\begin{bmatrix}3.292 & -2 & 0\\ -2 & 1.792 & -1\\ 0 & -1 & 0.195\end{bmatrix}\text{MN/m}$$

因为 $D_0=|\boldsymbol{K}-\theta^2\boldsymbol{M}|=98\times(-2.14-0.78)\neq 0$，故动力刚度矩阵的逆矩阵存在。于是可求出逆矩阵

$$(\boldsymbol{K}-\theta^2\boldsymbol{M})^{-1}=\frac{1}{98}\begin{bmatrix}0.233 & -0.134 & -0.686\\ -0.134 & -0.220 & -1.126\\ -0.686 & -1.126 & -0.649\end{bmatrix}\text{m/MN}$$

3）荷载幅值向量为

$$\boldsymbol{F}_{\text{P}}=\begin{bmatrix}0\\20\\0\end{bmatrix}\text{kN}$$

4）求各楼层的振幅值：由式（12-96a），有

$$\boldsymbol{Y}=(\boldsymbol{K}-\theta^2\boldsymbol{M})^{-1}\boldsymbol{F}_{\text{P}}=\frac{1}{98}\begin{bmatrix}0.233 & -0.134 & -0.686\\ -0.134 & -0.220 & -1.126\\ -0.686 & -1.126 & -0.649\end{bmatrix}\begin{bmatrix}0\\20\\0\end{bmatrix}\times10^{-3}\text{m}$$

于是，各楼层的振幅值为

$$\boldsymbol{Y}=\begin{bmatrix}-0.027\\-0.045\\-0.230\end{bmatrix}\text{mm}$$

式中，负号表示当荷载向右达到幅值时，位移向左达到幅值。

【解法二】采用振型叠加法求解

（1）求自振频率和振型　由例12-25，已求出

$$\omega_1=13.47\text{s}^{-1},\ \omega_2=30.12\text{s}^{-1},\ \omega_3=46.67\text{s}^{-1}$$

$$\boldsymbol{Y}=\left[\begin{array}{c:c:c}0.333 & -0.664 & 4.032\\ 0.667 & -0.663 & -3.022\\ 1 & 1 & 1\end{array}\right]$$

（2）计算广义质量　由 $M_i=\boldsymbol{Y}^{(i)\text{T}}\boldsymbol{M}\boldsymbol{Y}^{(i)}$，可得

$$M_1=\begin{bmatrix}0.333\\0.667\\1\end{bmatrix}^{\text{T}}\begin{bmatrix}270 & 0 & 0\\0 & 270 & 0\\0 & 0 & 180\end{bmatrix}\begin{bmatrix}0.333\\0.667\\1\end{bmatrix}\text{t}=330.06\text{t}$$

$$M_2=\begin{bmatrix}-0.664\\-0.663\\1\end{bmatrix}^{\text{T}}\begin{bmatrix}270 & 0 & 0\\0 & 270 & 0\\0 & 0 & 180\end{bmatrix}\begin{bmatrix}-0.664\\-0.663\\1\end{bmatrix}\text{t}=417.72\text{t}$$

$$M_3=\begin{bmatrix}4.032\\-3.022\\1\end{bmatrix}^{\text{T}}\begin{bmatrix}270 & 0 & 0\\0 & 270 & 0\\0 & 0 & 180\end{bmatrix}\begin{bmatrix}4.032\\-3.022\\1\end{bmatrix}\text{t}=7035.17\text{t}$$

（3）计算广义荷载　由 $F_i(t)=\boldsymbol{Y}^{(i)\text{T}}\boldsymbol{F}_{\text{P}}(t)$，可得

$$F_1(t)=\begin{bmatrix}0.333\\0.667\\1\end{bmatrix}^{\text{T}}\begin{bmatrix}0\\20\sin\theta t\\0\end{bmatrix}=13.34\sin\theta t\ \text{kN}$$

$$F_2(t)=\begin{bmatrix}-0.664\\-0.663\\1\end{bmatrix}^{\mathrm{T}}\begin{bmatrix}0\\20\sin\theta t\\0\end{bmatrix}=-13.26\sin\theta t\ \mathrm{kN}$$

$$F_3(t)=\begin{bmatrix}4.032\\-3.022\\1\end{bmatrix}^{\mathrm{T}}\begin{bmatrix}0\\20\sin\theta t\\0\end{bmatrix}=-60.44\sin\theta t\ \mathrm{kN}$$

（4）求正则坐标　对于简谐荷载作用，由式（12-115b）

$$\eta_i=\frac{F_i(t)}{M_i(\omega_i^2-\theta^2)}$$

可求得

$$\eta_1=-0.000157\sin\theta t\ \mathrm{m}=-0.157\sin\ \theta t\ \mathrm{mm}$$

$$\eta_2=-0.0000675\sin\theta t\ \mathrm{m}=-0.0675\sin\theta t\ \mathrm{mm}$$

$$\eta_3=-0.00000495\sin\theta t\ \mathrm{m}=-0.00495\sin\theta t\ \mathrm{mm}$$

（5）计算各楼层的位移

$$y_1=0.333\times\eta_1-0.664\times\eta_2+4.032\times\eta_3=-0.0275\sin\theta t\ \mathrm{mm}$$

$$y_2=0.667\times\eta_1-0.663\times\eta_2-3.022\times\eta_3=-0.0452\sin\theta t\ \mathrm{mm}$$

$$y_3=1\times\eta_1+1\times\eta_2+1\times\eta_3=-0.229\sin\theta t\ \mathrm{mm}$$

各层振幅值为

$$\boldsymbol{Y}=\begin{bmatrix}-0.028\\-0.045\\-0.230\end{bmatrix}\mathrm{mm}$$

*12.9.10　多自由度体系在风荷载作用下的随机振动概述

【专家论坛】结构和桥梁抗风设计中的结构动力学

当气流绕过建（构）筑物时，会对其施加空气动力，通常称为风荷载。由于气流在不同时刻的大小、方向随机变化，而且因大多数建（构）筑物为不规则的钝物体，其流动分离、旋涡形成以及尾迹等的存在，使得作用在这些建（构）筑物上的风荷载变得非常复杂。建（构）筑物在风荷载作用下会产生**随机振动**，而建（构）筑物的振动会引起周围流场的变化，这一变化又会反过来影响建（构）筑物的振动，这一现象称为**气动力反馈**。气动力反馈作用使建（构）筑物的**风致振动**变得更加复杂。目前，还无法得到一个可用于工程实际的理论表达式，一般需要采用风洞试验或现场实测的方法来获取有关数据和资料。

1. 高层建筑与高耸结构的风致振动

高层建筑与高耸结构的风致振动可以分为**顺风向**（与来流方向平行）、**横风向**（与来流方向垂直）和扭转振动。

（1）顺风向振动 高层建筑与高耸结构的顺风向振动主要由气流脉动引起。气流脉动力的大小为

$$F_{\mathrm{P}}(t)=\rho C_{\mathrm{D}}\iint_{A}\bar{v}(z)v_{M}(y,z,t)\,\mathrm{d}y\mathrm{d}z \tag{12-118}$$

式中，ρ 为空气密度（$\mathrm{kg/cm^3}$）；C_{D} 为阻力系数；$\bar{v}(z)$ 为平均风速；$v_M(y,z,t)$ 为脉动风速。

（2）横风向振动 高层建筑与高耸结构的横风向振动主要由交替的旋涡脱落和尾流激励引起，其计算公式比较复杂。

【工程案例】赛格大厦风振原因

（3）扭转振动 由于气流的不均匀性和随机性，即使对于对称结构，在风荷载作用下也会产生扭转振动，对于不对称结构，扭转振动更加明显。

图12-89a、b分别表示某高层建筑的顺风向与横风向振动的**加速度响应功率谱曲线**。从这两个图中可以看出，对于该建筑物来说，其横风向的振动大于顺风向的振动。

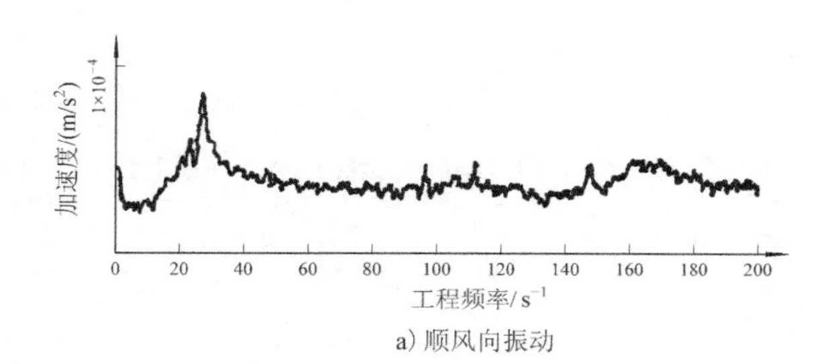

a）顺风向振动

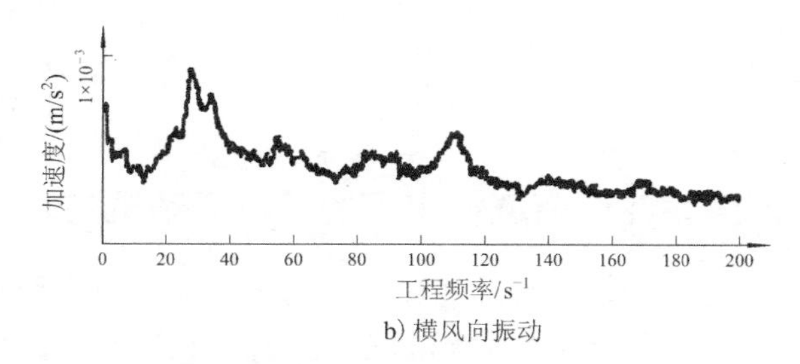

b）横风向振动

图12-89 某高层建筑物加速度响应功率谱曲线

2. 大跨度桥梁的风致振动

大跨度桥梁的风致振动主要包括颤振、抖振、涡激振和驰振。颤振是桥梁可能出现的风致振动中危害最大的一种。1940年秋，美国华盛顿州建成才四个月的塔科马悬索桥就是由于颤振而破坏的。

桥梁的风致振动特性主要依靠风洞试验来获取。图12-90所示为重庆朝天门长江大桥全桥模型风洞试验概况。通过风洞试验，可直接得到桥梁风致振动数据，包括振动位移、加速度等。

图 12-90　重庆朝天门长江大桥全桥模型风洞试验

*12.10　无限自由度体系的自由振动

对于实际结构而言，本质上都是具有分布质量的弹性体，因此都属于无限自由度体系。通过各种途径将其简化为单自由度或有限自由度体系进行分析，只能得出近似结果。较为精确的计算是按无限自由度体系进行分析，并由此可以了解简化算法的应用范围和精确程度。

本节以等截面直杆的弯曲振动为例，介绍无限自由度体系自由振动运动方程的建立及其自由振动的计算方法。

在无限自由度体系的动力计算中，除取时间 t 作为独立变量外，还需取位置坐标 x 作为独立变量。因此，梁的位移要表示为二元函数 $y(x,t)$，体系的运动方程是偏微分方程。

12.10.1　运动方程的建立

由材料力学知，图 12-91 所示梁的挠曲线方程（略去剪切变形影响）为

$$EI\frac{\partial^2 y}{\partial x^2}=-M$$

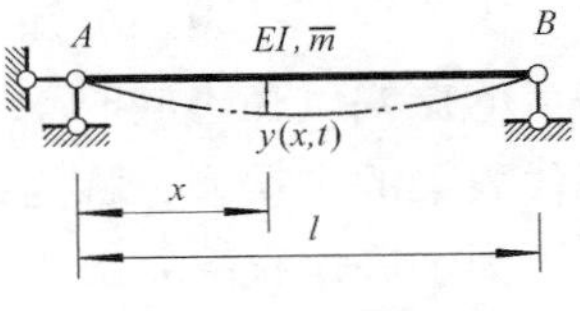

所以有

$$EI\frac{\partial^4 y}{\partial x^4}=-\frac{\partial^2 M}{\partial x^2}=q \tag{a}$$

图 12-91　具有均布质量弹性梁的自由振动

在自由振动的情况下，唯一的荷载就是惯性力，即

$$q=-\overline{m}\frac{\partial^2 y}{\partial t^2} \tag{b}$$

式中，$\overline{m}$ 为单位长度梁的质量。将式（a）代入式（b），即得等截面梁弯曲时的自由振动的微分方程为

$$\boxed{EI\frac{\partial^4 y}{\partial x^4}+\overline{m}\frac{\partial^2 y}{\partial t^2}=0} \tag{12-119}$$

12.10.2 运动方程的解

四阶线性偏微分方程（12-119）可用分离变量法求解。设位移 $y(x,t)$ 为位置坐标函数 $Y(x)$ 和时间函数 $T(t)$ 的乘积，即

$$y(x,t)=Y(x)T(t) \tag{c}$$

这里，所设的振动是一种单自由度的振动。在不同的时刻 t，弹性曲线的形状不变，只是幅度在变。$Y(x)$ 表示曲线形状，$T(t)$ 表示位移幅度随时间变化的规律。将式（c）代入式（12-119），可得

$$EI\frac{\mathrm{d}^4Y(x)}{\mathrm{d}x^4}T(t)+\overline{m}Y(x)\frac{\mathrm{d}^2T(t)}{\mathrm{d}t^2}=0$$

经整理后，得

$$\frac{EI}{\overline{m}}\frac{\left(\dfrac{\mathrm{d}^4Y(x)}{\mathrm{d}x^4}\right)}{Y(x)}=-\frac{\left(\dfrac{\mathrm{d}^2T(t)}{\mathrm{d}t^2}\right)}{T(t)}$$

由于上式等号左边项只与 x 有关，右边项只与 t 有关，而 x 与 t 彼此独立无关，为了维持上式恒等，该两项须等于同一常数。设此常数为 ω^2，则上式分解为两个独立的常微分方程

$$\frac{\mathrm{d}^2T(t)}{\mathrm{d}t^2}+\omega^2T(t)=0 \tag{d}$$

$$\frac{\mathrm{d}^4Y(x)}{\mathrm{d}x^4}-\frac{\omega^2\overline{m}}{EI}Y(x)=0 \tag{e}$$

式（d）与前述单自由度体系无阻尼自由振动微分方程相同，其解为

$$T(t)=a\sin(\omega t+\alpha)$$

代入式（c），得

$$y(x,t)=aY(x)\sin(\omega t+\alpha)$$

将 a 与 $Y(x)$ 中的待定常数合并，上式可写成

$$\boxed{y(x,t)=Y(x)\sin(\omega t+\alpha)} \tag{12-120}$$

由式（12-120）可知，在特定条件下，梁上各点将按同一频率 ω 做简谐振动，$Y(x)$ 为各点的振幅。在不同时刻 t，梁的变形曲线都与函数 $Y(x)$ 成比例而形状不变。因此，$Y(x)$ 即代表梁的主振型，称为振型函数。

为了确定频率 ω 及其相应的主振型，则应求解方程（e）。为此，令

$$\boxed{\lambda^4=\frac{\omega^2\overline{m}}{EI}} \tag{12-121}$$

则式（e）可改写为

$$\frac{\mathrm{d}^4Y(x)}{\mathrm{d}x^4}-\lambda^4Y(x)=0$$

其通解为

$$\boxed{Y(x)=C_1\cosh\lambda x+C_2\sinh\lambda x+C_3\cos\lambda x+C_4\sin\lambda x} \tag{12-122}$$

式中，C_1、C_2、C_3、C_4为待定系数。

有了 $Y(x)$，即可进一步求出相应的转角、弯矩和剪力的表达式。

根据梁支承处挠度、转角、弯矩和剪力的边界条件，可写出包含待定系数 C_1、C_2、C_3、C_4 的四个齐次方程。

为了求得非零解，要求方程的系数行列式为零，这就得到用以确定 λ 的特征方程（频率方程）。从而由式（12-121）可求得自振频率 ω。对于无限自由度体系，特征方程为超越方程，有无限多个根，因而，有无限多个频率 $\omega_i(i=1,2,\cdots)$。

对于每一个频率，可写出 C_1、C_2、C_3、C_4 一组比值，于是，由式（12-122）便可得到相应的主振型 $Y_i(x)$。

对于每一个频率和振型，微分方程都有一个特解

$$y_i(x,t)=Y_i(x)\sin(\omega_i t+\alpha_i)\quad(i=1,2,\cdots)$$

方程的通解应是这些特解的线性组合，即

$$y(x,t)=\sum_{i=1}^{\infty}a_iY_i(x)\sin(\omega_i t+\alpha_i)\tag{12-123}$$

式中的待定常数 a_i 和 α_i，需由初始条件确定。在一般初始条件下，$y(x,t)$ 中含有若干不同频率的特解，它不再是简谐振动。

【例 12-32】 试求图 12-92a 所示具有连续质量的等截面梁的前两阶自振频率和振型。

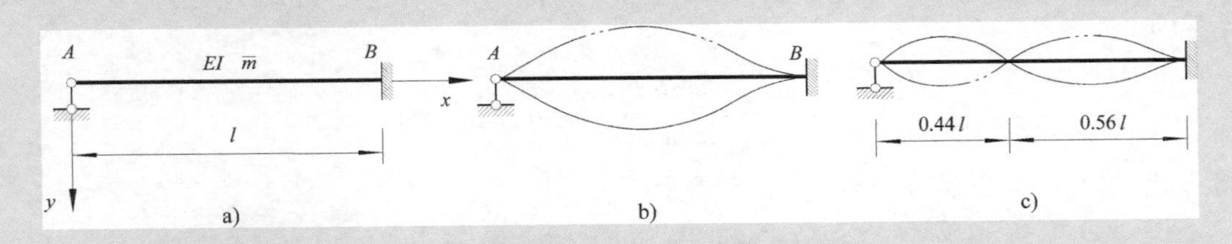

图 12-92　例 12-32 图

【动画演示】
图 12-92 所示结构部分主振型动画

解：(1) 求自振频率　对于振型的通解式（12-122）

$$Y(x)=C_1\cosh\lambda x+C_2\sinh\lambda x+C_3\cos\lambda x+C_4\sin\lambda x$$

由梁左端的边界条件：

$$\left.\begin{aligned}Y(0)=0,\quad C_1+C_3=0\\Y''(0)=0,\quad C_1-C_3=0\end{aligned}\right\}$$

可解得 $C_1=C_3=0$，振幅曲线简化为

$$Y(x)=C_2\sinh\lambda x+C_4\sin\lambda x\tag{a}$$

梁右端的边界条件为

$$\left.\begin{aligned}Y(l)=0,\quad C_2\sinh\lambda l+C_4\sin\lambda l=0\\Y'(l)=0,\quad C_2\cosh\lambda l+C_4\cos\lambda l=0\end{aligned}\right\}\tag{b}$$

令此齐次方程组的系数行列式为零，即

$$\begin{vmatrix} \sinh\lambda l & \sin\lambda l \\ \cosh\lambda l & \cos\lambda l \end{vmatrix} = 0$$

展开，得

$$\sinh\lambda l\cos\lambda l-\cosh\lambda l\sin\lambda l=0 \tag{c}$$

解得

$$\lambda_i l=\left(i+\frac{1}{4}\right)\pi \quad (i=1,2,3,\cdots)$$

$$\lambda_1 l=3.927, \quad \lambda_2 l=7.069$$

由式（12-121），可得自振频率为

$$\omega_i^2=\frac{\lambda_i^4 EI}{\overline{m}}$$

$$\omega_i=\lambda_i^2\sqrt{\frac{EI}{\overline{m}}}=\frac{(4i+1)^2\pi^2}{16l^2}\sqrt{\frac{EI}{\overline{m}}} \quad (i=1,2,3,\cdots) \tag{d}$$

所以

$$\omega_1=\frac{15.42}{l^2}\sqrt{\frac{EI}{\overline{m}}},\ \omega_2=\frac{49.97}{l^2}\sqrt{\frac{EI}{\overline{m}}}$$

（2）求振型曲线　为求主振型，将 $\lambda_i l$ 的值代入式（b）中的第一式，引入系数 η_i，则

$$\eta_i=-\frac{C_2}{C_4}=\frac{\sin\lambda_i l}{\sinh\lambda_i l} \quad (i=1,2,3,\cdots)$$

将 η_i 代入式（a）并整理，得到第 i 阶振型

$$Y_i(x)=C_4(\sin\lambda_i x-\eta_i\sinh\lambda_i x) \quad (i=1,2,3,\cdots) \tag{e}$$

式中，C_4 为任意常数。

绘出第一、二振型曲线，如图 12-92b、c 所示。

12.11 近似法计算自振频率

近似法用于求多自由度体系和无限自由度体系自振频率的近似值。近似法通常有三种途径：

（1）能量法　对体系的振动形式给以简化假设，但不改变结构的刚度和质量分布，然后根据能量守恒原理求得自振频率。

（2）集中质量法　将体系的质量分布加以简化，以集中质量代替分布质量，用有限自由度体系代替无限自由度体系求频率。

（3）迭代法　采用近似算法求解，算出自振频率。

下面对前两种方法分别予以介绍。

12.11.1 能量法求第一自振频率——瑞利法

瑞利法适用于求第一自振频率；瑞利-里兹（Rayleigh-Ritz）法是其推广形式，可用于求最初几个频率。

1. 理论依据

瑞利法基于能量守恒原理，即一个无阻尼的弹性体系自由振动时，它在任一时刻的总能量（应变能 U 与动能 T 之和）应当保持不变，即

$$\text{机械能}=\text{应变能}(U)+\text{动能}(T)=\text{常数}$$

2. 位移表达式

以图 12-93 所示具有分布质量 $\overline{m}(x)$ 和若干质量 m_i 的简支梁的自由振动为例。

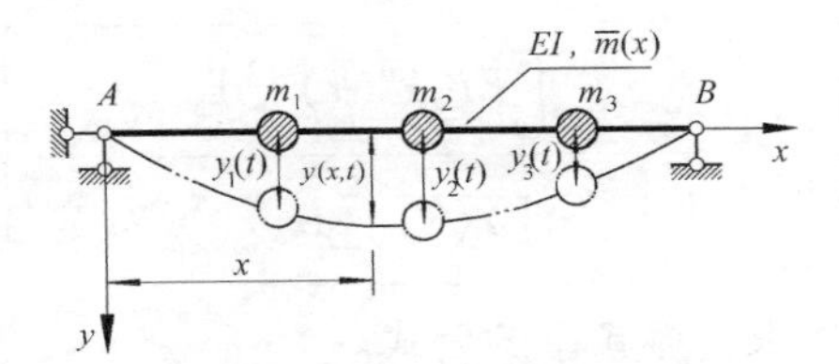

图 12-93　具有分布质量和若干质点简支梁的自由振动

该梁位移可表示为

$$y(x,t)=Y(x)\sin(\omega t+\alpha)$$

式中，$Y(x)$ 是振型函数，表示梁上任意一点 x 处的振幅；ω 是自振频率。对 t 进行求导，可得出速度表达式

$$\dot{y}(x,t)=\omega Y(x)\cos(\omega t+\alpha)$$

3. 梁的动能

$$\begin{aligned}T&=\frac{1}{2}\int_0^l\overline{m}(x)[\dot{y}(x,t)]^2\mathrm{d}x+\frac{1}{2}\sum_i m_i[\dot{y}_i(t)]^2\\&=\frac{1}{2}\omega^2\cos^2(\omega t+\alpha)\int_0^l\overline{m}(x)[Y(x)]^2\mathrm{d}x+\frac{1}{2}\omega^2\cos^2(\omega t+\alpha)\sum_i m_iY_i^2\end{aligned}$$

其最大值为

$$T_{\max}=\frac{1}{2}\omega^2\int_0^l\overline{m}(x)[Y(x)]^2\mathrm{d}x+\frac{1}{2}\omega^2\sum_i m_iY_i^2$$

式中，Y_i是振型函数 $Y(x)$ 在质点集中质量 m_i处的值。

4. 梁的弯曲应变能

$$\begin{aligned}U&=\frac{1}{2}\int_0^l\frac{M^2(x,t)}{EI}\mathrm{d}x=\frac{1}{2}\int_0^l EI[y''(x,t)]^2\mathrm{d}x\\&=\frac{1}{2}\int_0^l EI[Y''(x)\sin(\omega t+\alpha)]^2\mathrm{d}x\\&=\frac{1}{2}\sin^2(\omega t+\alpha)\int_0^l EI[Y''(x)]^2\mathrm{d}x\end{aligned}$$

其最大值为

$$U_{\max}=\frac{1}{2}\int_0^l EI[Y''(x)]^2\mathrm{d}x$$

5. 应用能量守恒原理

当质点通过平衡位置时，$\sin(\omega t+\alpha)=0$，位移和应变能为零，速度和动能为最大值，而体系的总能量即为 $T_{\max}$。

当质点距离平衡位置最远时，$\cos(\omega t+\alpha)=0$，速度和动能为零，位移和应变能为最大值，而体系的总能量即为 $U_{\max}$。

根据能量守恒原理，可知

$$T_{\max}=U_{\max}$$

由此，求得计算频率的公式为

$$\boxed{\omega^2=\frac{\int_0^l EI[Y''(x)]^2\mathrm{d}x}{\int_0^l \overline{m}(x)[Y(x)]^2\mathrm{d}x+\sum m_iY_i^2}}\tag{12-124}$$

式（12-124）就是瑞利法求自振频率的公式。

6. 能量法的关键

能量法的关键是假设振型函数 $Y(x)$：

1）若假设的位移形状函数 $Y(x)$ 正好与第 i 个主振型相符，则可求得该 ω_i 的精确值。因为一般结构的第一个主振型比较容易假设，所以此法一般用于计算第一自振频率 ω_1。

2）振型函数 $Y(x)$ 的假定原则：应满足边界条件——

$$\begin{cases}\text{位移边界条件（必须满足）}\\ \text{力边界条件}\begin{cases}M\text{（尽量满足）}\\ F_Q\text{（对位移影响较小，可以放松要求）}\end{cases}\end{cases}$$

3）通常对 $Y(x)$ 做如下选择：

其一，选取某个静力荷载 $q(x)$（例如结构自重）作用下的弹性曲线作为 $Y(x)$ 的近似表示式，由式（12-124）即可求得第一频率的近似值。此时，应变能可用相应荷载 $q(x)$ 所做的功来代替，即

$$U=\frac{1}{2}\int_0^l q(x)Y(x)\mathrm{d}x$$

因而式（12-124）可改写为

$$\boxed{\omega^2=\frac{\int_0^l q(x)Y(x)\mathrm{d}x}{\int_0^l \overline{m}(x)[Y(x)]^2\mathrm{d}x+\sum_i m_iY_i^2}}\tag{12-125}$$

其二，选取结构自重作用下的变形曲线作为 $Y(x)$ 的近似表达式（注意，如果考虑水平振动，则重力应沿水平方向作用），则应变能可用重力所做的功来代替，即

$$U=\frac{1}{2}\int_0^l \overline{m}gY(x)\mathrm{d}x+\frac{1}{2}\sum_i m_igY_i$$

于是式（12-124）可改写为

$$\omega^2=\frac{\int_0^l \overline{m}(x)gY(x)\,\mathrm{d}x+\sum_i m_i gY_i}{\int_0^l \overline{m}(x)\,[Y(x)]^2\mathrm{d}x+\sum_i m_i Y_i^2} \tag{12-126}$$

【例 12-33】 试用瑞利法计算图 12-94 所示等截面两端固定梁的第一自振频率。设 EI=常数，梁单位长度的质量为 $\overline{m}$。

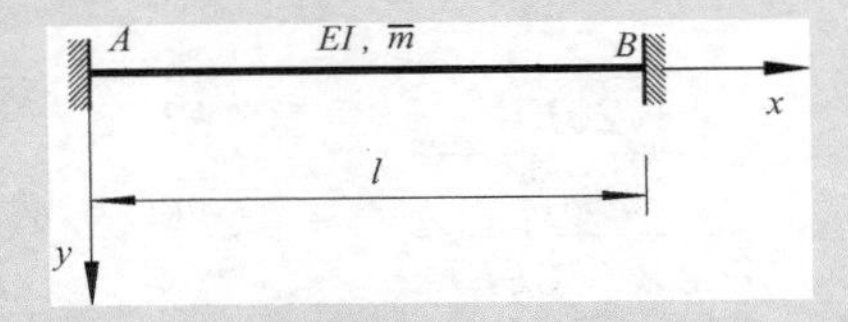

图 12-94　用瑞利法求两端固定梁的第一自振频率

解：(1) 假设振幅曲线 $Y(x)$ 为

$$Y(x)=a\left(1-\cos\frac{2\pi x}{l}\right) \tag{a}$$

式（a）满足几何边界条件和力的边界条件中梁端弯矩非零的要求，但梁端剪力为零则与实际情况不符。

将式（a）代入式（12-124），得

$$\omega_1^2=\frac{\int_0^l EI[Y''(x)]^2\mathrm{d}x}{\int_0^l \overline{m}(x)[Y(x)]^2\mathrm{d}x}=\frac{a^2EI\int_0^l\left(\frac{4\pi^2}{l^2}\cos\frac{2\pi x}{l}\right)^2\mathrm{d}x}{\overline{m}a^2\int_0^l\left(1-\cos\frac{2\pi x}{l}\right)^2\mathrm{d}x}$$

$$=\frac{\frac{8\pi^4EIa^2}{l^3}}{\frac{3}{2}\overline{m}la^2}=\frac{16\pi^2}{3l^4}\frac{EI}{\overline{m}}$$

故第一自振频率

$$\omega_1=\frac{22.8}{l^2}\sqrt{\frac{EI}{\overline{m}}}$$

与精确值 $\omega_1=\frac{22.37}{l^2}\sqrt{\frac{EI}{\overline{m}}}$ 相比，其误差为+1.9%。

(2) 选取均布荷载 q 作用下的挠度曲线

$$Y(x)=\frac{ql^4}{24EI}\left(\frac{x^4}{l^4}-2\frac{x^3}{l^3}+\frac{x^2}{l^2}\right) \tag{b}$$

作为振型函数，这时，$Y(x)$ 满足全部边界条件。

将式（b）代入式（12-125），得

$$\omega_1^2 = \frac{q\int_0^l Y(x)\,\mathrm{d}x}{\overline{m}\int_0^l [Y(x)]^2\mathrm{d}x}$$

$$= \frac{q\int_0^l \frac{ql^4}{24EI}\left(\frac{x^4}{l^4} - 2\frac{x^3}{l^3} + \frac{x^2}{l^2}\right)\mathrm{d}x}{\overline{m}\int_0^l \left(\frac{ql^4}{24EI}\right)^2\left(\frac{x^4}{l^4} - 2\frac{x^3}{l^3} + \frac{x^2}{l^2}\right)^2\mathrm{d}x}$$

$$= \frac{\frac{q^2l^5}{720EI}}{\frac{q^2\overline{m}l^9}{576\times 630(EI)^2}} = \frac{504}{l^4}\frac{EI}{\overline{m}}$$

故第一自振频率

$$\omega_1 = \frac{22.45}{l^2}\sqrt{\frac{EI}{\overline{m}}}$$

与精确值相比，其误差为+0.4%。

【讨论】 由以上结果可以看出：所选的两种振型函数，或是大部或是全部符合边界处位移和力的实际情况，因此所得结果误差都很小。由于第二种振型函数更接近第一振型，所得结果精度更高。

【例 12-34】 试用瑞利法计算图 12-95a 所示三层刚架的第一自振频率。

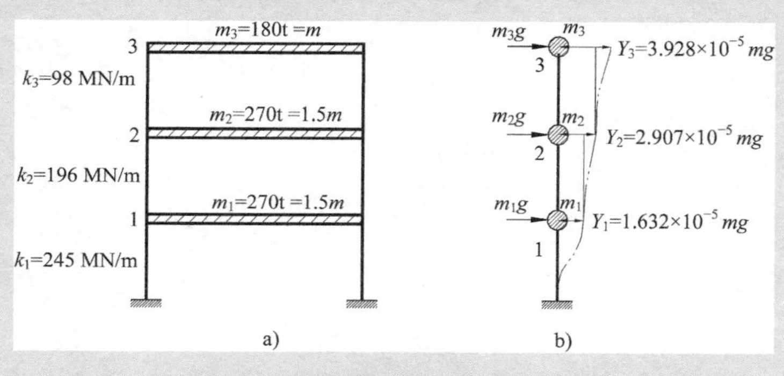

图 12-95 用瑞利法求刚架的第一自振频率

解：（1）选择振型曲线 选择自重作用下的弹性曲线作为振型曲线（注意：应在各楼层水平方向分别施加自重 m_1g、m_2g、m_3g），如图 12-95b 所示。

（2）求 Y_i（$i=1,2,3$）

$$Y_i = Y_{i-1} + \frac{\sum_{r=i}^{3} m_r g}{k_i}$$

于是，可得

$$Y_1 = \frac{\sum_{r=1}^{3} m_r g}{k_1} = \frac{(m_1 + m_2 + m_3)g}{k_1} = 1.632 \times 10^{-5} mg$$

$$Y_2 = Y_1 + \frac{\sum_{r=2}^{3} m_r g}{k_2} = Y_1 + \frac{(m_2 + m_3)g}{k_2} = 2.907 \times 10^{-5} mg$$

$$Y_3 = Y_2 + \frac{m_3 g}{k_3} = 3.928 \times 10^{-5} mg$$

（3）求 U_{max}（用外力所做的功来代替）

$$U_{max} = \frac{1}{2}\sum_{i=1}^{3}(m_i g)\ Y_i = \frac{1}{2} \times 10.737 \times 10^{-5} m^2 g^2$$

（4）求 T_{max}

$$T_{max} = \frac{1}{2}\omega^2 \sum_{i=1}^{3} m_i Y_i^2 = \frac{1}{2}\omega^2 \times 32.1 \times 10^{-10} m^3 g^2$$

（5）由 $T_{max} = U_{max}$ 求第一频率　由式（12-126），可得

$$\omega_1^2 = \frac{\sum_i m_i g Y_i}{\sum_i m_i Y_i^2} = 1.867 \times 10^2 \mathrm{s}^{-2}$$

故第一自振频率

$$\omega_1 = 13.66 \mathrm{s}^{-1}$$

精确解为 $13.47\mathrm{s}^{-1}$，其误差为+1.41%。

【注】　采用瑞利法计算 ω_1，其计算结果一般均大于精确值。这是因为假设某一与实际振型有出入的特定曲线作为振型曲线，即相当于给体系加上某种约束，增大了体系的刚度，使其变形能增加，从而使计算的自振频率偏大。因此，用这种方法所求的基本频率为真实频率的高限。在对用此法求得的近似结果加以选择时，应取频率最低者。

12.11.2　集中质量法求自振频率

如果把体系中的分布质量换成集中质量，则体系即由无限自由度换成单自由度或多自由度。关于质量的集中方法很多，诸如：

1）静力等效的集中质量法；

2）动能等效的集中质量法；

3）转移质量法等。

下面，着重介绍静力等效的集中质量法。

根据静力等效原则，把无限自由度换成单自由度或多自由度，使集中后的重力与原来的重力互为静力等效（它们的合力彼此相等）。例如，每段分布质量可按杠杆原理换成位于两

端的集中质量。

【例 12-35】 用集中质量法求图 12-96a 所示简支梁自振频率。

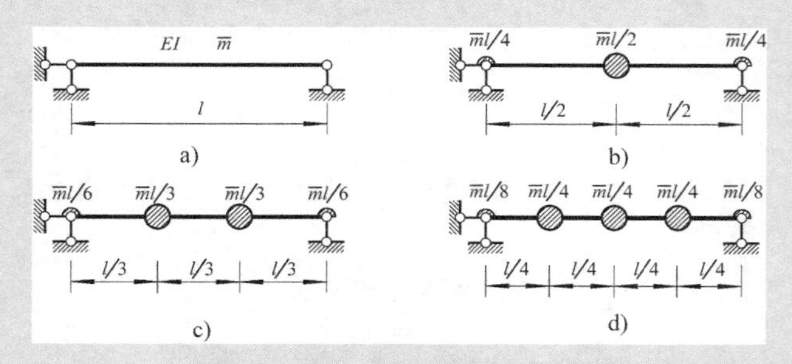

图 12-96 用集中质量法求简支梁的自振频率

解：(1) 求最小自振频率 将原简支梁简化为单自由度体系，如图 12-96b 所示，得

$$\omega_1=\sqrt{\frac{1}{m\delta_{11}}}=1\bigg/\sqrt{\frac{\overline{m}l}{2}\times\frac{l^3}{48EI}}=\frac{9.8}{l^2}\sqrt{\frac{EI}{\overline{m}}}$$

其精确解为 $\omega_1=\dfrac{9.87}{l^2}\sqrt{\dfrac{EI}{\overline{m}}}$ ，故误差为-0.7%。

(2) 计算前两个自振频率 将体系简化为两个自由度体系，如图 12-96c 所示，此时的频率方程为

$$\begin{vmatrix}\delta_{11}m_1-\dfrac{1}{\omega^2} & \delta_{12}m_2\\ \delta_{21}m_1 & \delta_{22}m_2-\dfrac{1}{\omega^2}\end{vmatrix}=0$$

式中，$m_1=m_2=\dfrac{1}{3}\overline{m}l$，柔度系数为

$$\delta_{11}=\delta_{22}=\frac{4l^3}{243EI},\ \delta_{12}=\delta_{21}=\frac{7l^3}{4867EI}$$

代入频率方程，可解得

$$\omega_1=\frac{9.86}{l^2}\sqrt{\frac{EI}{\overline{m}}},\ \omega_2=\frac{38.2}{l^2}\sqrt{\frac{EI}{\overline{m}}}$$

其精确解 $\omega_2=\dfrac{39.48}{l^2}\sqrt{\dfrac{EI}{\overline{m}}}$，故此时 ω_1 和 ω_2 的误差分别为-0.1%和-3.24%。

【本章小节】内容归纳与解题方法

(3) 计算前三个频率 将体系简化为三个自由度体系，如图 12-96d 所示，可解得

$$\omega_1=\frac{9.865}{l^2}\sqrt{\frac{EI}{\overline{m}}},\ \omega_2=\frac{39.2}{l^2}\sqrt{\frac{EI}{\overline{m}}},\ \omega_3=\frac{84.6}{l^2}\sqrt{\frac{EI}{\overline{m}}}$$

其精确解 $\omega_3=\dfrac{88.83}{l^2}\sqrt{\dfrac{EI}{\overline{m}}}$，故此时 ω_1、ω_2、ω_3 的误差分别为−0.05%、−0.7%、−4.8%。

分析计算题

【在线习题】
思辨及概念
训练（67 题）

12-1　确定习题 12-1 图所示质点体系的动力自由度。除注明者外各受弯杆 EI=常数，各链杆 EA=常数。

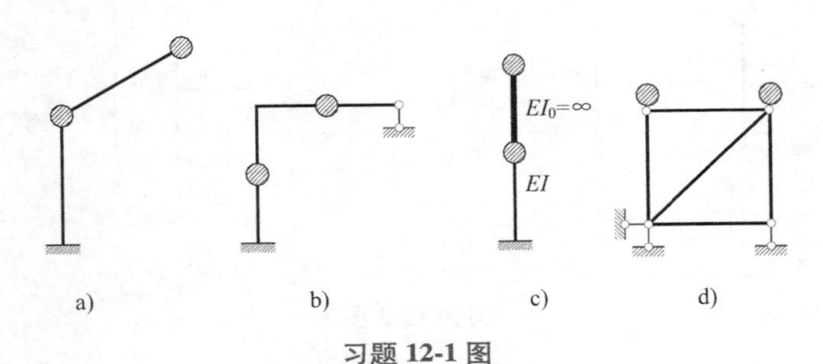

习题 12-1 图

12-2　不考虑阻尼，列出习题 12-2 图所示体系的运动方程。

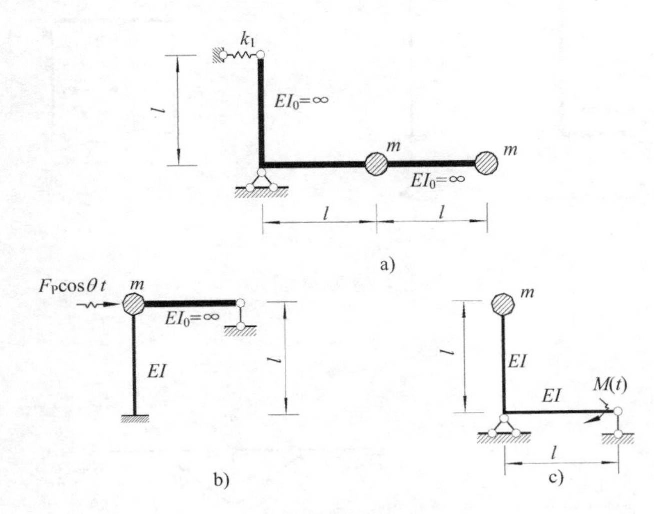

习题 12-2 图

12-3　求习题 12-3 图所示单自由度体系的自振频率。除注明者外 EI=常数。k_1 为弹性支座的刚度系数。

12-4　求习题 12-4 图所示含刚性杆件的平面体系的自振频率。

12-5　求习题 12-5 图所示体系的自振周期。

12-6　某单质点单自由度体系由初位移 y_0=2cm 产生自由振动，经过 8 个周期后测得振幅为 0.2cm，试求阻尼比及在质点上作用简谐荷载发生共振时的动力系数。

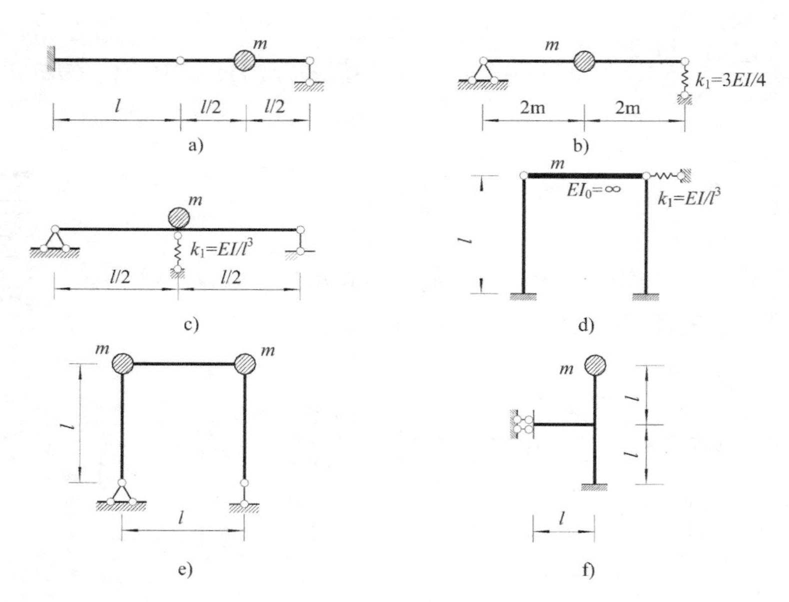

习题 12-3 图

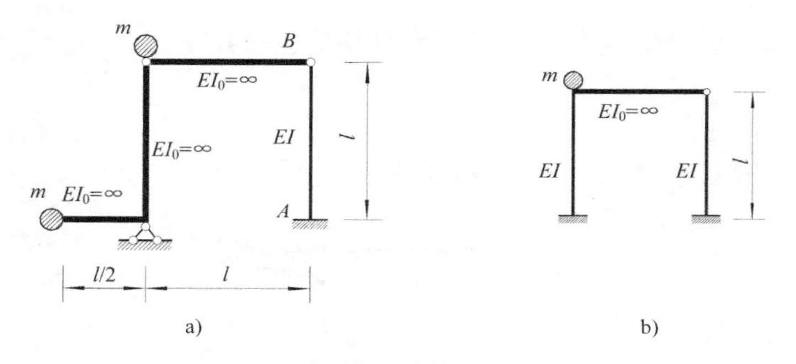

习题 12-4 图

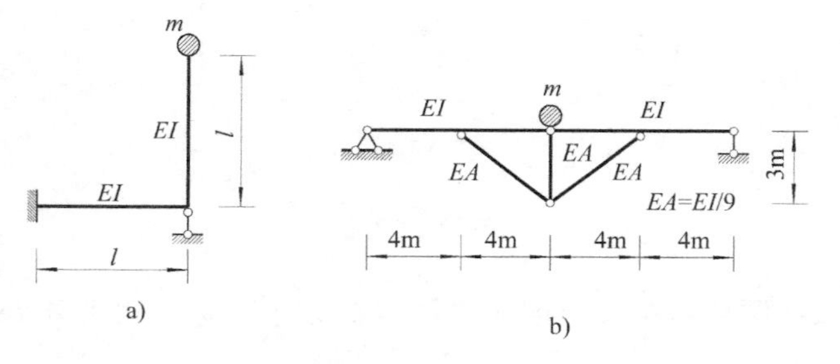

习题 12-5 图

12-7 求习题12-7图所示梁纯强迫振动时的最大动力弯矩图和质点的振幅。已知：质点的重量 $W=24.5\text{kN}$，$F_P=10\text{kN}$，$\theta=52.3\text{s}^{-1}$，$EI=3.2\times10^7\text{N}\cdot\text{m}^2$。不计梁的重量和阻尼。

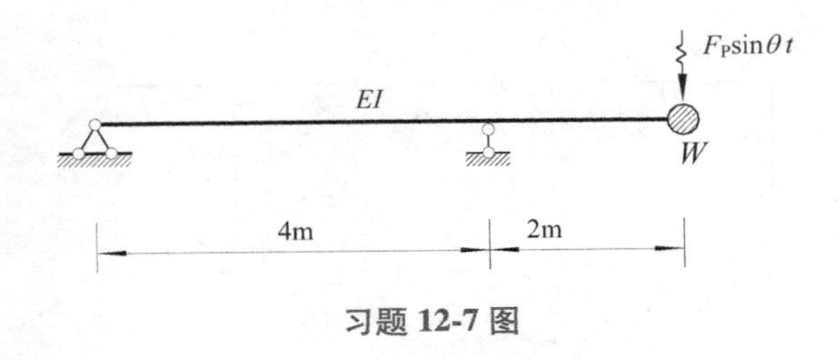

习题 12-7 图

12-8　求习题 12-8 图所示刚架稳态振动时的最大动力弯矩图和质点的振幅。已知：$F_P=2.5\text{kN}$，$\theta=\sqrt{\frac{4}{3}}\omega$，$EI=2.8\times10^4\text{kN}\cdot\text{m}^2$。不考虑阻尼。

12-9　习题 12-9 图中重量 $W=500\text{N}$ 的重物悬挂在刚度 $k=4\times10^3\text{N/m}$ 的弹簧上，假定它在简谐力 $F_P\sin\theta t$（$F_P=50\text{N}$）作用下做竖向振动，已知阻尼系数 $c=50\text{N}\cdot\text{s/m}$。试求：

（1）发生共振时的频率 θ；

（2）共振时的振幅；

（3）共振时的相位差。

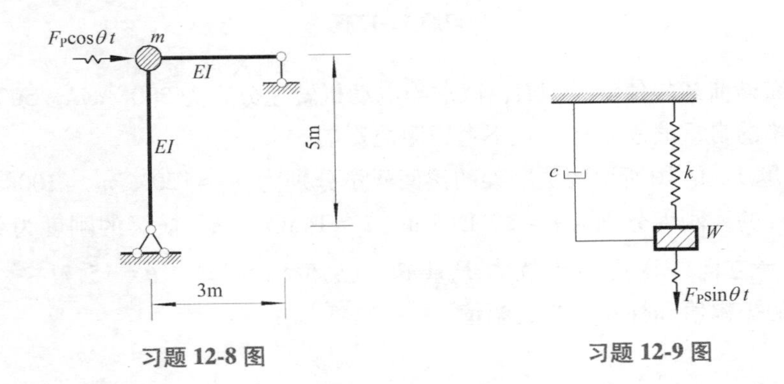

习题 12-8 图　　习题 12-9 图

12-10　在习题 12-7 图所示梁的质点上作用竖直向下的突加荷载 $F_P(t)=20\text{kN}$，求质点的最大动位移值。

12-11　求习题 12-11 图所示单自由度体系做无阻尼强迫振动时质点的振幅。已知 $\theta=\sqrt{24EI/ml^3}$。

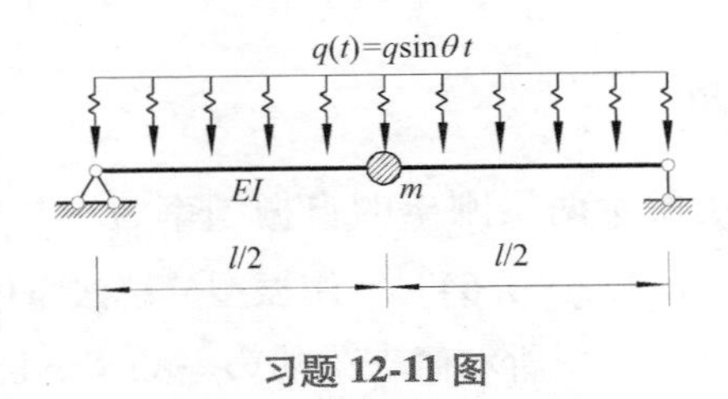

习题 12-11 图

12-12　求习题 12-12 图所示体系的自振频率和主振型，绘出主振型图。

12-13　习题 12-13 图所示悬臂梁的刚度 $EI=5.04\times10^4\text{kN}\cdot\text{m}^2$，质点重 $W_1=W_2=30\text{kN}$，

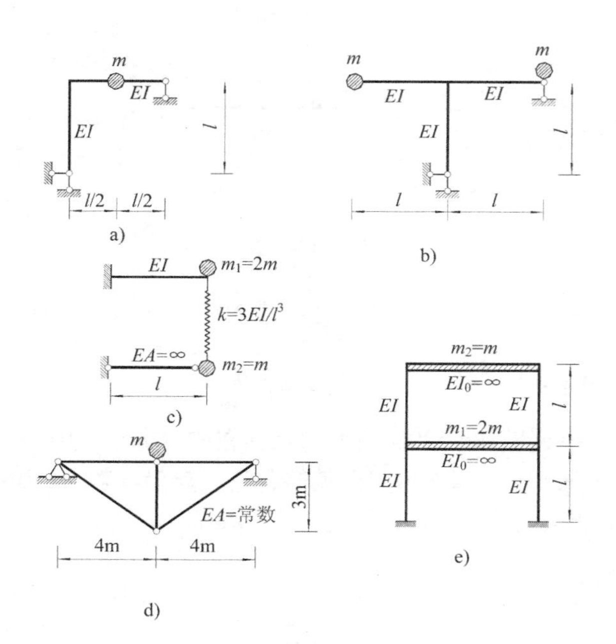

习题 12-12 图

电动机产生的简谐荷载幅值 $F_P=5\text{kN}$，试求当电动机转速分别为 300r/min、500r/min 时梁的动力弯矩图。梁的自重略去不计，且不考虑阻尼影响。

12-14 习题 12-14 图所示两层刚架的楼面质量分别为 $m_1=120\text{t}$、$m_2=100\text{t}$，柱的质量已集中于楼面；柱的线刚度分别为 $i_1=20\text{MN}\cdot\text{m}$、$i_2=14\text{MN}\cdot\text{m}$，横梁的刚度为无限大。在二层楼顶处沿水平方向作用简谐干扰力 $F_P\sin\theta t$，已知 $F_P=5\text{kN}$，$\theta=15.71\ \text{s}^{-1}$。试求第一、第二层楼面处的振幅值和柱端弯矩的幅值。

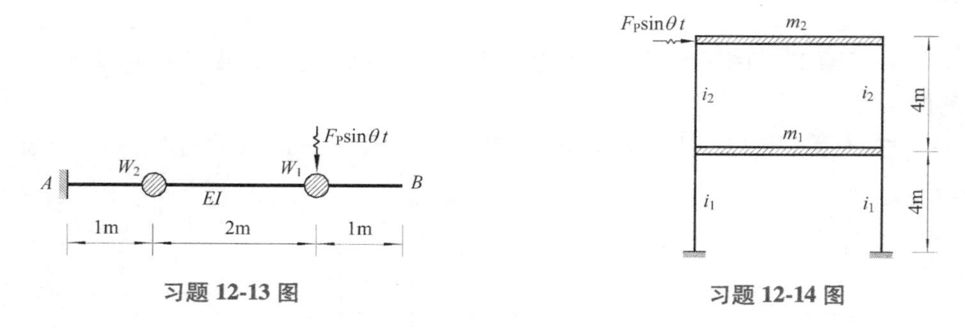

习题 12-13 图　　　　习题 12-14 图

12-15 已知习题 12-14 图所示两层刚架的自振频率 $\omega_1=9.9\text{s}^{-1}$、$\omega_2=23.2\text{s}^{-1}$，主振型 $\boldsymbol{Y}^{(1)}=[1.00\quad 1.87]^{\mathrm{T}}$、$\boldsymbol{Y}^{(2)}=[1.00\quad -0.64]^{\mathrm{T}}$。用振型分解法重做习题 12-14。

12-16 用能量法求习题 12-16 图所示简支梁的第一频率。已知 $m=2\overline{m}l$，$\overline{m}$ 为梁单位长度的质量。

（1）设 $Y(x)=a\sin\dfrac{\pi x}{l}$（无集中质量时简支梁的第一振型曲线）；

（2）设 $Y(x)=\dfrac{F_P}{48EI}(3l^2x-4x^3)\left(0\leqslant x\leqslant\dfrac{l}{2}\right)$（即跨中作用集中力 F_P 时的弹性曲线）。

习题 12-16 图

12-17　用能量法求习题 12-17 图所示具有均布质量 $\overline{m}$ 的两跨连续梁的第一频率。

【翻转任务】
结构动力学
综合训练

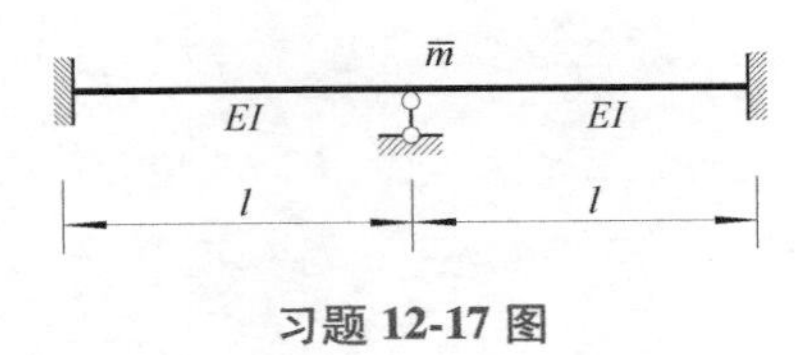

习题 12-17 图

第 13 章　结构的稳定计算

- **本章教学的基本要求**：了解结构的三种平衡状态及两类稳定问题，以及稳定计算的核心内容是计算临界荷载；掌握用静力法和能量法确定压杆临界荷载的基本原理，并能应用于计算理想压杆第一类稳定问题的临界力。
- **本章教学内容的重点**：准确理解稳定问题的基本概念，应用静力法和能量法确定压杆的临界力。
- **本章教学内容的难点**：稳定问题的实质；临界状态的静力特征和能量特征；可划分为弹性支座问题中弹簧刚度的计算；稳定方程的建立和求解。
- **本章内容简介**：

13.1　概述

【专家论坛】
稳定理论溯源

13.1.1　稳定计算的意义

为了保证结构的安全和正常使用，除进行强度计算和刚度验算外，还须计算其稳定性。也就是说，杆件除了应有足够的横截面面积，使所产生的最大应力不超过强度要求外，还不能过于细长，以致变形过大，不满足使用上对刚度的要求。特别是在受压杆件中，变形会引起压力作用位置的偏移，形成附加弯矩，进而引起附加弯曲变形，两者互相促进的结果，也可能导致某截面强度不足而破坏。

对于细长压杆（柱）以及某些情况下的梁、桁架、拱和板壳来说，即使具有足够的强度，但在稳定性方面仍可能是不够安全的。

历史上，就曾因为人们对稳定问题认识不足，而发生过一些因结构失稳而造成的重大工程事故，至今对人们仍有警示作用。

例如，在 1907 年，加拿大魁北克大桥在施工中因其桁架的压杆失稳而突然损毁；1922 年，美国华盛顿一座剧院在一场特大暴风雪中，因其屋顶结构中一根梁丧失稳定，而导致该建筑物倒塌等。

随着现代科学技术的飞速发展，新型材料（高强度钢、复合材料等）和新型结构（大跨度结构、高层结构、薄壁结构等）在工程中得到了广泛应用，使结构的稳定性问题更加突出，逐渐上升为控制设计的主要因素。

【工程案例】工程师之戒的由来

13.1.2 三种平衡状态

设轴心受压杆件受到轻微干扰而稍微偏离了它原来的直线平衡位置，当干扰消除后，有可能出现以下三种情况：

1）该杆件能够回到原来的平衡位置，则原来的平衡状态称为**稳定平衡状态**。

2）该杆件继续偏离，不能回到原来的平衡位置，则原来的平衡状态称为**不稳定平衡状态**。

3）该杆件在新位置上保持静止并平衡，则原来的平衡状态称为**随遇平衡状态**或**中性平衡状态**，亦称**临界状态**。这是一种由稳定平衡向不稳定平衡过渡的中介状态。

使杆件处于临界状态的外力称为**临界荷载**，以 F_{Pcr}表示。它既是使杆件保持稳定平衡的最大荷载，也是使杆件产生不稳定平衡的最小荷载。

在以后的计算中，可以令杆件处于临界状态，反算相应的临界荷载和失稳形态，并把这种方法称为**随遇平衡法**，即后面将要介绍的**静力法**。

13.1.3 稳定计算的核心内容

对于单个荷载，要确定临界荷载 F_{Pcr}；对于一组荷载或均布荷载，则要确定荷载的临界参数 β_{cr}。β_{cr}表示当结构上所有荷载按比例增大到这个倍数时，结构将丧失稳定。工程实践中，进行稳定验算时，核心内容是确定 $F_{Pcr(min)}$和 $\beta_{cr(min)}$。

小挠度理论和**大挠度理论**：结构稳定问题只有根据大挠度理论才能得出精确的结论；但从实用的观点看，小挠度理论也有其优点，它可以用比较简单的办法得到能满足工程需要的结论。小挠度及大挠度理论均以变形后的位形为计算依据，所不同的是，前者的曲率采用近似表达式，而后者的曲率采用精确表达式。

13.1.4 两类稳定问题

失稳——随着荷载的逐渐增大，原始平衡状态丧失其稳定性。

1. 第一类失稳——分支点失稳（质变失稳）

图 13-1 所示为简支压杆的**理想体系**（“**理想柱**”），其杆轴线是绝对的挺直（无初曲率），荷载是理想的对中（无初偏心）。其 F_P-Δ 曲线（亦称**平衡路径**）如图 13-1b 所示。

1）当 $F_P<F_{Pcr}=\pi^2EI/l^2$时，压杆单纯受压，不发生弯曲变形（挠度）。仅有唯一平衡形式——直线形式的**原始平衡状态**，是稳定的，对应**原始平衡路径** Ⅰ（由 OAB 表示）。

2）当 $F_P>F_{Pcr}$时，有两种平衡形式：一是直线形式的原始平衡状态，是不稳定的，对应原始平衡路径 Ⅰ（由 BC 表示）；二是弯曲形式的新的平衡状态，对应平衡路径 Ⅱ（对于大挠度理论，用曲线 BD 表示；对于小挠度理论，曲线 BD 退化为直线 BD_1）。

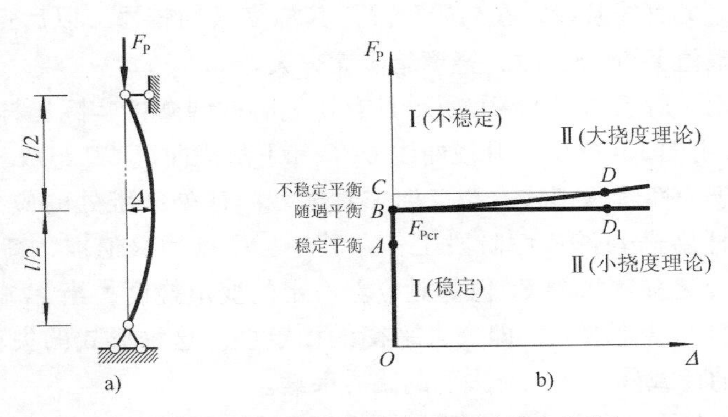

图 13-1　“理想柱”分支点失稳（质变失稳）

有必要指出，解析分析的精确结果表明，按照大挠度理论计算对提高结构承载能力的贡献较小。因此，在实际土木工程中，一般不考虑大挠度的影响，而按小挠度理论计算。

3）当 $F_P=F_{Pcr}$时，B 点是路径Ⅰ与Ⅱ的分支点（也可理解为共解点）。该分支点处两条平衡路径同时并存，出现**平衡形式的二重性**（其平衡既可以是原始直线形式，也可以是新的微弯形式）。原始平衡路径Ⅰ在该分支点处，由稳定平衡转变为不稳定平衡。因此，这种形式的失稳称为**分支点失稳**，对应的荷载称为第一类失稳的**临界荷载**，对应的状态称为**临界状态**。

图 13-2 所示为分支点失稳的几个实例。在分支点 $F_P=F_{Pcr}$及 $q=q_{cr}$处，结构的原始平衡形式由稳定转为不稳定，并出现新的平衡形式。

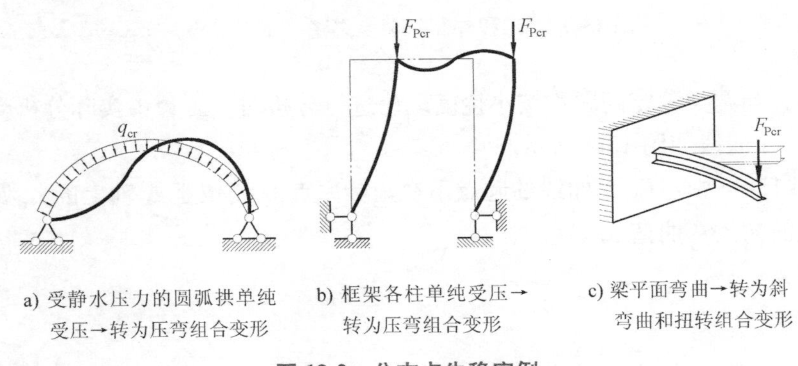

a) 受静水压力的圆弧拱单纯受压→转为压弯组合变形　b) 框架各柱单纯受压→转为压弯组合变形　c) 梁平面弯曲→转为斜弯曲和扭转组合变形

图 13-2　分支点失稳实例

理想体系的失稳形式是分支点失稳。其特征是丧失稳定时，结构的内力状态和平衡形式均发生质的变化。因此，亦称**质变失稳**（属屈曲问题）。

2. 第二类失稳——极值点失稳（量变失稳）

图 13-3a、b 所示分别为具有初弯曲和初偏心的**实际压杆**（“**工程柱**”），它们称为压杆的**非理想体系**。

按照小挠度理论，对于如图 13-3b 所示具有初偏心的无限弹性压杆（弹性工程柱）来说，其 F_P-Δ 曲线（或平衡路径）用图 13-3c 中曲线 OBA 表示。从一开始加载，压杆就处于压弯复合受力状态，无直线阶段。在初始阶段，其挠度增加较慢，以后逐渐加快，当 F_P 接近中心压杆欧拉极限值 Euler-F_{Pcr}时，挠度趋于无穷大。

按照小挠度理论，对于如图 13-3b 所示具有初偏心的弹塑性实际压杆（弹塑性工程柱）来说，其 F_P-Δ 曲线由图 13-3c 中上升段曲线 OBC 和下降段曲线 CD 组成。其中，初始的 OB 段，表示压杆仍处于弹性阶段工作；B 点标志着某截面最外纤维处的应力开始达到屈服应力；BCD 段表示压杆已进入弹塑性阶段工作。其中，C 点为**极值点**，荷载 F_P 达到极限值 F_{Pcr}。在 F_P 达到 C 点之前，每个 F_P 值都对应着一定的变形挠度；当 F_P 达到 C 点后，即使荷载减小，挠度仍继续迅速增大，即失去平衡的稳定性。这种形式的失稳，称为**极值点失稳**。与极值点对应的荷载称为第二类失稳的**临界荷载**。

非理想体系的失稳形式是极值点失稳。其特征是丧失稳定时，结构没有内力状态和平衡形式质的变化，而只有二者量的渐变。因此，也称为**量变失稳**（属压溃问题）。

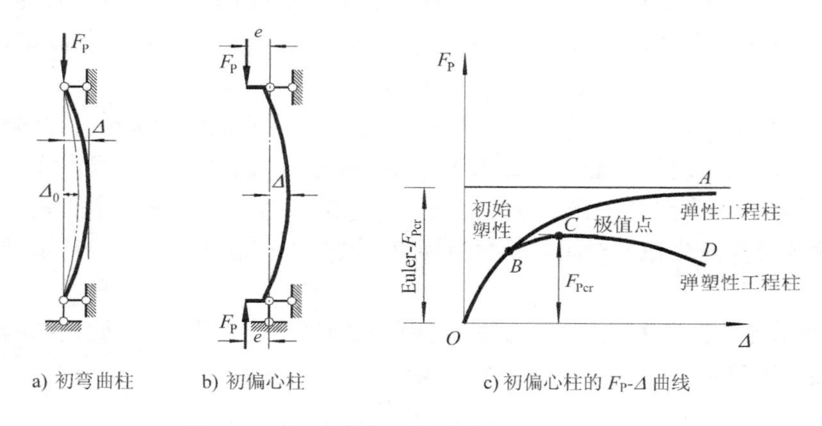

a) 初弯曲柱　　b) 初偏心柱　　c) 初偏心柱的 F_P-Δ 曲线

图 13-3 “工程柱”极值点失稳（量变失稳）

综上所述，当两类稳定问题均按小挠度理论进行分析时，工程中实际分析受压杆件稳定性所采用的 F_P-Δ 曲线如图 13-4 所示。

【注】 图 13-4c 中，F_P-Δ 曲线的起点不在坐标原点 O 而位于 Δ 轴上的 Δ_0处，该起点对应着初弯曲柱的初始弯曲值 Δ_0。

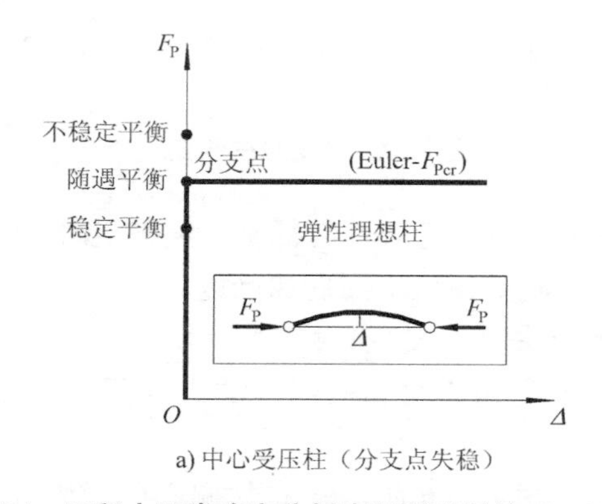

a) 中心受压柱（分支点失稳）

图 13-4 工程中两类稳定分析实际所采用的 F_P-Δ 曲线

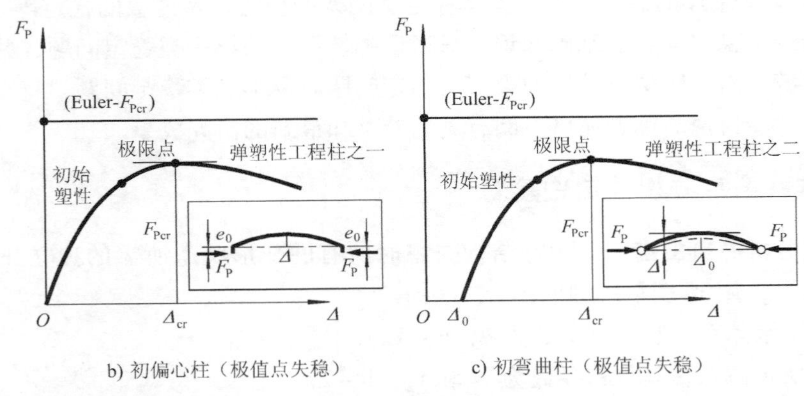

b) 初偏心柱（极值点失稳） c) 初弯曲柱（极值点失稳）

图 13-4 工程中两类稳定分析实际所采用的 F_P-Δ 曲线（续）

13.1.5 稳定问题的实质

强度问题，在弹性分析中是要找出结构在稳定平衡状态下截面最大内力或某点的最大应力，并使之不超过截面的承载力或材料某一强度指标。因此，**强度问题实质上是通过对结构的内力分析，来确定构件最大应力的位置和数值的问题。**

稳定问题，通过研究荷载与结构内部抵抗力之间的平衡关系，找出临界荷载和相应的临界状态（有时，还要求研究超过临界状态之后的后屈曲平衡状态），以防止不稳定平衡状态的发生。结构的稳定计算是以结构在临界状态时的变形或位移急剧增长，不能再维持稳定平衡状态，而丧失承载能力为依据的。因此，**稳定问题实质上是通过对结构的变形分析，计入附加荷载效应之后，来判断结构原有位形是否能保持稳定平衡的问题。**

对于强度问题，大多数结构以未变形结构作为计算简图，不考虑变形后荷载的附加值，变形与荷载之间的关系是线性的，称为**一阶分析**；然而，对于刚度较小的轻型结构或应力虽处于弹性范围但变形较大的悬索结构等，必须考虑变形后附加荷载的作用，变形与荷载是非线性关系，称为**二阶分析（亦称几何非线性分析）**；若既考虑几何非线性，又考虑材料非线性，则称为**二阶弹塑性分析**。

对于稳定问题，当讨论弹性“理想柱”分支点失稳时，必须根据结构变形后的几何形状和位置进行，其方法必然属于几何非线性范畴，叠加原理不再适用，故其计算应属于二阶分析；当讨论弹塑性“工程柱”极值点失稳时，除须考虑几何非线性外，还须同时考虑材料非线性，故其计算属于二阶弹塑性分析。

13.1.6 本章讨论的范围

如上所述，第一类稳定问题只是一种理想情况，实际结构或构件总是存在着一些初始缺陷。因而，第一类稳定问题在实际工程中并不存在。但由于第二类稳定问题通常涉及几何上和物理上的非线性关系，至今也只给出一些简单问题的解析解；而解决具有分支点失稳的第一类稳定问题，使用解析解则比较方便，理论也比较成熟，因而很多问题目前在工程计算中仍然按照第一类稳定求解临界荷载，对于初始缺陷的影响，则采用安全系数加以考虑。例如，轴心受压杆（柱）的稳定、梁的整体稳定、刚架的稳定以及薄板的稳定等。

本章作为结构稳定问题的基础知识，只讨论弹性压杆的第一类稳定问题，并根据小挠度理论求临界荷载；对于刚架等结构的第一类稳定问题以及第二类稳定问题，将在今后的研究生学习阶段进一步讨论。读者还可参阅有关的专著和最新的研究成果。

13.1.7 体系稳定分析的自由度

体系稳定分析的自由度——确定结构失稳时所有的变形状态所需的独立几何参数（位移参数）的数目，用 W 表示。例如：

图 13-5a 所示体系，其位移参数为 θ，$W=1$。

图 13-5b 所示体系，其位移参数为 y_1 和 y_2，$W=2$。

图 13-5c 所示体系，其位移参数为 $y(x)$，$W=\infty$。

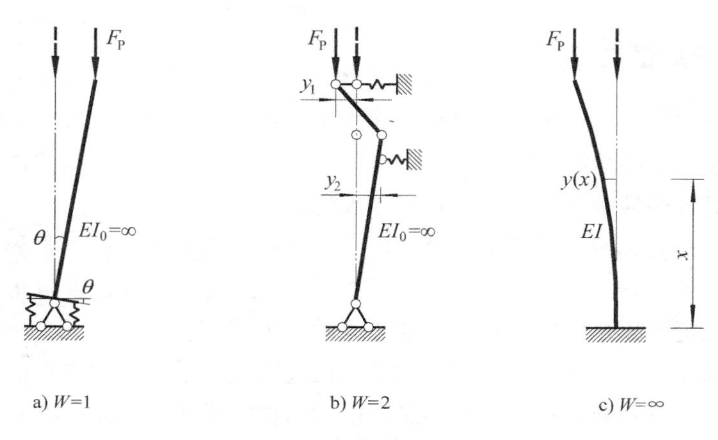

图 13-5 稳定分析的自由度

13.2 确定临界荷载的静力法

【拓展阅读】
临界荷载的
几种求解方法

13.2.1 静力法及其计算步骤

确定临界荷载有两类基本方法：一是根据临界状态的静力特征而提出的**静力法**；二是根据临界状态的能量特征而提出的**能量法**。

在分支点失稳问题中，**临界状态的静力特征是**：平衡形式具有二重性。静力法的要点是：在原始平衡路径之外，寻找新的平衡路径，确定二者交叉的分支点，从而求出临界荷载。

静力法计算临界荷载，可按以下**计算步骤**进行：

1）假设临界状态时体系的新的平衡形式（以下简称**失稳形式**）。

2）根据静力平衡条件，建立临界状态平衡方程。

3）根据平衡具有二重性静力特征（位移有非零解），建立特征方程，习惯称**稳定方程**。

4）解稳定方程，求特征根，即**特征荷载值**（有时要求反算出相应的失稳形式）。

5）由最小的特征荷载值，确定临界荷载（结构维持其稳定平衡所能承受的压力须小于该最小特征荷载值）。

13.2.2 用静力法求有限自由度体系的临界荷载

以图 13-6a 所示的单自由度体系为例。

（1）假设失稳形式　如图 13-6b 所示（$\theta \ll 1$）。

（2）建立临界状态的平衡方程　由 $\sum M_A=0$，得

$$F_P l\theta - F_{RB} l = 0 \tag{a}$$

式中，弹簧反力 $F_{RB}=kl\theta$，于是有

$$(F_P l - kl^2)\theta = 0 \tag{b}$$

（3）建立稳定方程　方程（b）有两个解，其一为零解，$\theta=0$，对应于原始平衡路径Ⅰ（图 13-6c 中 OAB）；其二为非零解，$\theta \neq 0$，对应于新的平衡路径Ⅱ（图 13-6c 中 AC 或 AC_1）。

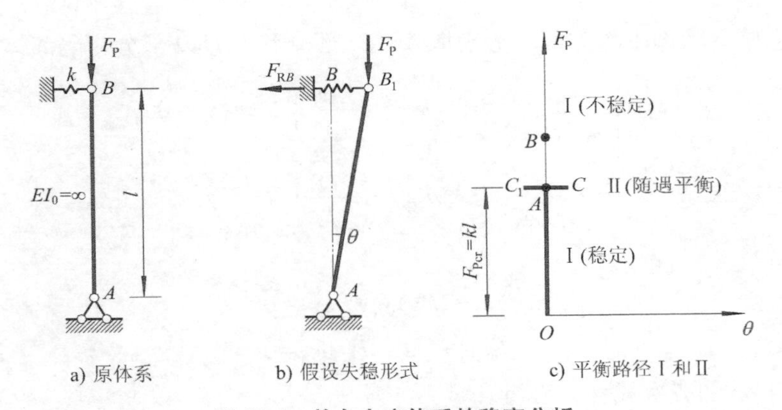

图 13-6　单自由度体系的稳定分析

为了得到非零解，该齐次方程（b）的系数应为零，即

$$F_P l - kl^2 = 0 \tag{c}$$

式（c）称为稳定方程。由此方程知，平衡路径Ⅱ为水平直线。

（4）解稳定方程，求特征荷载值

$$F_P = kl \tag{d}$$

（5）确定临界荷载　对于单自由度体系，其唯一的特征荷载值即为临界荷载，因此

$$F_{Pcr} = kl \tag{e}$$

【例 13-1】　图 13-7a 所示是具有两个自由度的体系。各杆均为刚性杆，在铰结点 B 和 C 处为弹簧支承，其刚度系数均为 k。体系在 A、D 两端有压力 F_P 作用。试用静力法求其临界荷载。

解：（1）假设失稳形式　如图 13-7b 所示，位移参数为 y_1 和 y_2。各支座反力分别为

$$F_{R1}=ky_1(\uparrow),\quad F_{R2}=ky_2(\uparrow)$$

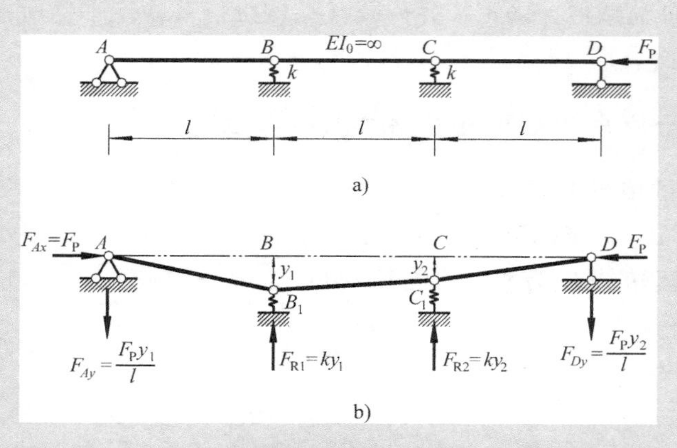

图 13-7 例 13-1 图

$$F_{Ax}=F_P(\rightarrow),\quad F_{Ay}=\frac{F_Py_1}{l}(\downarrow),\quad F_{Dy}=\frac{F_Py_2}{l}(\downarrow)$$

（2）建立临界状态平衡方程　分别取 AB_1C_1 部分和 B_1C_1D 部分为隔离体，则有

$$\begin{cases}\underset{(C_1\text{以左部分})}{\sum M_{C_1}}=0,\quad ky_1l-\left(\dfrac{F_Py_1}{l}\right)2l+F_Py_2=0\\[2ex]\underset{(B_1\text{以右部分})}{\sum M_{B_1}}=0,\quad ky_2l-\left(\dfrac{F_Py_2}{l}\right)2l+F_Py_1=0\end{cases}$$

即

$$\begin{cases}(kl-2F_P)y_1+F_Py_2=0\\F_Py_1+(kl-2F_P)y_2=0\end{cases}\tag{a}$$

这是关于 y_1 和 y_2 的齐次线性方程组。

（3）建立稳定方程　如果 $y_1=y_2=0$，则对应于原始平衡形式，相应于没有丧失稳定的情况。如是 y_1 和 y_2 不全为零，则对应于相应新的平衡形式。那么，式（a）的系数行列式应为零，即

$$D=\begin{vmatrix}kl-2F_P & F_P\\F_P & kl-2F_P\end{vmatrix}=0\tag{b}$$

此方程就是稳定方程。

（4）解稳定方程，求特征荷载值　展开式（b），得

$$(kl-2F_P)^2-F_P^2=0$$

由此解得两个特征荷载值，即

$$F_{P1}=\frac{kl}{3},\quad F_{P2}=kl$$

（5）确定临界荷载值　取两个特征荷载值中最小者，得

$$F_{Pcr}=\frac{kl}{3}$$

【讨论】　将以上两个特征荷载值分别回代式（a），可求得 y_1 和 y_2 的比值。

如将 $F_{P1}=F_{Pcr}=kl/3$ 代回，则得 $y_1=-y_2$。相应变形曲线如图 13-8a 所示，为反对称形式失稳；如将 $F_{P2}=kl$ 代回，则得 $y_1=y_2$，相应变形曲线如图 13-8b 所示，为正对称形式失稳。由此可知，该体系实际上是先按反对称变形形式丧失稳定。

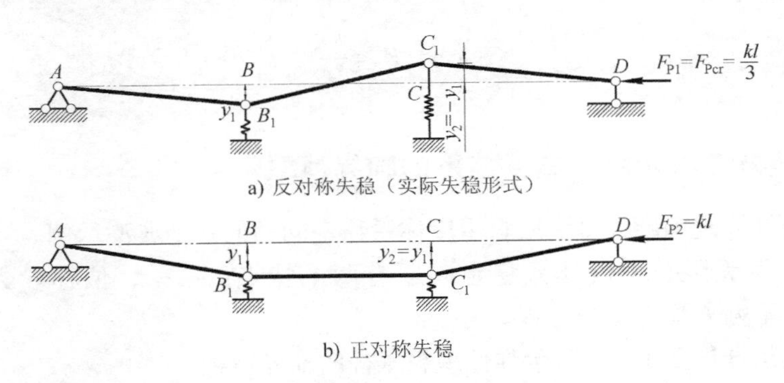

图 13-8　对称结构的失稳形式

【例 13-2】　试用静力法求图 13-9a 所示结构的临界荷载。弹簧刚度系数为 k。

解：(1) 假设失稳形式　如图 13-9b 所示，位移参数为 δ。

(2) 建立临界状态平衡方程　取 AB_1 部分为隔离体，由 $\sum M_{B_1}=0$，得

$$F_{Ay}=\frac{F_P\delta}{l}(\uparrow)$$

由 $\sum M_C=0$，得

$$\left(F_P\frac{\delta}{l}\right)2l+F_P\delta-(k\delta)l=0$$

整理得

$$(3F_P-kl)\delta=0$$

(3) 建立稳定方程　未知量 δ 有非零解的条件是

$$3F_P-kl=0$$

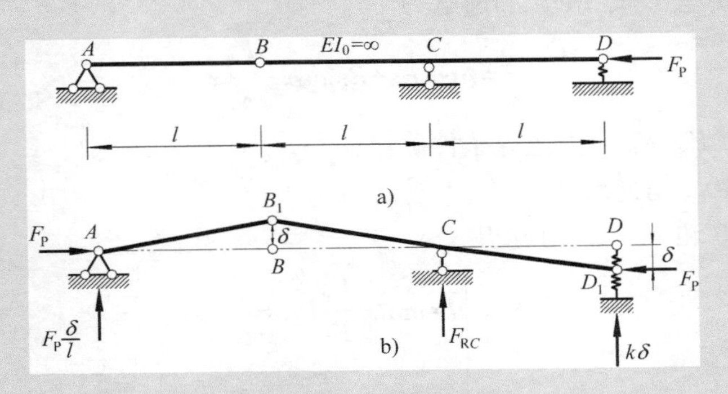

图 13-9　例 13-2 图

（4）解稳定方程，得特征荷载值

$$F_{P}=\frac{kl}{3}$$

（5）确定临界荷载为

$$F_{Pcr}=F_{P}=\frac{kl}{3}$$

13.2.3 用静力法求无限自由度体系的临界荷载

弹性理想压杆稳定问题，是无限自由度体系稳定问题的一个典型示例。

用静力法计算无限自由度体系稳定问题有两个特点：第一，位移参数为无穷多个；第二，临界状态平衡方程为微分方程。

下面用静力法计算图13-10所示弹性理想压杆的临界荷载。

（1）假设失稳形式　如图13-10中实线所示。

（2）建立临界状态平衡方程　按小挠度理论，压杆弹性曲线的近似微分方程为

$$EIy''=-M$$

将 $M=F_{P}y+F_{R}x$ 代入上式，得

$$EIy''+F_{P}y=-F_{R}x$$

整理得

$$y''+\frac{F_{P}}{EI}y=-\frac{F_{R}}{EI}x$$

令 $\alpha^{2}=\frac{F_{P}}{EI}$，则

$$y''+\alpha^{2}y=-\frac{F_{R}}{EI}x \tag{a}$$

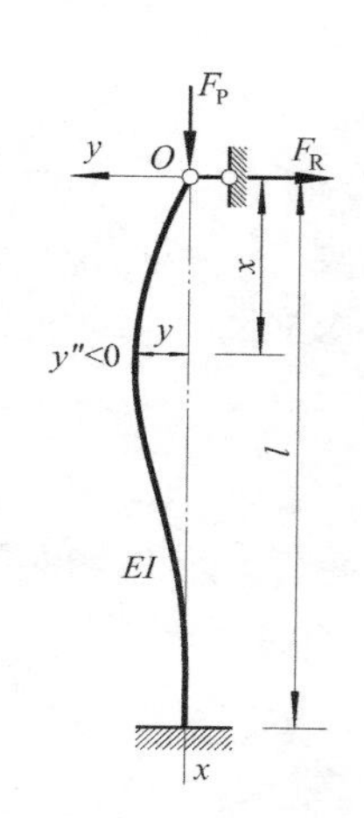

图13-10　无限自由度体系的稳定分析

这是关于位移参数 y 的非齐次常微分方程。

（3）建立稳定方程　式（a）的通解为

$$y=A\cos\alpha x+B\sin\alpha x-\frac{F_{R}}{F_{P}}x \tag{b}$$

常数 A、B 和未知力 F_{R}/F_{P} 可由边界条件确定：

当 $x=0$ 时，$y=0$，由此求得 $A=0$。

当 $x=l$ 时，$y=0$ 和 $y'=0$，由此得

$$\begin{cases}B\sin\alpha l-\dfrac{F_{R}}{F_{P}}l=0\\[2ex] B\alpha\cos\alpha l-\dfrac{F_{R}}{F_{P}}=0\end{cases} \tag{c}$$

对应于弯曲的新平衡形式，$y(x)$ 不恒等于零，故 A、B 和 F_{R}/F_{P} 不全为零。由此可知，

式（c）中的系数行列式应等于零。即

$$D=\begin{vmatrix} \sin\alpha l & -l \\ \alpha\cos\alpha l & -1 \end{vmatrix}=0 \tag{d}$$

将式（d）展开，得到超越方程

$$\tan\alpha l=\alpha l \tag{e}$$

这里，计算临界荷载的问题，变成求解超越方程的问题。

（4）解稳定方程，求特征荷载值　式（e）的精确解不易求得，可改用试算法或图解法进行数值求解。当采用图解法时，作 $y_1=\tan\alpha l$ 和 $y_2=\alpha l$ 两组线，其交点即为方程的解答，结果得到无穷多个解，如图 13-11 所示。这是因为弹性压杆有无穷多个自由度，因而有无穷多个特征荷载值。

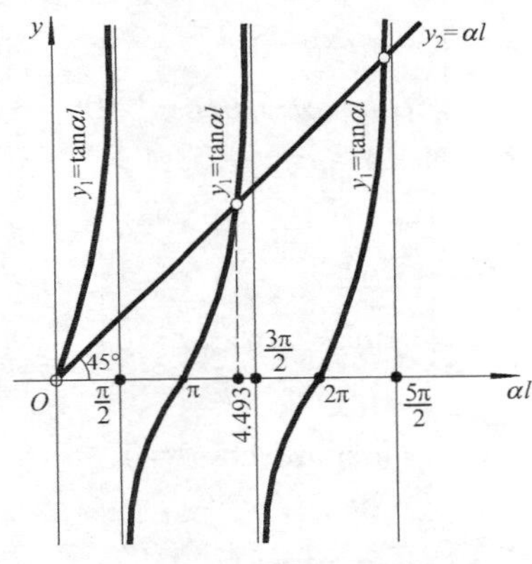

图 13-11　图解法解稳定方程

（5）由最小特征值荷载，确定临界荷载　由于 $(\alpha l)_{\min}=4.493$，故得

$$F_{\mathrm{Pcr}}=\alpha^2EI=(4.493)^2\frac{EI}{l^2}=20.19\frac{EI}{l^2}\approx\frac{\pi^2EI}{(0.7l)^2}$$

【例 13-3】　图 13-12 所示为一底端固定、顶端一段有着无穷大刚度的直杆。试用静力法求其临界荷载。

解：（1）假设失稳形式　如图 13-12 中实线所示。

（2）建立临界状态平衡方程　底段 AO_1 的弹性曲线近似方程为

$$EIy''=-M$$

将 $M=F_{\mathrm{P}}(a\theta+y)$ 代入，得

$$EIy''=-F_{\mathrm{P}}(a\theta+y)$$

整理得

$$y''+\frac{F_{\mathrm{P}}}{EI}y=-\frac{F_{\mathrm{P}}}{EI}a\theta$$

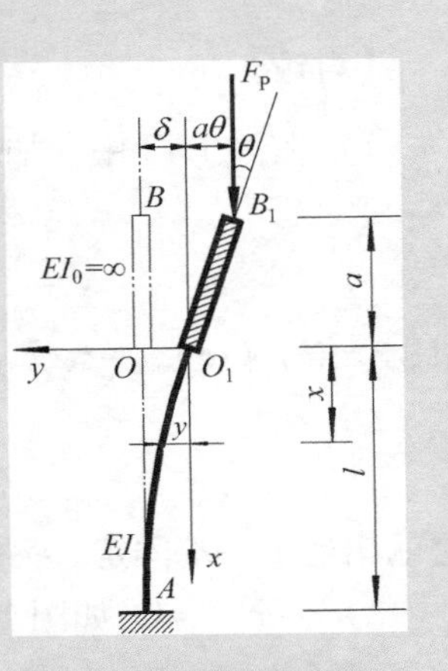

图 13-12　例 13-3 图

令 $\alpha^2=\frac{F_P}{EI}$，则有

$$y''+\alpha^2 y=-\alpha^2 a\theta \tag{a}$$

（3）建立稳定方程　式（a）的解为

$$y=A\cos\alpha x+B\sin\alpha x-a\theta \tag{b}$$

引入边界条件：

$$当\ x=0\ 时，y=0，y'=\theta$$

$$当\ x=l\ 时，y'=0$$

由此可得如下关于未知常数 A、B 和位移参数 θ 的线性齐次方程组

$$\begin{cases}A+0-a\theta=0\\0+\alpha B-\theta=0\\-\alpha A\sin\alpha l+\alpha B\cos\alpha l=0\end{cases} \tag{c}$$

令式（c）的系数行列式等于零，即得稳定方程

$$D=\begin{vmatrix}1 & 0 & -a\\0 & \alpha & -1\\-\sin\alpha l & \cos\alpha l & 0\end{vmatrix}=0 \tag{d}$$

将式（d）展开，得

$$-a\alpha\sin\alpha l+\cos\alpha l=0$$

即

$$\tan\alpha l=\frac{1}{\alpha a} \tag{e}$$

（4）解特征方程，求特征荷载值　由试算法或图解法，可解得 α 值。

（5）确定临界荷载　取各 α 值中的最小者 α_{min}，代入 $\alpha^2=F_P/EI$，便可得到所求的临界荷载值。

【讨论】

1）在例13-3中，如取 $a=0$（即 $\overline{OB}=0$），则由式（e）可得

$$\tan\alpha l=\infty$$

$$\cot\alpha l=0$$

也就是说，$(\alpha l)_{min}=\pi/2$，故

$$F_{Pcr}=\frac{\pi^2 EI}{4l^2}$$

这就相当于一端固定、另一端为自由端的情形，如图13-13a所示。

2）如取 $a=l$，如图13-13b所示，则由式（e）得

$$\tan\alpha l=\frac{1}{\alpha l}$$

也就是说，$(\alpha l)_{min}=0.861$，故

$$F_{\mathrm{Pcr}}=\frac{0.741EI}{l^2}$$

3）如取杆全长为 l，$a=l/2$，如图 13-13c 所示，则由式（e）得

$$\tan\frac{\alpha l}{2}=\frac{1}{\dfrac{\alpha l}{2}}$$

也就是说，$(\alpha l/2)_{\min}=0.861$，故

$$F_{\mathrm{Pcr}}=\frac{2.965EI}{l^2}$$

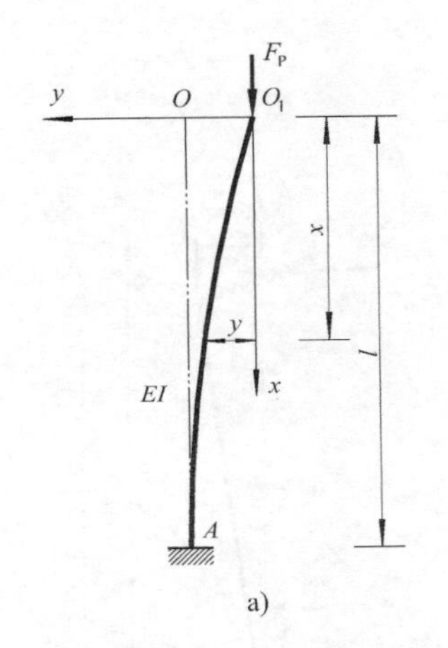

a)

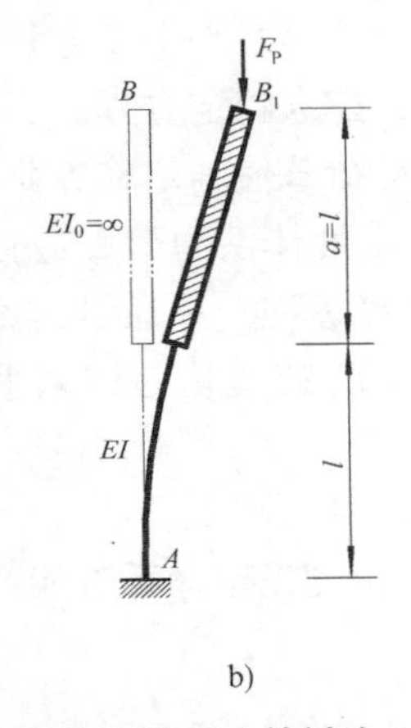

b)

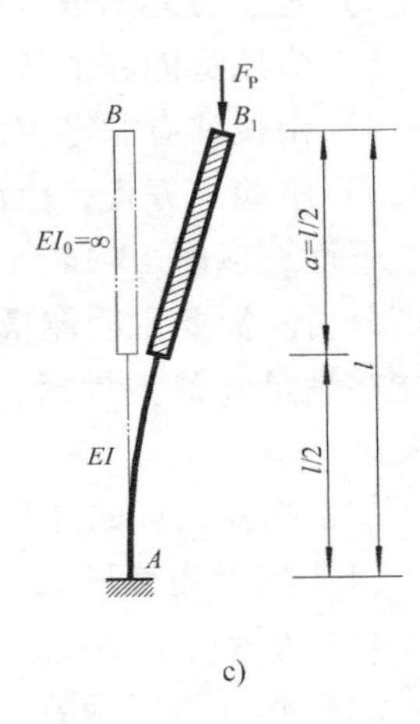

c)

图 13-13　关于例 13-3 的讨论

13.3　确定临界荷载的能量法

【拓展阅读】
宏观普遍适用的能量法

13.3.1　能量法及其能量特征

在较为复杂的情况下，用静力法确定临界荷载将会遇到数学上求解微分方程的困难。而能量法则是一种适合于求解复杂问题临界荷载的实用近似法。

能量法是根据临界状态的能量特征而提出的方法。临界状态的能量特征一般从能量守恒原理出发，或从势能驻值原理出发，可有多种表述方式。本节具体介绍时，采用如下的表述：总势能为驻值（即 $\delta E_{\mathrm{P}}=0$），且位移有非零解。

13.3.2　势能驻值原理

体系的总势能 E_{P}定义为体系的应变能 U 与荷载势能 U_{P}之和，即

$$E_{\mathrm{P}}=U+U_{\mathrm{P}} \tag{13-1}$$

式中，荷载势能 U_{P}用荷载功 W 来量度，二者之间的关系是：数量相等，符号相反，即 $U_{\mathrm{P}}=-W$。

势能驻值原理可表述为：在弹性体系的所有几何可能位移状态中，其真实的位移状态使

体系总势能的一阶变分为零，或者说使总势能为驻值，亦即

$$\delta E_{\mathrm{P}}=0 \tag{13-2}$$

由此得到的这个驻值条件，等价于平衡条件，也就是以能量形式表示的临界状态平衡方程。依据此平衡方程，并考虑位移有非零解，即可求得相应的临界荷载。

13.3.3 能量法计算临界荷载的步骤

能量法计算临界荷载，可按以下计算步骤进行：

1）假设失稳形式。

2）建立势能函数（$E_{\mathrm{P}}=U+U_{\mathrm{P}}$）。

3）应用势能驻值条件，建立临界状态平衡方程。

4）由位移有非零解的条件，建立稳定方程。

5）解稳定方程，由最小特征荷载值确定临界荷载值。

下面，以图13-14所示单自由度体系为例，进行能量法稳定分析。简要说明能量法的计算过程，并通过讨论，了解势能在满足驻值条件时，该泛函E_{P}的变化与体系平衡状态的关系。

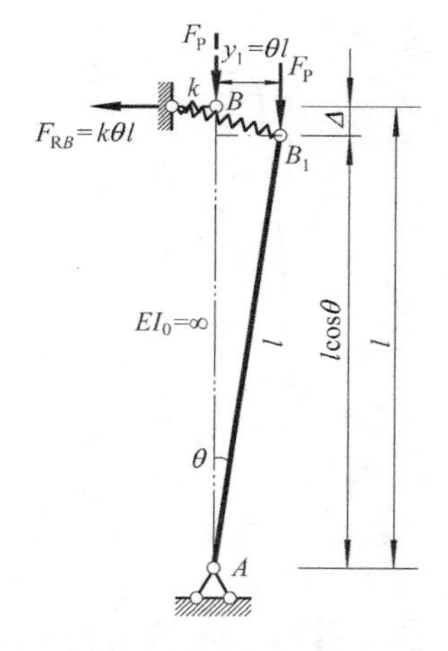

图13-14 单自由度体系的稳定分析

体系临界荷载的计算过程如下：

（1）假设失稳形式 根据自由度设定体系可能位形，如图13-14所示，未知量为θ。

（2）建立势能函数

1）求体系的应变能U：计算弹性支座的应变能时，考虑到侧移y_1是由零到其最终值的发展过程，故体系的应变能

$$U=\frac{1}{2}(kl\theta)(l\theta)=\frac{k(l\theta)^2}{2}$$

2）求荷载势能：

$$U_{\mathrm{P}}=-F_{\mathrm{P}}\Delta$$

式中，

$$\Delta=l-l\cos\theta=l(1-\cos\theta)=l\left(2\sin^2\frac{\theta}{2}\right)\approx l\left[2\left(\frac{\theta}{2}\right)^2\right]$$

即

$$\Delta=\frac{l\theta^2}{2}\ \text{或}\ \Delta=\frac{y_1^2}{2l}$$

故荷载势能

$$U_{\mathrm{P}}=-F_{\mathrm{P}}\frac{l\theta^2}{2}$$

3）求体系的总势能：

$$E_{\mathrm{P}}=U+U_{\mathrm{P}}=\frac{1}{2}k(\theta l)^2-F_{\mathrm{P}}\frac{l\theta^2}{2}=\frac{1}{2}(kl^2-F_{\mathrm{P}}l)\theta^2 \tag{a}$$

(3) 应用势能驻值条件，建立临界状态平衡方程　本例为单自由度体系，势能的一阶变分等于零，即

$$\delta E_{\mathrm{P}}=\frac{\mathrm{d}E_{\mathrm{P}}}{\mathrm{d}\theta}\delta\theta=0$$

因 $\delta\theta\neq0$，故有

$$\frac{\mathrm{d}E_{\mathrm{P}}}{\mathrm{d}\theta}=0$$

将总势能 E_{P} 的值代入上式，即可得

$$(kl^2-F_{\mathrm{P}}l)\theta=0 \tag{b}$$

此即用能量法建立的临界状态平衡方程，与前节用静力法对同一体系导出的平衡方程［13.2.2 小节中第一个式（b）］完全相同。

(4) 由位移有非零解，建立稳定方程　未知量 θ 有非零解的条件是

$$kl^2-F_{\mathrm{P}}l=0 \tag{c}$$

此即稳定方程。

(5) 解稳定方程，确定临界荷载　解稳定方程，得特征荷载值

$$F_{\mathrm{P}}=kl$$

对于单自由度体系，该唯一的特征荷载值即为临界荷载

$$F_{\mathrm{Pcr}}=F_{\mathrm{P}}=kl \tag{d}$$

【讨论】　从本例式（a）可知，总势能 E_{P} 是位移 θ 的二次函数，其关系曲线为二次抛物线（图 13-15）。如上所述，总势能为驻值，等价于平衡条件。但是，仅凭驻值条件，还不能保证体系变形状态的稳定性，因为体系的平衡状态还区分为稳定的、不稳定的和随遇平衡三种。要最终判别平衡状态究竟属于哪一种，还必须进一步考察总势能的二阶变分 δ^2E_{P} 的情况（参见图 13-15），即

当 $\delta E_{\mathrm{P}}=0$，且 $\begin{cases}\text{a) } \delta^2E_{\mathrm{P}}>0\text{，该变形状态 } E_{\mathrm{P}} \text{ 最小，稳定平衡；}\\ \text{b) } \delta^2E_{\mathrm{P}}=0\text{，该变形状态附近 } E_{\mathrm{P}} \text{ 不变，随遇平衡；}\\ \text{c) } \delta^2E_{\mathrm{P}}<0\text{，该变形状态 } E_{\mathrm{P}} \text{ 最大，不稳定平衡.}\end{cases}$

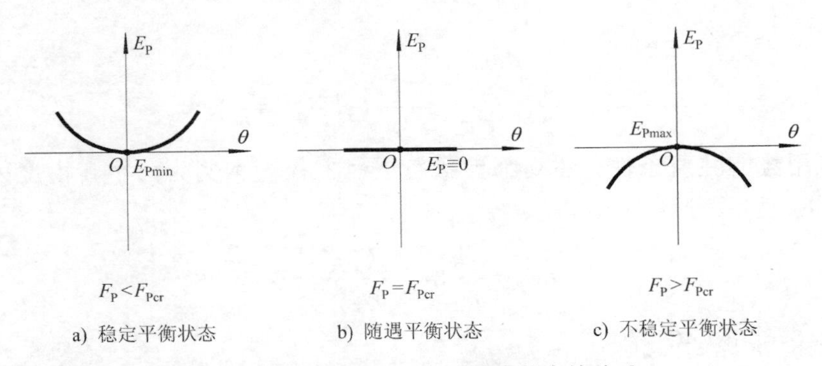

图 13-15　势能函数与体系稳定状态的关系

由以上分析表明，体系总势能的一阶变分 $\delta E_{\mathrm{P}}=0$，且二阶变分 $\delta^2E_{\mathrm{P}}=0$，才是严格的平

衡稳定性的能量准则。

那么，当用能量法计算临界荷载时，为什么可以更为简便地将其能量特征表述为“总势能为驻值（即 $\delta E_P=0$），且位移有非零解”，而不必再考察总势能的二阶变分情况呢？

这是因为，对于具有轴压构件的弹性结构来说，稳定分析的关键在于确定使随遇平衡成为可能的那个临界荷载值。所以，若在一个全新的又是可能实现的变形状态中，该荷载的作用是可以达成平衡的，这时无须检查系统的平衡稳定条件。因此，总势能（新状态中位移的函数）具有驻值，就可以作为临界状态的充要条件。上述结论是根据单自由度体系做出的，但它同样适用于多自由度体系和无限自由度体系。

13.3.4 用能量法求有限自由度体系的临界荷载

【例 13-4】 试用能量法重解图 13-7a 所示具有两个自由度体系的临界荷载。

解：(1) 假设失稳形式 如图 13-16 所示。

(2) 建立势能函数 体系的应变能

$$U=\frac{1}{2}ky_1^2+\frac{1}{2}ky_2^2=\frac{1}{2}k(y_1^2+y_2^2)$$

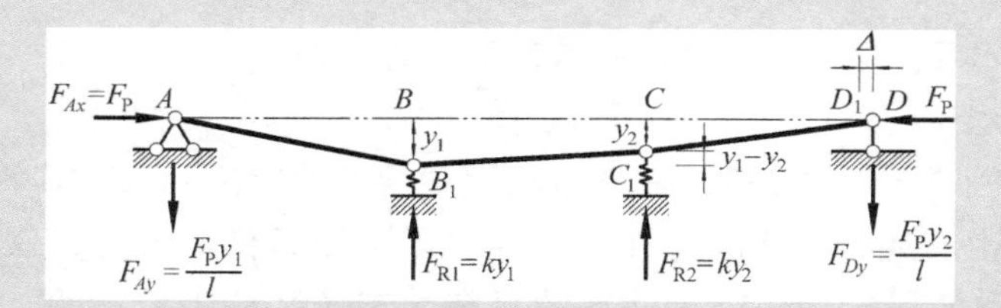

图 13-16 两个自由度体系的稳定分析

荷载势能

$$U_P=-F_P\Delta=-F_P\times\frac{1}{2l}[y_1^2+(y_2-y_1)^2+y_2^2]$$

$$=-\frac{F_P}{l}(y_1^2-y_1y_2+y_2^2)$$

由总势能 $E_P=U+U_P$，有

$$E_P=\frac{1}{2}k(y_1^2+y_2^2)-\frac{F_P}{l}(y_1^2-y_1y_2+y_2^2)$$

(3) 应用势能驻值条件，建立临界状态平衡方程 本例为两个自由度体系，势能 $E_P(y_1,y_2)$ 的一阶变分等于0，即

$$\delta E_P=\frac{\partial E_P}{\partial y_1}\delta y_1+\frac{\partial E_P}{\partial y_2}\delta y_2=0$$

因 $\delta y_1\neq 0$ 和 $\delta y_2\neq 0$，故有

$$\frac{\partial E_P}{\partial y_1}=0 \quad 和 \quad \frac{\partial E_P}{\partial y_2}=0$$

即

$$\begin{cases}\dfrac{\partial E_{\mathrm{P}}}{\partial y_1}=ky_1-\dfrac{F_{\mathrm{P}}}{l}(2y_1-y_2)=0\\\dfrac{\partial E_{\mathrm{P}}}{\partial y_2}=ky_2-\dfrac{F_{\mathrm{P}}}{l}(2y_2-y_1)=0\end{cases}$$

经整理，可得临界状态平衡方程

$$\begin{cases}(kl-2F_{\mathrm{P}})y_1+F_{\mathrm{P}}y_2=0\\F_{\mathrm{P}}y_1+(kl-2F_{\mathrm{P}})y_1=0\end{cases}$$

上式也是例 13-1 中用静力法导出的式（a），能量法余下的步骤与静力法完全相同（此处从略），最后得

$$F_{\mathrm{Pcr}}=F_{\mathrm{P(min)}}=\frac{kl}{3}$$

其结果与静力法得到的相同。

13.3.5　用能量法求无限自由度体系的临界荷载

现以图 13-17a 所示弹性理想压杆为例予以说明。

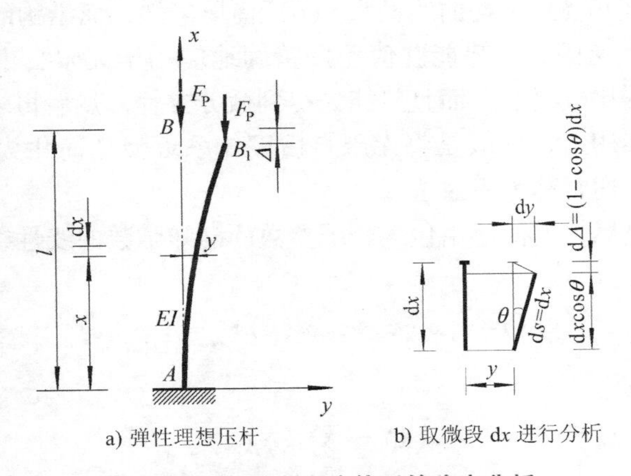

a) 弹性理想压杆　　b) 取微段 dx 进行分析

图 13-17　无限自由度体系的稳定分析

取压杆直线平衡位置作为参考状态。根据边界条件和位移协调条件，设定体系可能位形，如图 13-17a 中实线所示，$y(x)$ 即为满足位移边界条件的任一可能位形状态（即失稳形式）。

为建立势能函数，首先，确定体系的应变能。若只考虑弯曲变形的影响，则

$$U=\frac{1}{2}\int_0^l\frac{M^2(x)}{EI}\mathrm{d}x$$

即

$$\boxed{U=\frac{1}{2}\int_0^l EI(y'')^2\mathrm{d}x}\tag{13-3}$$

其次，计算荷载势能。如图13-17b所示，先取微段dx进行分析，微段两端点竖向位移的差值为

$$\mathrm{d}\Delta=(1-\cos\theta)\,\mathrm{d}x$$

在小变形时，可取$\theta\approx\tan\theta=y'$，上式改写为

$$\mathrm{d}\Delta=\frac{1}{2}\theta^2\mathrm{d}x=\frac{1}{2}(y')^2\mathrm{d}x$$

因此，压杆顶点的竖向位移

$$\Delta=\int_0^l\mathrm{d}\Delta=\frac{1}{2}\int_0^l(y')^2\mathrm{d}x$$

于是，荷载势能为

$$U_\mathrm{P}=-F_\mathrm{P}\Delta$$

亦即

$$\boxed{U_\mathrm{P}=-\frac{F_\mathrm{P}}{2}\int_0^l(y')^2\mathrm{d}x}\tag{13-4}$$

最后，得到体系的势能

$$\boxed{E_\mathrm{P}=\frac{1}{2}\int_0^l[EI(y'')^2-F_\mathrm{P}(y')^2]\,\mathrm{d}x}\tag{13-5}$$

有必要指出，式（13-5）中挠曲线函数$y(x)$尚属未知，而结构的势能E_P又是$y(x)$的函数，因此，E_P是一个泛函。将势能驻值条件精确地应用于无限自由度体系，是一个泛函的变分问题，计算过程比较复杂，而且只能先得到微分方程，然后再求解，而不能直接求得问题的解。所以，在实用上，一般是将无限自由度体系近似地简化为有限自由度体系来处理。这样的能量方法，通常称为**里兹法**。

里兹法采用广义坐标，近似地用包含若干参数的已知函数的线性组合，去逼近真实的微弯失稳曲线，即令

$$y(x)=a_1\varphi_1(x)+a_2\varphi_2(x)+\cdots+a_n\varphi_n(x)$$

即

$$y(x)=\sum_{i=1}^{n}a_i\varphi_i(x)\tag{13-6}$$

式中，$\varphi_i(x)$（$i=1，2，\cdots，n$）是满足位移边界条件的已知函数，也称为**里兹基函数**；a_i是待定的参数，共有n个，则无限自由度体系就被近似地看成具有n个自由度的体系。因而，只需要使用微分计算，最后用n个齐次线性代数方程，并按照与有限自由度问题相同的方法和步骤，即可求出无限自由度体系的临界荷载。

通常，增加a_i的数目可提高计算精度，但参数数量增大会使计算工作量大幅度增加。在一般情况下，只需取该基函数的前几项（如前2～3项）即可达到工程应用精度的要求。

为了便于应用起见，现将构成直杆位移函数的几种常用的级数表达式列入表13-1中。其中选取项数的多少由计算精度的要求决定。若位移函数多取一项所求得的压杆临界荷载与原先值相差不大，则说明所求得的临界荷载已接近于精确值。

表 13-1　满足位移边界条件的几种常用的级数形式

图像	级数形式
	(a) $y=a_1\sin\frac{\pi x}{l}+a_2\sin\frac{2\pi x}{l}+a_3\frac{3\pi x}{l}+\cdots$ (b) $y=a_1x(l-x)+a_2x^2(l-x)+a_3x(l-x)^2+a_4x^2(l-x)^2+\cdots$
	(a) $y=a_1\left(1-\cos\frac{\pi x}{2l}\right)+a_2\left(1-\cos\frac{3\pi x}{2l}\right)+a_3\left(1-\cos\frac{5\pi x}{2l}\right)+\cdots$ (b) $y=a_1\left(x^2-\frac{1}{6l^2}x^4\right)+a_2\left(x^6-\frac{15}{28l^2}x^8\right)+\cdots$
	(a) $y=a_1\left(1-\cos\frac{2\pi x}{l}\right)+a_2\left(1-\cos\frac{6\pi x}{l}\right)+a_3\left(1-\cos\frac{10\pi x}{l}\right)+\cdots$ (b) $y=a_1x^2(l-x)^2+a_2x^3(l-x)^3+\cdots$
	$y=a_1x^2(l-x)+a_2x^3(l-x)+\cdots$

【例 13-5】　试用能量法求解表 13-1 中第一行所示简支弹性压杆的临界荷载。

解:【解法一】(1) 假设失稳形式　按表 13-1，假定位形曲线为抛物线

$$y(x)=ax(l-x) \tag{a}$$

相当于在式（13-6）中只取一项。容易看出，此曲线满足简支压杆的边界条件。由于曲线形状已设定，只要给定 a 的数值，就可以唯一确定位形，即是以单自由度体系（变量为 a）的二次曲线来近似表示原无限自由度体系。

(2) 建立势能函数

$$E_P=\frac{1}{2}\int_0^l[EI(y'')^2-F_P(y')^2]\mathrm{d}x \tag{b}$$

将式（a）代入式（b），得

$$E_P=\frac{1}{2}\int_0^l EI(-2a)^2-F_P(al-2ax)^2\mathrm{d}x=2a^2lEI-\frac{1}{6}F_Pa^2l^3 \tag{c}$$

(3) 应用势能驻值条件

$$\frac{\mathrm{d}E_P}{\mathrm{d}a}=4alEI-\frac{1}{3}F_Pal^3=al\left(4EI-\frac{1}{3}F_Pl^2\right)=0 \tag{d}$$

（4）建立稳定方程　未知量 a 有非零解的条件是

$$l\left(4EI-\frac{1}{3}F_{P}l^{2}\right)=0 \tag{e}$$

（5）确定临界荷载　解稳定方程，得

$$F_{Pcr}=F_{P}=\frac{12EI}{l^{2}} \tag{f}$$

与精确解 $F_{Pcr}=\dfrac{\pi^{2}EI}{l^{2}}$ 相比，误差为+21.6%。

【解法二】（1）假定失稳形式　假定位移曲线为横向均布荷载 q 作用下的挠曲线

$$y(x)=\frac{q}{24EI}(l^{3}x-2lx^{3}+x^{4}) \tag{g}$$

即以单自由度体系（变量为 q）的四次曲线，来近似表示原无限自由度体系。

（2）建立势能函数

$$E_{P}=\frac{1}{2}\int_{0}^{l}[EI(y'')^{2}-F_{P}(y')^{2}]\mathrm{d}x \tag{h}$$

将式（g）代入式（h），得

$$E_{P}=\frac{1}{2}\int_{0}^{l}\left[\frac{q^{2}}{576EI}(12x^{2}-12lx)^{2}-\frac{F_{P}q^{2}}{576E^{2}I^{2}}(l^{3}-6lx^{2}+4x^{3})^{2}\right]\mathrm{d}x$$

$$=\frac{q^{2}l^{5}}{240EI}-\frac{17F_{P}q^{2}l^{7}}{40320E^{2}I^{2}} \tag{i}$$

（3）应用势能驻值条件

$$\frac{\mathrm{d}E_{P}}{\mathrm{d}q}=\frac{ql^{5}}{120EI}-\frac{17F_{P}ql^{7}}{20160E^{2}I^{2}}=\frac{ql^{5}}{120EI}\left(1-\frac{17F_{P}l^{2}}{168EI}\right)=0 \tag{j}$$

（4）建立稳定方程　未知量 q 有非零解的条件是

$$\frac{l^{5}}{120EI}\left(1-\frac{17F_{P}l^{2}}{168EI}\right)=0 \tag{k}$$

（5）确定临界荷载　解稳定方程，得

$$F_{Pcr}=F_{P}=\frac{9.882EI}{l^{2}} \tag{l}$$

与精确解 $F_{Pcr}=\dfrac{\pi^{2}EI}{l^{2}}$ 相比，误差为+0.1256%。

【解法三】（1）假设失稳形式　假定位移曲线为正弦曲线

$$y(x)=a\sin\frac{\pi x}{l} \tag{m}$$

即以单自由度体系（变量为 a）的正弦曲线，来表示原无限自由度体系。

（2）建立势能函数

$$E_{\mathrm{P}}=\frac{1}{2}\int_{0}^{l}[EI(y'')^{2}-F_{\mathrm{P}}(y')^{2}]\mathrm{d}x \tag{n}$$

将式（m）代入式（n），得

$$E_{\mathrm{P}}=\frac{1}{2}\int_{0}^{l}\left[EI\left(\frac{a\pi^{2}}{l^{2}}\sin\frac{\pi x}{l}\right)^{2}-F_{\mathrm{P}}\left(\frac{a\pi}{l}\cos\frac{\pi x}{l}\right)^{2}\right]\mathrm{d}x=\frac{EIa^{2}\pi^{4}}{4l^{3}}-\frac{F_{\mathrm{P}}a^{2}\pi^{2}}{4l} \tag{o}$$

（3）应用势能驻值条件

$$\frac{\mathrm{d}E_{\mathrm{P}}}{\mathrm{d}a}=\frac{EIa\pi^{4}}{2l^{3}}-\frac{F_{\mathrm{P}}a\pi^{2}}{2l}=\frac{EIa\pi^{4}}{2l^{3}}\left(1-\frac{F_{\mathrm{P}}l^{2}}{\pi^{2}EI}\right)=0 \tag{p}$$

（4）建立稳定方程　未知量 a 有非零解的条件是

$$\frac{EI\pi^{4}}{2l^{3}}\left(1-\frac{F_{\mathrm{P}}l^{2}}{\pi^{2}EI}\right)=0 \tag{q}$$

（5）确定临界荷载　解稳定方程，得

$$F_{\mathrm{Pcr}}=F_{\mathrm{P}}=\frac{\pi^{2}EI}{l^{2}} \tag{r}$$

与精确解完全一致。

【讨论】　通过以上算例，可以指出以下几点：

1）“解法一”假定变形曲线为二次抛物线，所求得的临界荷载值与精确值相比，误差为+21.6%。这是因为所设的二次抛物线与实际的变形曲线差别较大。

2）“解法二”假定变形曲线为横向均布荷载作用下的挠曲线，是四次曲线，它比二次抛物线更接近于真实曲线。据此所求得的临界荷载值与精确值相比，误差仅为+0.1256%。

3）“解法三”假定变形曲线为正弦曲线，正好是真正的失稳曲线，由此所求得的临界荷载值是精确解。

4）用能量法求解临界荷载的关键是：假定的变形曲线 $y(x)$ 必须合适，即应尽可能接近实际屈曲形式而又便于计算。但是，在实际工程中，失稳的真实位移曲线往往是未知的，横向荷载作用下的挠曲线也不易确定，因此，采用里兹能量法并利用表 13-1，是求解临界荷载十分实用的方法。尽管在本例中“解法一”得到的精度较低，但这是由于简化后自由度太少的原因造成的；如果选用较多项次的函数去拟合位形曲线，则可迅速提高到足够的解答精度。

5）一般情况下，用能量法求得的临界荷载为偏大的近似值。这是因为一般所设的失稳形式与实际变形并不一致，这就相当于在压杆中加入了某些约束，提高了压杆的刚度。

有必要提及，当采用里兹能量法求解无限自由度体系的临界荷载时，常可运用矩阵方法，以便于简明地表达和更方便地计算。

按里兹法假设失稳形式

$$y(x)=\sum_{i=1}^{n}a_{i}\varphi_{i}(x)\quad(i=1,2,\cdots,n)$$

相应地，体系的势能函数可表示为

$$E_P = \frac{1}{2}\int_0^l \left[EI\left(\sum_{i=1}^{n} a_i \varphi''_i \right)^2 - F_P\left(\sum_{i=1}^{n} a_i \varphi'_i \right)^2 \right] dx \tag{13-7}$$

应用势能驻值条件 $\delta E_P = 0$，有

$$\frac{\partial E_P}{\partial a_i} = 0 \quad (i=1,2,\cdots,n)$$

由此，可得

$$\sum_{j=1}^{n} a_j \int_0^l (EI\varphi''_i\varphi''_j - F_P\varphi'_i\varphi'_j)\,dx = 0 \quad (i=1,2,\cdots,n) \tag{13-8}$$

令

$$K_{ij} = \int_0^l EI\varphi''_i\varphi''_j dx \tag{13-9}$$

$$S_{ij} = \int_0^l F_P\varphi'_i\varphi'_j dx \tag{13-10}$$

则式（13-8）的矩形形式为

$$\left(\begin{bmatrix} K_{11} & K_{12} & \cdots & K_{1n} \\ K_{21} & K_{22} & \cdots & K_{2n} \\ \vdots & \vdots & & \vdots \\ K_{n1} & K_{n2} & \cdots & K_{nn} \end{bmatrix} - \begin{bmatrix} S_{11} & S_{12} & \cdots & S_{1n} \\ S_{21} & S_{22} & \cdots & S_{2n} \\ \vdots & \vdots & & \vdots \\ S_{n1} & S_{n2} & \cdots & S_{nn} \end{bmatrix} \right) \begin{bmatrix} a_1 \\ a_2 \\ \vdots \\ a_n \end{bmatrix} = \begin{bmatrix} 0 \\ 0 \\ \vdots \\ 0 \end{bmatrix} \tag{13-11a}$$

或简写为

$$(\boldsymbol{K}-\boldsymbol{S})\boldsymbol{a} = \boldsymbol{0} \tag{13-11b}$$

式（13-11b）即为**临界状态的能量方程**，它是对于待定系数 a_1，a_2，…，a_n的 n 个线性齐次方程。

待定参数 a_i有非零解的条件是，其系数行列式应为零。于是得稳定方程

$$D = |\boldsymbol{K}-\boldsymbol{S}| = 0 \tag{13-12}$$

其展开式是关于 F_P的 n 次代数方程，可求出 n 个根，由其中的最小根可确定临界荷载。

【例 13-6】 试用里兹法重解上节图 13-10 所示下端固定、上端铰支等截面压杆的临界荷载。

解：（1）假设失稳形式　由表 13-1，取变形曲线为两项形式，即

$$y = a_1\varphi_1(x) + a_2\varphi_2(x) = a_1x^2(l-x) + a_2x^3(l-x)$$

能满足以下几何边界条件：

当 $x=0$ 时，$y=0$，且 $y'=0$

当 $x=l$ 时，$y=0$

（2）计算稳定方程的系数 K_{ij}和 S_{ij}

$$\varphi_1'(x) = x(2l-3x),\quad \varphi_1''(x) = 2(l-3x);\quad \varphi_2'(x) = x^2(3l-4x),\quad \varphi_2''(x) = 6x(l-2x)$$

代入式（13-9）和式（13-10），即可求得 K_{ij}和 S_{ij}各个值。

（3）建立稳定方程　将 K_{ij} 和 S_{ij} 代入式（13-12）

$$D=|\boldsymbol{K}-\boldsymbol{S}|=0$$

即得到稳定方程

$$D=\begin{vmatrix} K_{11}-S_{11} & K_{12}-S_{12} \\ K_{21}-S_{21} & K_{22}-S_{22} \end{vmatrix}=0$$

亦即

$$D=\begin{vmatrix} 4EI-\dfrac{2}{15}F_{\mathrm{P}}l^2 & 4EIl-\dfrac{1}{10}F_{\mathrm{P}}l^3 \\ 4EIl-\dfrac{1}{10}F_{\mathrm{P}}l^3 & \dfrac{24}{5}EIl^2-\dfrac{3}{35}F_{\mathrm{P}}l^4 \end{vmatrix}=0$$

展开并化简，得

$$F_{\mathrm{P}}^2-128\left(\frac{EI}{l^2}\right)F_{\mathrm{P}}+2240\left(\frac{EI}{l^2}\right)^2=0$$

（4）解稳定方程，其中最小特征荷载即为所求临界荷载

$$F_{\mathrm{Pcr}}=\frac{20.9187EI}{l^2}$$

它与精确值 $F_{\mathrm{Pcr}}=20.1906EI/l^2$ 相比，其误差为 3.61%。

13.4　直杆的稳定

前面两节中，结合约束和受力都比较简单的压杆，讨论了用静力法和能量法确定临界荷载的原理和方法。下面，将用这些方法进一步讨论略为复杂一点，但杆的轴线在变形前仍为直线情况的压杆稳定问题。

13.4.1　刚性支承等截面直杆稳定问题

【知识拓展】我国钢结构设计规范中采用的钢压杆柱子曲线

归纳起来，主要有以下五种形式，如图 13-18 所示。①两端铰支（图 13-18a）；②一端固定、一端自由（图 13-18b）；③两端固定（图 13-18c）；④一端固定、一端铰支（图 13-18d）；⑤一端固定、一端定向支承（图 13-18e）。

图 13-18a 所示两端铰支压杆临界荷载的计算公式，又称为欧拉公式，为

$$F_{\mathrm{Pcr}}=\frac{\pi^2EI}{l^2}$$

实际上，各种不同约束条件下的压杆在临界状态时的微弯变形曲线特征，可与两端铰支压杆的临界微弯变形曲线（一个正弦半波）相比较，进而可确定各种压杆微弯时与一个正弦半波相当部分的长度，用 μl 表示。然后，用 μl 代替上式中的 l，便得到计算各种约束条件

下压杆临界荷载计算的通用公式，即

$$F_{\mathrm{Pcr}}=\frac{\pi^2 EI}{(\mu l)^2}$$

式中，μ 称为计算长度系数（图13-18），它反映杆端约束对压杆临界荷载的影响；μl 称为计算长度。

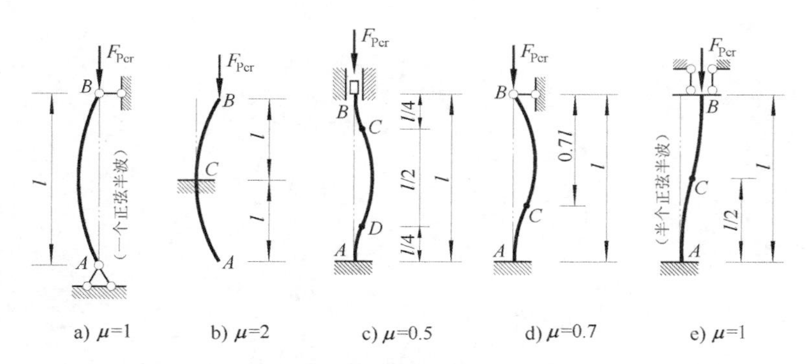

图13-18 刚性支承等截面直杆的计算长度系数

13.4.2 弹性支承等截面直杆的稳定

通常采用静力法求解弹性支承等截面直杆失稳的临界荷载。

1. 压杆基本形式

图13-19中，k 为弹簧抗移动刚度系数，是使弹簧发生单位线位移 $\delta=1$ 时，所需施加的力；k_1 为弹簧抗转动刚度系数，是使抗转动弹簧发生单位转角即 $\theta=1$ 时，所需施加的力矩。

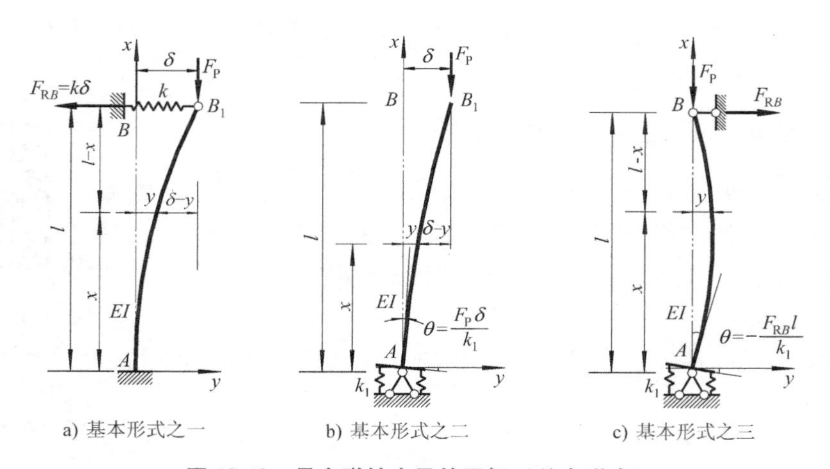

图13-19 具有弹性支承的压杆（基本形式）

（1）基本形式之一 一端固定、另一端弹性支座（图13-19a）。

第一，假定失稳形式。

第二，建立临界状态平衡方程：任一截面的外弯矩为

$$M=F_{\mathrm{P}}(\delta-y)-k\delta(l-x) \tag{a}$$

将式（a）代入内、外弯矩平衡方程中，则得弹性曲线的微分方程为

$$EIy''=M=F_{\mathrm{P}}(\delta-y)-k\delta(l-x)$$

或

$$EIy''+F_{\mathrm{P}}y=F_{\mathrm{P}}\delta-k\delta(l-x) \tag{b}$$

第三，根据平衡形式具有二重性的静力特征，建立稳定方程。

方程（b）的解为齐次方程的通解加非齐次方程的特解，即

$$y=A\cos\alpha x+B\sin\alpha x+\delta\left[1-\frac{k}{F_{\mathrm{P}}}(l-x)\right] \tag{c}$$

式中，

$$\alpha=\sqrt{\frac{F_{\mathrm{P}}}{EI}} \tag{d}$$

引入边界条件：当 $x=0$ 时，$y=y'=0$；当 $x=l$ 时，$y=\delta$，即可得到关于未知量 A、B 和 δ 的线性方程组

$$\begin{cases}A+\left(1-\dfrac{kl}{F_{\mathrm{P}}}\right)\delta=0\\ B\alpha+\dfrac{k}{F_{\mathrm{P}}}\delta=0\\ A\cos\alpha l+B\sin\alpha l=0\end{cases} \tag{e}$$

由于 A、B 和 δ 不能全为零，故方程组（e）的系数行列式应等于零，即

$$D=\begin{vmatrix}1 & 0 & 1-\dfrac{kl}{\alpha^2EI}\\ 0 & \alpha & \dfrac{k}{\alpha^2EI}\\ \cos\alpha l & \sin\alpha l & 0\end{vmatrix}=0 \tag{f}$$

第四，解稳定方程（f），求特征荷载值。

将式（f）展开，得超越方程

$$\boxed{\tan\alpha l=\alpha l-\frac{(\alpha l)^3EI}{kl^3}} \tag{13-13}$$

由式（13-13）用试算法或作图法求得 αl 的最小值后，根据式（d）不难求出临界荷载值。

现采用作图法求解。设

$$y_1=\tan\alpha l,\quad y_2=\alpha l-\frac{(\alpha l)^3EI}{kl^3}$$

在 αl-y 直角坐标上作 y_1 和 y_2 的曲线，如图 13-20 所示。y_1 和 y_2 的交点的横坐标最小值 Z_0 即为所求的 αl 值。然后，由 $(\alpha l)_{\min}=Z_0$，亦即 $\alpha_{\min}=Z_0/l=\sqrt{F_{\mathrm{P}}/EI}$，即可求得临界荷载值为

$$F_{\mathrm{Pcr}}=\frac{Z_0^2EI}{l^2}$$

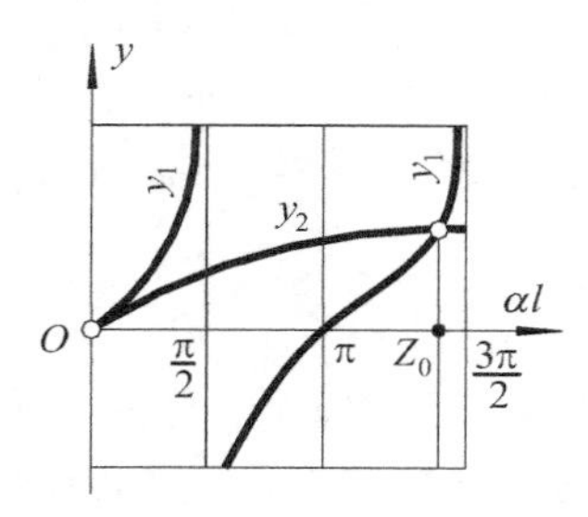

图 13-20 方程（13-13）的图解法

（2）基本形式之二 一端自由、另一端弹性抗转动支座（图 13-19b）。

在临界状态下，任一截面的弯矩为

$$M=F_P(\delta-y)$$

相应的边界条件为：当 $x=0$ 时，$y=0$ 和 $y'=\theta$；当 $x=l$ 时，$y=\delta$。

与前述推导类似，将弯矩表达式代入 $EIy''=M$，解此微分方程，在引入以上边界条件后，再根据位移有非零解的条件，可得到稳定方程

$$\boxed{\alpha l\tan\alpha l=\frac{k_1 l}{EI}} \tag{13-14}$$

采用作图法或试算法求得（αl）$_{\min}$后，即可用式（d）求出 F_{Pcr}。

（3）基本形式之三 一端铰支、另一端为弹性抗转动支座（图 13-19c）。

在临界状态下，任一截面的弯矩为

$$M=-F_Py+F_{RB}(l-x)$$

相应的边界条件为：当 $x=0$ 时，$y=0$ 和 $y'=-F_{RB}l/k_1$；当 $x=l$ 时，$y=0$。

由类似推导，可得稳定方程

$$\boxed{\tan\alpha l=\alpha l\,\frac{1}{1+(\alpha l)^2EI/k_1 l}} \tag{13-15}$$

采用作图法或试算法求得（αl）$_{\min}$后，即可用式（d）$\alpha=\sqrt{F_P/EI}$求出 F_{Pcr}。

2. 宜化作弹性支承的直杆

有许多刚架和排架都可简化为单根压杆的稳定问题，而把其余部分的作用化为该杆的某种弹性支承（即将其余部分作为一个子结构），问题在于这些弹性支承的弹簧刚度有时容易确定，因而宜于这样简化；有时不易于确定（例如计算复杂），因而不宜于这样简化。

如欲简化，则须同时满足以下两个条件：

一是除所选压杆外，结构的其余杆件中无压杆（包括对称结构取一半之后，除所选压杆外，其余部分无压杆；或其余部分虽有压杆，但为两端铰结杆）。

二是组成各弹性支承的杆件互不重复。否则，各弹簧间相互影响，计算不方便，而且不能用相互独立的弹簧刚度来表示。

例如，图 13-21a 所示刚架可简化为图 13-21b 所示单根压杆。

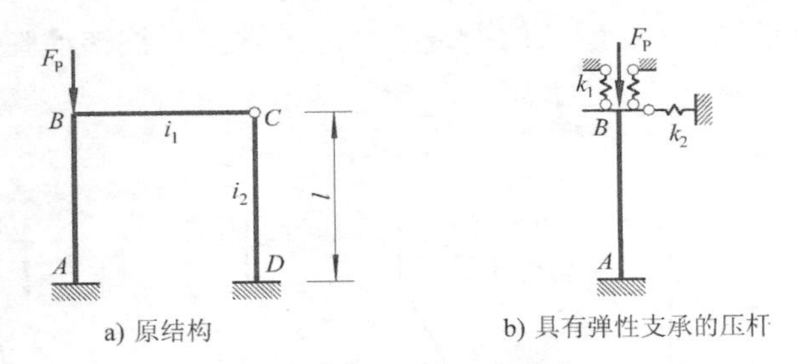

a) 原结构　　b) 具有弹性支承的压杆

图 13-21　将平面刚架化作弹性支承的压杆

BC 杆的作用化作抗转动弹簧，其刚度 $k_1=3i_1$；CD 杆的作用化作抗移动弹簧，其刚度为 $k_2=3i_2/l^2$。

【例 13-7】　试求图 13-22a 所示结构的稳定方程。

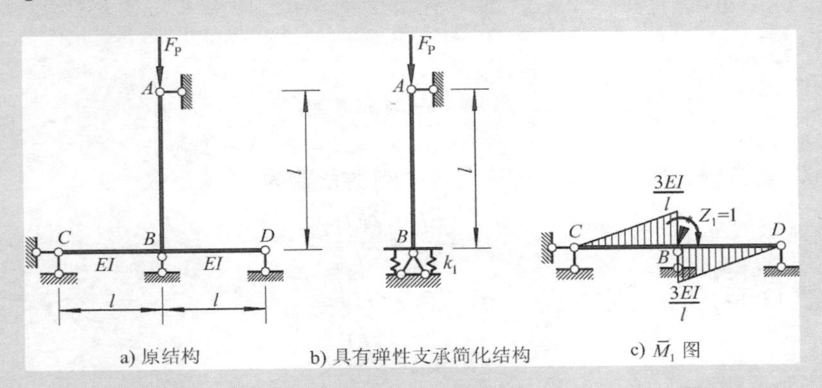

a) 原结构　　b) 具有弹性支承简化结构　　c) $\overline{M}_1$ 图

图 13-22　例 13-7 图

解： 将图 13-22a 结构简化为图 13-22b 所示具有弹性支承的压杆（属基本形式之三）。

在一般情况下，确定弹性支承的刚度系数 k_i时，需在结构余下的部分加上单位力或单位力偶，并求出相应的位移（即柔度系数），然后取其倒数。

在本例中，由于 k_1等于连续梁的中点 B 发生单位转角时所需的力矩，故根据图 13-22c 所示$\overline{M}_1$图，可知

$$k_1=\frac{3EI}{l}+\frac{3EI}{l}=\frac{6EI}{l}$$

将求得的 k_1值代入式（13-15），便可得到稳定方程

$$\tan\alpha l=\alpha l\,\frac{1}{1+(\alpha l)^2/6}$$

【例 13-8】　试将图 13-23a 所示刚架简化成具有弹性支承端的压杆，并求其稳定方程。

解： 图 13-23a 所示刚架为对称结构，可能出现正对称失稳和反对称失稳两种失稳形式。因此，可对应地取等效半刚架如图 13-23b、c 所示。为进一步简化计算，还可将

图13-23b、c统一化为图13-23d所示的上端自由、下端具有抗转动弹性支承的压杆（属基本形式之二）。

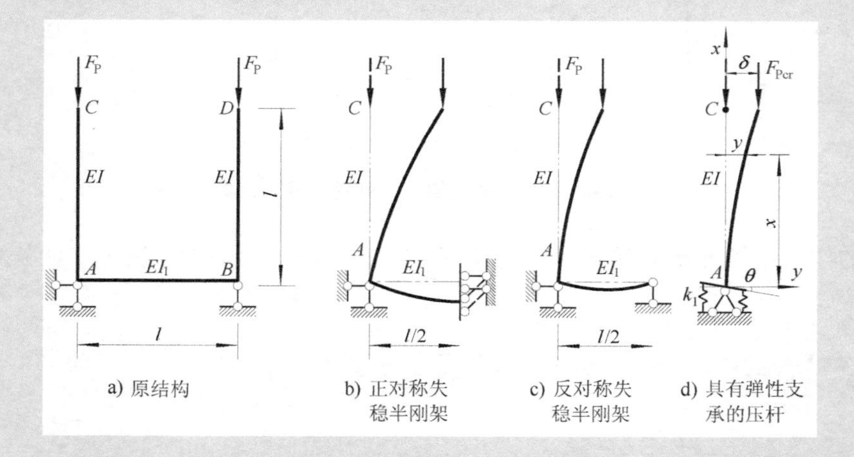

图13-23 例13-8图

（1）对称失稳时（图13-23b） 其抗转动刚度系数为

$$k_1=\frac{EI_1}{l/2}=\frac{2EI_1}{l}$$

将其代入式（13-14），得稳定方程

$$\alpha l\tan\alpha l=\frac{2EI_1}{EI}$$

（2）反对称失稳时（图13-23c） 其抗转动刚度系数为

$$k_1=3\frac{EI_1}{l/2}=\frac{6EI_1}{l}$$

将其代入式（13-14），得稳定方程

$$\alpha l\tan\alpha l=\frac{6EI_1}{EI}$$

13.4.3 组合轴向压力作用下等截面直杆的稳定

1. 两个集中力作用

两个集中力 F_{P1} 和 F_{P2} 分别作用在杆件的 C、B 点，如图13-24所示，试求该杆件的临界荷载。

采用静力法。按 F_{P1} 和 F_{P2} 作用点，将 AC 分为上、下两段，长度分别为 l_1 和 l_2。假设失稳形式如图13-24所示，分别建立临界状态平衡方程如下：

上段：

$$EIy_1''=F_{P1}(\delta_1-y_1)\quad(l_2\leqslant x\leqslant l)$$

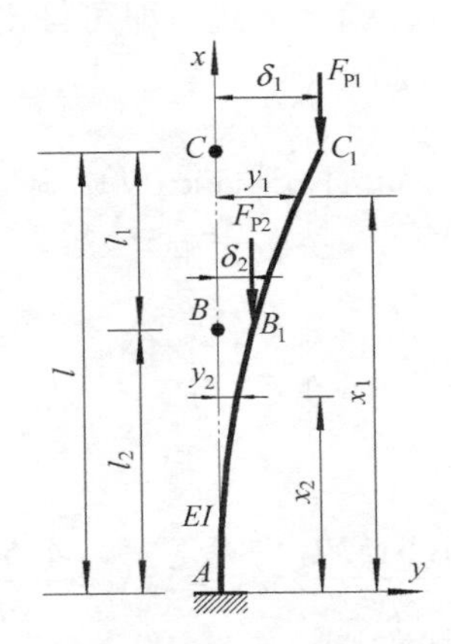

图 13-24　两个集中力作用下的悬臂压杆

下段：

$$EIy_2''=F_{P1}(\delta_1-y_2)+F_{P2}(\delta_2-y_2)\quad(0\leqslant x\leqslant l_2)$$

整理得

$$\begin{cases}EIy_1''+F_{P1}y_1=F_{P1}\delta_1\\EIy_2''+(F_{P1}+F_{P2})y_2=F_{P1}\delta_1+F_{P2}\delta_2\end{cases}$$

令 $\alpha_1^2=\dfrac{F_{P1}}{EI}$，$\alpha_2^2=\dfrac{F_{P1}+F_{P2}}{EI}$，可以求得通解为

$$\begin{cases}y_1=A_1\cos\alpha_1x+B_1\sin\alpha_1x+\delta_1\quad(l_2\leqslant x\leqslant l)\\y_2=A_2\cos\alpha_2x+B_2\sin\alpha_2x+\dfrac{F_{P1}\delta_1+F_{P2}\delta_2}{F_{P1}+F_{P2}}\quad(0\leqslant x\leqslant l_2)\end{cases}$$

为确定六个未知常数，引入六个边界条件：

当 $x=0$ 时（A 点），$y_2=0$，$y_2'=0$

当 $x=l_2$时（B 点），$y_1=y_2$，$y_1'=y_2'$，$y_1''=y_2''$

当 $x=l$ 时（C 点），$y_1=\delta_1$

由此，可得

$$\begin{cases}A_1\cos\alpha_1l+B_1\sin\alpha_1l=0\\-A_1\alpha_1\sin\alpha_1l_2+B_1\alpha_1\cos\alpha_1l_2+A_2\alpha_2\sin\alpha_2l_2=0\\-A_1\alpha_1^2\cos\alpha_1l_2-B_1\alpha_1^2\sin\alpha_1l_2+A_2\alpha_2^2\cos\alpha_2l_2=0\end{cases}$$

积分常数 A_1、B_1和 A_2不全为零的条件是行列式 $D=0$，即

$$D=\begin{vmatrix}\cos\alpha_1l & \sin\alpha_1l & 0\\-\alpha_1\sin\alpha_1l_2 & \alpha_1\cos\alpha_1l_2 & \alpha_2\sin\alpha_2l_2\\-\alpha_1^2\cos\alpha_1l_2 & -\alpha_1^2\sin\alpha_1l_2 & \alpha_2^2\cos\alpha_2l_2\end{vmatrix}=0$$

将上式展开并整理后，得稳定方程

$$\tan\alpha_1l_1\tan\alpha_2l_2=\frac{\alpha_2}{\alpha_1}\tag{13-16}$$

当给定F_{P1}/F_{P2}、l_1/l_2各比值后，代入上式，即可得出临界荷载值。例如，当$F_{P1}=F_P$、$F_{P2}=3F_P$、$l_1=l_2=l/2$时，有

$$\tan\alpha_1\left(\frac{l}{2}\right)\tan\alpha_1(l)=2$$

由此，可解得

$$\alpha_1=\frac{1.231}{l}$$

故

$$F_{P1}=\frac{1.515EI}{l^2},\quad F_{P2}=3F_{P1}=\frac{4.545EI}{l^2}$$

即临界荷载为

$$F_{Pcr}=1.515EI/l^2$$

2. 仅有自重作用

图13-25所示为一等截面柱，下端固定、上端自由，试求其在均匀分布竖直荷载作用下的临界荷载。

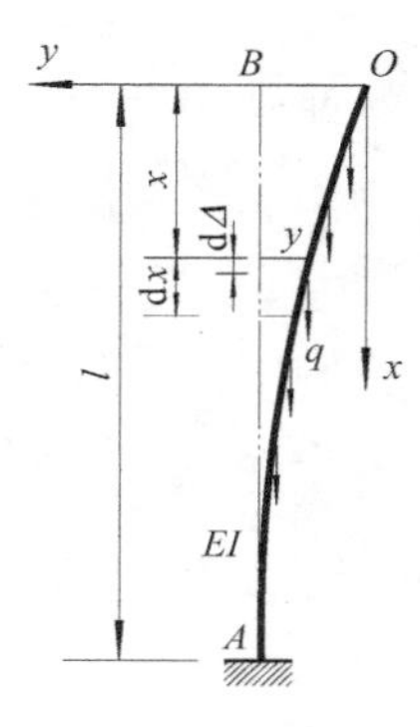

图13-25 仅有自重作用的悬臂压杆

采用能量法求解。选取坐标系，如图13-25所示。两端边界条件为

$$当x=0时，y=0$$
$$当x=l时，y'=0$$

根据上述边界条件，可假设结构近似变形曲线为

$$y=a\sin\frac{\pi x}{2l}$$

则其应变能为

$$U=\frac{1}{2}\int_0^l EI(y'')^2\mathrm{d}x=\frac{EI\pi^4a^2}{32l^4}\int_0^l\sin^2\frac{\pi x}{2l}\mathrm{d}x=\frac{EI\pi^4a^2}{64l^3}$$

再求荷载势能U_P。由于微段dx倾斜而使微段以上部分荷载qx向下移动，下降距离$\mathrm{d}\Delta\approx\frac{1}{2}(y')^2\mathrm{d}x$（参见图13-17b），该微段上重力的荷载势能为

$$-qx\mathrm{d}\Delta=-qx\times\frac{1}{2}(y')^2\mathrm{d}x$$

因此，全杆自重在结构变形中的势能为

$$U_P=-\frac{1}{2}\int_0^l qx(y')^2\mathrm{d}x=-\frac{qa^2\pi^2}{8l^2}\int_0^l x\cos^2\frac{\pi x}{2l}\mathrm{d}x=-\frac{0.149}{8}q\pi^2a^2$$

将U和U_P代入$E_P=U+U_P$中，再应用势能驻值条件，即可求得临界荷载q_{cr}的近似解为

$$q_{cr}=\frac{\pi^2EI}{8\times0.149l^3}=8.27\frac{EI}{l^3}$$

与精确解$7.837EI/l^3$相比，误差为5.5%。

13.4.4 变截面杆件的稳定

在工程实际中，为充分发挥构件的受力特性或满足构造、使用等方面的要求，常采用变截面杆件。这里只讨论建筑结构中经常遇到的阶梯形柱的稳定问题。

图 13-26a 所示为一变截面悬臂压杆。

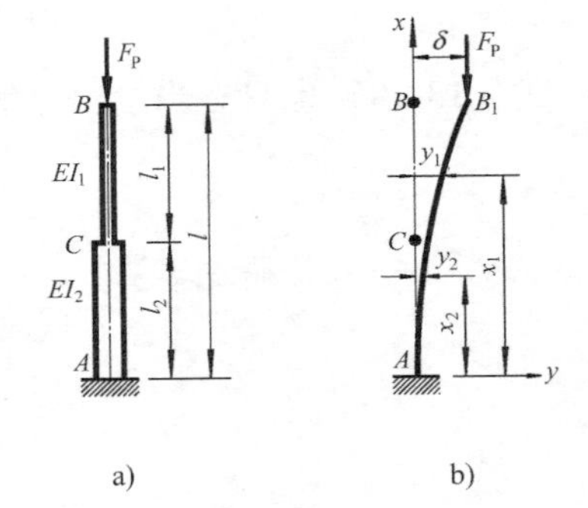

图 13-26　阶梯形柱的稳定（之一）

采用静力法。令 y_1、y_2 分别表示上段和下段各点在新的平衡形式下的挠度（图 13-26b）。

这两杆段的近似微分方程为

$$\begin{cases} EI_1 y_1'' = F_P(\delta - y_1), l_2 \leqslant x \leqslant l \\ EI_2 y_2'' = F_P(\delta - y_2), 0 \leqslant x \leqslant l_2 \end{cases}$$

即

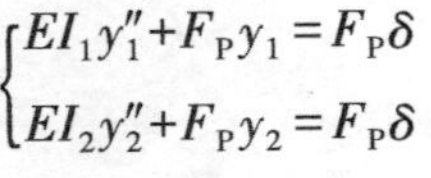

$$\begin{cases} EI_1 y_1'' + F_P y_1 = F_P \delta \\ EI_2 y_2'' + F_P y_2 = F_P \delta \end{cases}$$

令 $\alpha_1^2 = \dfrac{F_P}{EI_1}$，$\alpha_2^2 = \dfrac{F_P}{EI_2}$，可得到解为

$$\begin{cases} y_1 = A_1 \cos\alpha_1 x + B_1 \sin\alpha_1 x + \delta, l_2 \leqslant x \leqslant l \\ y_2 = A_2 \cos\alpha_2 x + B_2 \sin\alpha_2 x + \delta, 0 \leqslant x \leqslant l_2 \end{cases} \tag{a}$$

这里，共含有 A_1、B_1、A_2、B_2 和 δ 五个未知常数。已知边界条件为：

当 $x=0$ 时，$y_2=0$，$y_2'=0$，由此得 $A_2=-\delta$，$B_2=0$。这时

$$y_2 = \delta(1-\cos\alpha_2 x) \tag{b}$$

当 $x=l$ 时，$y_1=\delta$；当 $x=l_2$ 时，$y_1=y_2$，$y_1'=y_2'$。将这三个条件代入式（a）和式（b），可得如下的齐次方程组：

$$\begin{cases} A_1 \cos\alpha_1 l + B_1 \sin\alpha_1 l = 0 \\ A_1 \cos\alpha_1 l_2 + B_1 \sin\alpha_1 l_2 + \delta\cos\alpha_2 l_2 = 0 \\ A_1 \alpha_1 \sin\alpha_1 l_2 - B_1 \alpha_1 \cos\alpha_1 l_2 + \delta\alpha_2 \sin\alpha_2 l_2 = 0 \end{cases}$$

与此相应的稳定方程为

$$D = \begin{vmatrix} \cos\alpha_1 l & \sin\alpha_1 l & 0 \\ \cos\alpha_1 l_2 & \sin\alpha_1 l_2 & \cos\alpha_2 l_2 \\ \sin\alpha_1 l_2 & -\cos\alpha_1 l_2 & \dfrac{\alpha_2}{\alpha_1}\sin\alpha_2 l_2 \end{vmatrix} = 0$$

将上面的行列式展开，得

$$\boxed{\tan\alpha_1 l_1 \times \tan\alpha_2 l_2 = \frac{\alpha_1}{\alpha_2}} \tag{13-17}$$

式（13-17）只有当给出比值 I_1/I_2、l_1/l_2 时才能求解。

对于在柱顶承受 F_{P1} 而且在截面突变处承受 F_{P2} 作用的情形（图 13-27），由类似的推导过程，可得其稳定方程为

$$\boxed{\tan\alpha_1 l_1 \times \tan\alpha_2 l_2 = \frac{\alpha_1}{\alpha_2} \times \frac{F_{P1}+F_{P2}}{F_{P1}}} \tag{13-18}$$

式中，

$$\alpha_1 = \sqrt{\frac{F_{P1}}{EI_1}}\ ,\quad \alpha_2 = \sqrt{\frac{F_{P1}+F_{P2}}{EI_2}}$$

式（13-18）也只有当给出比值 I_1/I_2、l_1/l_2 和 F_{P1}/F_{P2}时才能求解。

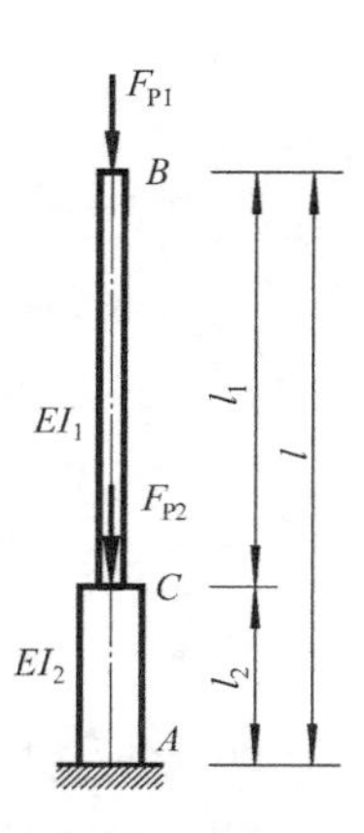

图 13-27 阶梯形柱的稳定（之二）

*13.4.5 组合压杆的稳定

1. 构造特点

两类组合压杆的构造如图 13-28 和图 13-29 所示。

由 $F_{Pcr}=\pi^2 EI_z/l^2$知，采用组合柱可提高 I_z，从而可提高 F_{Pcr}。

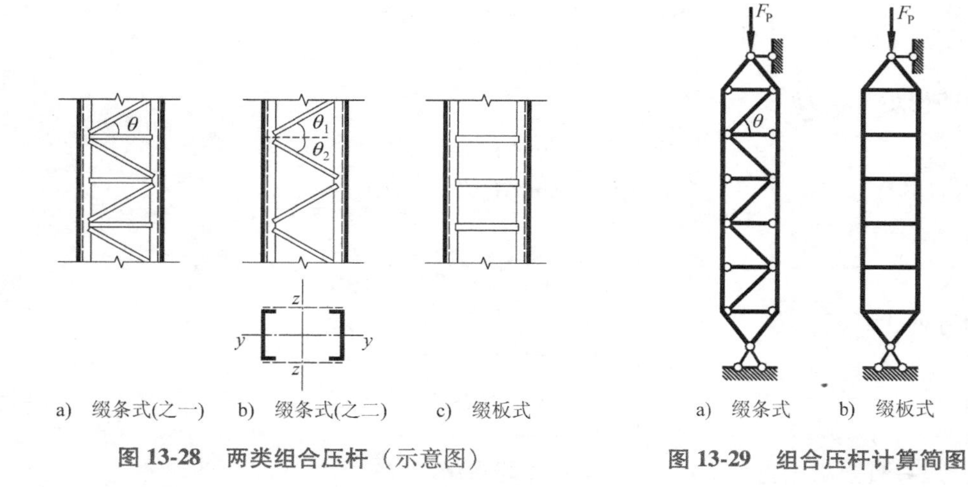

a) 缀条式(之一) b) 缀条式(之二) c) 缀板式

图 13-28 两类组合压杆（示意图）

a) 缀条式 b) 缀板式

图 13-29 组合压杆计算简图

2. 剪力对临界荷载的影响

前面确定压杆的临界荷载时，只考虑了弯矩对变形的影响。如考虑到组合压杆特别是轻型结构中剪切变形的效应不可忽视，则还要记入剪力对临界荷载的影响（图 13-30），因而，就应同时考虑弯矩和剪力对变形的影响。

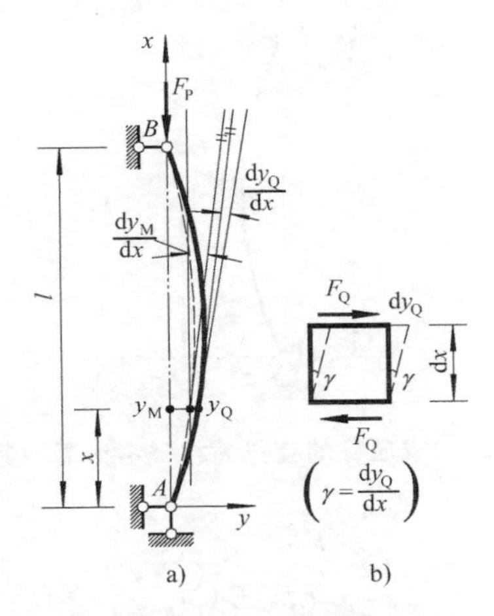

图 13-30　剪力对临界荷载的影响

设 $y=y_M+y_Q$，其中，y_M、y_Q 分别表示由弯矩、剪力引起的变形，则表示曲率的近似公式为

$$y''=y''_M+y''_Q \tag{a}$$

（1）由于弯曲引起的曲率 y''_M　其表达式为

$$y''_M=-\frac{M}{EI} \tag{b}$$

（2）由于剪力引起的曲率 y''_Q　由于剪力所引起的杆轴切线的附加转角 dy_Q/dx 在数值上等于剪切角 γ，于是有

$$\begin{cases}\dfrac{dy_Q}{dx}=\gamma=\mu\dfrac{F_Q}{GA}=\dfrac{\mu}{GA}\left(\dfrac{dM}{dx}\right)\\ y''_Q=\dfrac{d}{dx}\left(\dfrac{dy_Q}{dx}\right)=\dfrac{\mu}{GA}\left(\dfrac{d^2M}{dx^2}\right)\end{cases} \tag{c}$$

式中，μ 为考虑剪应力分布不均匀系数。

（3）M 和 F_Q 共同引起的曲率 y''　其表达式为

$$\boxed{y''=-\frac{M}{EI}+\frac{\mu}{GA}\left(\frac{d^2M}{dx^2}\right)} \tag{13-19}$$

式（13-19）适用于任何支座条件。

现以图 13-31 所示铰支压杆为例，考虑剪力影响，求其临界荷载。

假设失稳形式，如图 13-31 所示，有

$$M=F_Py$$

$$\frac{d^2M}{dx^2}=F_Py''$$

代入式（13-19），得

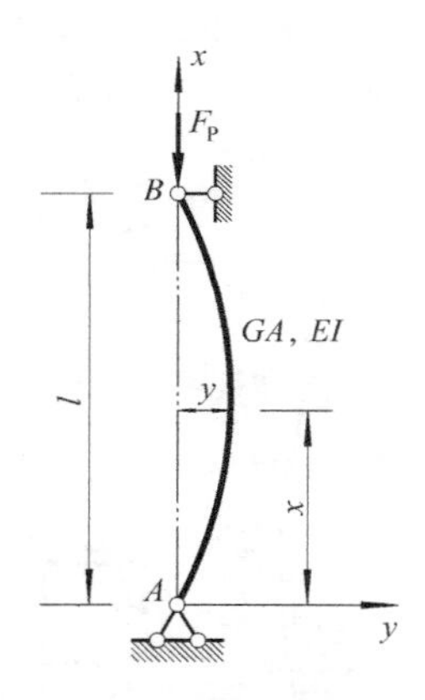

图 13-31 求压杆的临界荷载（考虑剪力影响）

$$y''=-\frac{F_P y}{EI}+\frac{\mu}{GA}(F_P y'')$$

经整理，得

$$EI\left(1-\frac{\mu F_P}{GA}\right)y''+F_P y=0$$

经前述步骤，最后可得

$$F_{Pcr}=\frac{\dfrac{\pi^2 EI}{l^2}}{\left(1+\dfrac{\mu}{GA}\dfrac{\pi^2 EI}{l^2}\right)}$$

即

$$\boxed{F_{Pcr}=\alpha F_{Pe}} \tag{13-20}$$

式中，$F_{Pe}=\pi^2 EI/l^2$为欧拉临界荷载；$\alpha=1/\left(1+\dfrac{\mu}{GA}\dfrac{\pi^2 EI}{l^2}\right)$为考虑剪应力影响的修正系数。因$\alpha<1$，故 $F_{Pcr}<F_{Pe}$。

【讨论】 剪力影响有多大？以工字钢实体杆截面为例，$\mu\approx1$。在式（13-20）中，注意到

$$\frac{\pi^2 EI}{GAl^2}=\frac{F_{Pe}}{GA}=\frac{\sigma_e}{G}$$

式中，σ_e为欧拉临界应力。

如果取钢材的剪切模量 $G=80\times10^3$MPa，而临界应力取为 $\sigma_e=200$MPa，则有 $\sigma_e/G=1/400$。这说明，在实体杆中，剪力的影响是很小的，通常可略去不计。

3. 计算组合杆的 F_{Pcr} 须解决的关键问题——$\overline{F}_Q=1$ 引起的附加剪切角 $\overline{\gamma}$

实际工程中，常把构件的稳定问题简化为两个主轴平面内的稳定问题。

（1）沿 z 轴平面内失稳（参见图 13-28） 其表达式为

$$F_{\mathrm{Pcr}}=\frac{\pi^2 EI_y}{l^2}=\frac{\pi^2 E(2I_{y肢})}{l^2} \tag{13-21}$$

（2）沿 y 轴平面内失稳（参见图 13-28）

1）实体杆：

$$F_{\mathrm{Pcr}}=\alpha F_{\mathrm{Pe}}=\frac{F_{\mathrm{Pe}}}{1+\mu F_{\mathrm{Pe}}/GA} \tag{13-22}$$

令 $\overline{\gamma}_0=\dfrac{\mu(1)}{GA}$——$\overline{F}_{\mathrm{Q}}=1$ 引起实体杆的附加剪切角，则

$$F_{\mathrm{Pcr}}=\frac{F_{\mathrm{Pe}}}{1+\overline{\gamma}_0 F_{\mathrm{Pe}}} \tag{13-23}$$

2）组合杆：

$$F_{\mathrm{Pcr}}=\alpha F_{\mathrm{Pe}}=\frac{F_{\mathrm{Pe}}}{1+\overline{\gamma} F_{\mathrm{Pe}}} \tag{13-24}$$

式中，$\overline{\gamma}$ 表示 $\overline{F}_{\mathrm{Q}}=1$ 引起组合杆的附加剪切角。

由此可知，计算组合杆的 F_{Pcr}，关键是求出 $\overline{\gamma}$，用以代替实体杆公式（13-23）中的 $\overline{\gamma}_0$，就可求得剪切修正系数 $\alpha=1/(1+\overline{\gamma}F_{\mathrm{Pe}})$，从而可近似地得到组合杆件的临界荷载。实践证明，当组合杆的节间数≥6 时，这个方法就能给出相当满意的结果。

4. 缀条式组合杆的临界荷载

参见图 13-29a 所示缀条式组合压杆，可近似地按桁架进行计算。取一节间来考虑，如图 13-32 所示。加载方式可有多种（见图 13-32a、b、c、d）。

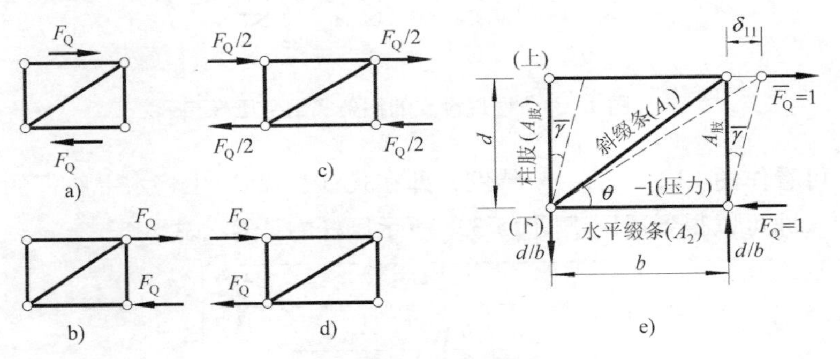

图 13-32　取出一节间进行分析

（1）求 $\overline{\gamma}$（$\overline{F}_{\mathrm{Q}}=1$ 引起的附加剪切角，图 13-32e）

$$\overline{\gamma}\approx\tan\overline{\gamma}=\frac{\delta_{11}}{d}=\frac{1}{d}\sum\frac{\overline{F}_{\mathrm{N1}}^2 l}{EA}$$

对于前后两根水平缀条，有

$$(\overline{F}_{\mathrm{N1}})^2_{水平}=(-1)^2,\quad l_{水平}=b=\frac{d}{\tan\theta}$$

对于前后两根斜缀条，有

$$(\overline{F}_{N1})^2_{斜}=\left(\frac{1}{\cos\theta}\right)^2,\quad l_{斜}=\frac{d}{\sin\theta}$$

故

$$\overline{\gamma}=\frac{\delta_{11}}{d}=\frac{1}{E}\left(\frac{1}{A_1\sin\theta\cos^2\theta}+\frac{1}{A_2\tan\theta}\right)$$

（2）求 F_{Pcr}　将 $\overline{\gamma}$ 值代入式（13-24），得

$$F_{Pcr}=\alpha F_{Pe}=\frac{1}{1+\overline{\gamma}F_{Pe}}F_{Pe}=\frac{1}{1+\dfrac{F_{Pe}}{E}\left(\dfrac{1}{A_1\sin\theta\cos^2\theta}+\dfrac{1}{A_2\tan\theta}\right)}F_{Pe}$$

式中，$F_{Pe}=\dfrac{\pi^2EI}{l^2}$，而 $I\approx 2A_{肢}\left(\dfrac{b}{2}\right)^2$，于是有

$$\boxed{F_{Pcr}=\frac{1}{1+\dfrac{\pi^2}{2}\left(\dfrac{b}{l}\right)^2\left(\dfrac{A_{肢}}{A_1\sin\theta\cos^2\theta}+\dfrac{A_{肢}}{A_2\tan\theta}\right)}F_{Pe}}\tag{13-25}$$

式（13-25）是根据图13-33b推导出来的，以此为基础，可进一步讨论图13-33a、c、d的计算公式。

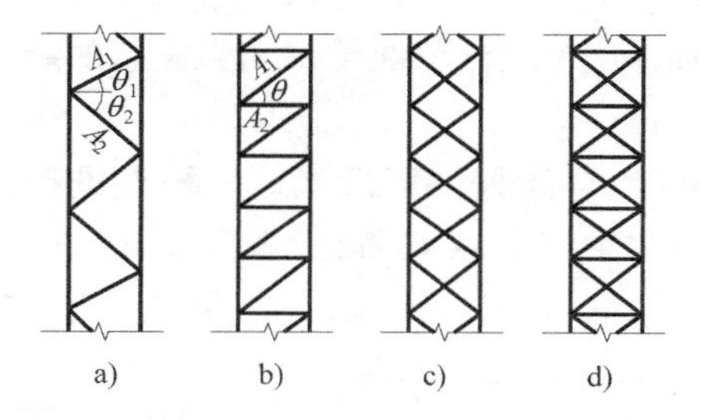

图13-33　两端铰支的缀条式组合压杆

图13-33a可看作图13-33b的一个特例，即在式（13-25）中将水平腹杆的项去掉，同时考虑 $A_1=A_2=A$，即可以得到适用于图13-33a所示压杆的计算公式

$$\boxed{F_{Pcr}=\frac{1}{1+\dfrac{\pi^2}{2}\left(\dfrac{b}{l}\right)^2\dfrac{A_{肢}}{A\sin\theta\cos^2\theta}}\times\frac{\pi^2EI}{l^2}}\tag{13-26}$$

对于有交叉缀条的组合杆（图13-33c、d），临界荷载仍分别按式（13-26）、式（13-25）计算，只是此时缀条面积应加倍，即为两根交叉缀条的面积。

（3）【讨论】缀条式组合杆的临界荷载值和计算长度 l_0 的特点

第一，关于 F_{Pcr}：式（13-25）和式（13-26）可统一写成

$$\boxed{F_{Pcr}=\alpha_1\frac{\pi^2EI}{l^2}}\tag{13-27a}$$

式中，π^2EI/l^2是惯性矩为 I 的实腹杆的欧拉临界荷载；而 α_1 是缀条式组合杆考虑剪力影响的折减系数，其具体表达式为

$$\alpha_1=\frac{1}{1+\frac{\pi^2}{2}\left(\frac{b}{l}\right)^2\left(\frac{A_{肢}}{A_1\sin\theta\cos^2\theta}+\frac{A_{肢}}{A_2\tan\theta}\right)} \tag{13-27b}$$

如前所述，图 13-33a 所示压杆及其相应的式（13-26）可看作图 13-33b 所示压杆及其相应的式（13-25）的一个特例。因此，对于图 13-33a 所示压杆，式（13-27b）中去掉 $A_{肢}/(A_2\tan\theta)$ 一项。一般情况下，折减系数 α_1 总是小于 1，因而缀条式组合杆的临界荷载也总是小于同样惯性矩的实腹柱的欧拉临界荷载。

第二，关于计算长度 l_0：由 $F_{Pcr}=\pi^2EI/l_0^2$，得

$$l_0=\pi\sqrt{\frac{EI}{F_{Pcr}}}=\frac{l}{\sqrt{\alpha_1}}$$

即

$$\boxed{l_0=l\sqrt{1+\frac{\pi^2}{2}\left(\frac{b}{l}\right)^2\left(\frac{A_{肢}}{A_1\sin\theta\cos^2\theta}+\frac{A_{肢}}{A_2\tan\theta}\right)}} \tag{13-28a}$$

在工程中，常略去水平缀条的影响，即略去 $A_{肢}/(A_2\tan\theta)$；又 $\theta=30°\sim60°$，$\pi^2/\sin\theta\cos^2\theta\approx27$。这样，便得到工程实用中常用的简化的长细比公式

$$\lambda=\frac{l_0}{b/2}=\sqrt{\left(\frac{l}{b/2}\right)^2+27\frac{2A_{肢}}{A_{条}}}$$

亦即

$$\boxed{\lambda=\sqrt{\lambda_0^2+27\frac{2A_{肢}}{A_{条}}}} \tag{13-28b}$$

式中，$\lambda_0=l/r=l/(b/2)$，即为以回转半径 $r=b/2$ 的实腹杆算出的长细比；$A_{条}=2A_1$，为前后各一根斜缀条的面积。

5. 缀板式组合杆的临界荷载

当图 13-30b 所示压杆沿截面 y 轴平面内失稳时，可将缀板式组合压杆当成单跨多层刚架来分析，并近似地认为各杆件的反弯点均在节间中点，从而可取图 13-34a 所示部分刚架来计算其附加剪切角 $\overline{\gamma}$。

（1）求附加剪切角 $\overline{\gamma}$　其表达式为

$$\overline{\gamma}=\frac{\delta_{11}}{d}=\frac{1}{d}\int\frac{\overline{M}_Q^2}{EI}dx=\frac{1}{d}\left(\frac{d^3}{24EI_{肢}}+\frac{bd^2}{12EI_{板}}\right)$$

式中，$\overline{M}_Q$为单位节间剪力 $F_Q=1$ 所引起的附加弯矩；$I_{肢}$ 为单边柱肢截面对自身形心轴的惯性矩；$I_{板}$ 为二缀板截面对其形心轴的惯性矩之和。

（2）求临界荷载 F_{Pcr}　其表达式为

$$\boxed{F_{Pcr}=\frac{1}{1+\overline{\gamma}F_{Pe}}F_{Pe}=\alpha_2\frac{\pi^2EI}{l^2}} \tag{13-29a}$$

式中，α_2是缀板式考虑剪力影响的折减系数，其具体表达式为

$$\alpha_2=\frac{1}{1+\frac{\pi^2 EI}{l^2}\left(\frac{d^2}{24EI_{肢}}+\frac{bd}{12EI_{板}}\right)} \tag{13-29b}$$

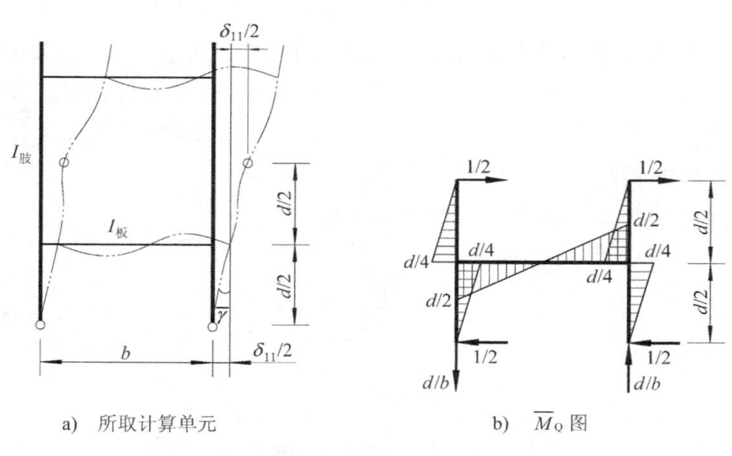

图 13-34 缀板式组合杆附加剪切角$\overline{\gamma}$计算

（3）求缀板式组合杆的计算长度l_0及计算细长比λ

$$l_0=\pi\sqrt{\frac{EI}{F_{Pcr}}}=\frac{1}{\sqrt{\alpha_2}}$$

即

$$\boxed{l_0=l\sqrt{1+\frac{\pi^2 EI}{l^2}\left(\frac{d^2}{24EI_{肢}}+\frac{bd}{12EI_{板}}\right)}} \tag{13-30a}$$

如果缀板线刚度比柱肢线刚度大得多，则根号内括号中的第二项可以略去不计。将式（13-30a）除以$b/2$，再利用$I=A_{肢}b^2/2$，可得到

$$\lambda=\frac{l_0}{b/2}=\sqrt{\left(\frac{l}{b/2}\right)^2+\frac{2\pi^2}{24}\times\frac{A_{肢}d^2}{I_{肢}}}=\sqrt{\lambda_0^2+0.83\lambda_{肢}^2}$$

式中，$\lambda_{肢}^2=A_{肢}d^2/I_{肢}$。为了简化，可以用1代替0.83，则

$$\boxed{\lambda=\sqrt{\lambda_0^2+\lambda_{肢}^2}} \tag{13-30b}$$

【小结】

通过以上各节的讨论表明，学会计算压杆的临界力F_{Pcr}，相当于掌握了判断“理想柱”能否保持稳定平衡的标尺，这是保证结构安全可靠首先应该做到的。但是，就整个结构的稳定分析而言，这还仅是认识进程的一步阶梯。因为实际“工程柱”总是存在一定的缺陷。例如，跨中原本就有初弯曲挠度Δ_0（参见图13-3a），在压力F_P作用下产生附加弯矩，使跨中挠度放大为Δ，其值为

$$\boxed{\Delta=\eta\Delta_0} \tag{13-31}$$

式中，η 为放大系数，其值为

$$\boxed{\eta = 1\bigg/\left(1-\frac{F_{\mathrm{P}}}{F_{\mathrm{Pcr}}}\right)} \tag{13-32}$$

可见，就“工程柱”而言，临界力 F_{Pcr} 是组成放大系数 η 的参数，更贴切地说，F_{Pcr} 是表现在该压力 F_{P} 作用下杆件侧弯刚度削减的物理量，使其能直观地把挠度的增加表述为刚度的减小，以致顺利过渡到结构的二阶分析，从而把稳定问题与强度问题联系起来。如果再考虑到材料弹塑性发展对承载能力的贡献，则不难理解压杆极值点失稳（参见图 13-4b、c）的原因，以及工程设计由此确定极限荷载的道理。

【本章小节】
内容归纳及
解决方法

分析计算题

13-1　用静力法计算习题 13-1 图所示体系的临界荷载。

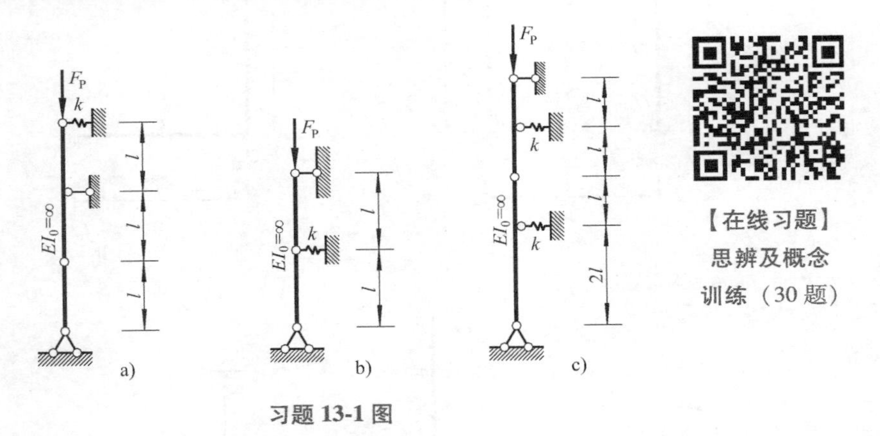

习题 13-1 图

13-2　用静力法计算习题 13-2 图所示体系的临界荷载。k 为弹性铰的抗转刚度（发生单位相对转角所需的力矩）。

13-3　用静力法计算习题 13-3 图所示体系的临界荷载。

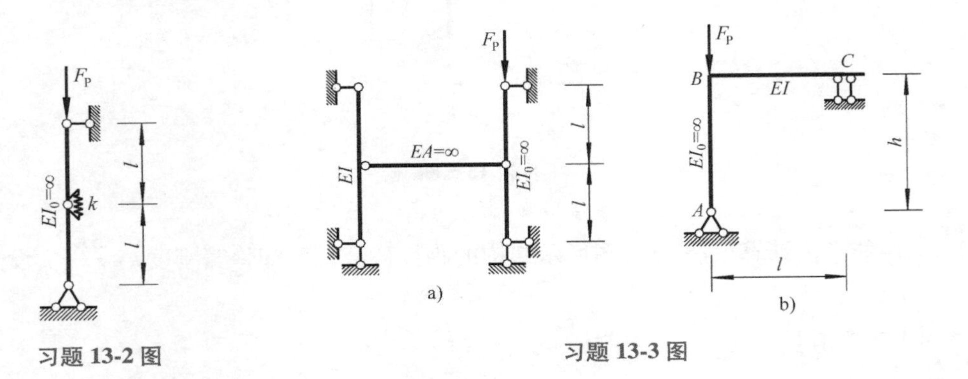

习题 13-2 图　　习题 13-3 图

13-4　用能量法重做习题 13-1 图 c。

13-5 用静力法求习题13-5图所示结构的稳定方程。

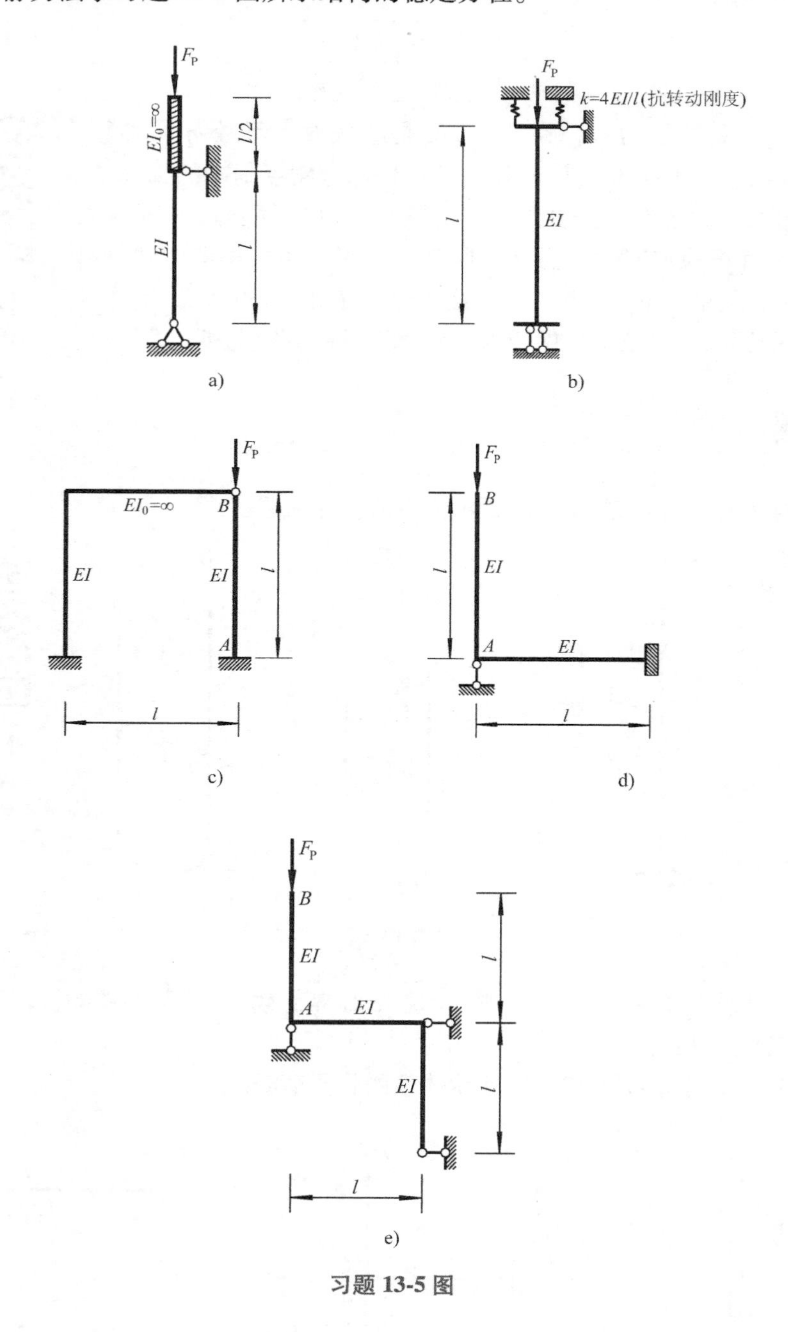

习题13-5图

13-6 用能量法计算习题13-6图所示结构的临界荷载，已知弹簧刚度 $k=\dfrac{3EI}{l^3}$，设失稳曲线为 $y=\Delta\left(1-\cos\dfrac{\pi x}{2l}\right)$。

13-7 求习题13-7图所示结构的临界荷载。已知各杆长为 l，EI=常数。

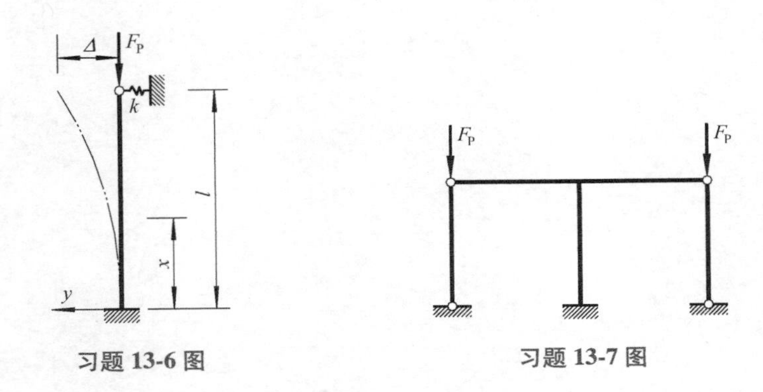

习题 13-6 图　　习题 13-7 图

13-8　试分别按对称失稳和反对称失稳求习题 13-8 图所示结构的稳定方程。

13-9　试写出习题 13-9 图所示桥墩的稳定方程，设失稳时基础绕 D 点转动，地基的抗转刚度为 k。

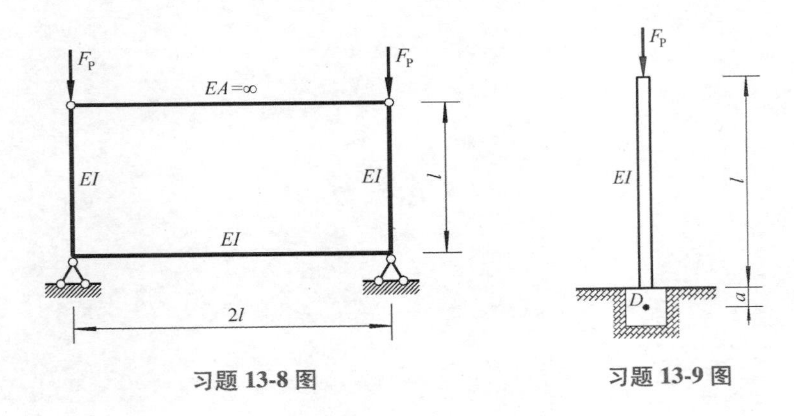

习题 13-8 图　　习题 13-9 图

【自测试卷】

结构力学第Ⅱ分册

自测题（3 套）

附　　录

附录 A　平面刚架静力分析程序（PFF 程序）

```
import numpy as mat
def T(xy,L,IJ,M):
    si=(xy[1,IJ[1,M]]-  xy[1,IJ[0,M]])/L
    co=(xy[0,IJ[1,M]]-  xy[0,IJ[0,M]])/L
    T=mat.identity(6)
    T[0,0]= co
    T[1,1]= co
    T[0,1]= si
    T[1,0]=-si
    T[3,3]= co
    T[4,4]= co
    T[3,4]= si
    T[4,3]=-si
    return T
def EK(EA,EI,L):
    EK=mat.zeros((6,6),float)
    EK[0,0]=      EA/L
    EK[3,3]=      EA/L
    EK[0,3]=     -EA/L
    EK[1,1]=  12*EI/L**3
    EK[2,2]=   4*EI/L
    EK[1,2]=   6*EI/L**2
    EK[1,4]=-12*EI/L**3
    EK[2,5]=   2*EI/L
    EK[1,5]=   6*EI/L**2
    EK[2,4]=  -6*EI/L**2
    EK[4,4]=  12*EI/L**3
    EK[5,5]=   4*EI/L
```

```
        EK[4,5]= -6*EI/L**2
        for I in range(6):
            for J in range(6):
                if I>J:
                    EK[I,J]=EK[J,I]
        return EK
    def LV(code,IJ,M):
        LV=mat.zeros(6,int)
        for K in range(3):
            LV[K]   =code[K,IJ[0,M]]
            LV[K+3]=code[K,IJ[1,M]]
        return LV
    def P(L,M,N_F_ele,FEle):
        F=mat.zeros(6)
        for I in range(N_F_ele):
            if M+1==int(FEle[0,I]):
                q=FEle[2,I]
                c=FEle[3,I]
                b=L-c
                c1=c/L
                c2=c1*c1
                c3=c1*c2
                if int(FEle[1,I])==1:
                    F[1]+=-q*c*(1-c2+0.5*c3)
                    F[2]+=-q*c*c*(0.5-2.0*c1/3+0.25*c2)
                    F[4]+=-q*c*c2*(1.0-0.5*c1)
                    F[5]+= q*c*c*c1*(1.0/3.0-0.25*c1)
                elif int(FEle[1,I])==2:
                    F[1]+=-q*b*b*(1.0+2.0*c1)/L/L
                    F[2]+=-q*c*b*b/L/L
                    F[4]+=-q*c2*(1.0+2.0*b/L)
                    F[5]+= q*c2*b
                elif int(FEle[1,I])==3:
                    F[1]+= 6.0*q*c1*b/L/L
                    F[2]+= q*b*(2.0-3.0*b/L)/L
                    F[4]+=-6.0*q*c1*b/L/L
                    F[5]+= q*c1*(2.0-3.0*c1)
```

```
            elif int(FEle[1,I])==4:
                F[1]+=-q*c*(0.5-0.75*c2+0.4*c3)
                F[2]+=-q*c*c*(1.0/3.0-0.5*c1+0.2*c2)
                F[4]+=-q*c*c2*(0.75-0.4*c1)
                F[5]+= q*c*c*c1*(0.25-0.2*c1)
            elif int(FEle[1,I])==5:
                F[0]+=-q*c*(1.0-0.5*c1)
                F[3]+=-0.5*q*c*c1
            elif int(FEle[1,I])==6:
                F[0]+=-q*b/L
                F[3]+=-q*c1
    return F
def F(Fnode,NN,code,N_F_node):
    F=mat.zeros(NN)
    for I in range(N_F_node):
        node=int(Fnode[0,I])
        typ=int(Fnode[1,I])
        q=Fnode[2,I]
        F[code[typ-1,node-1]-1]=q
    return F
def TL(IND,INdata):
    TL=str.split(str.replace(INdata[IND[0]],"，",","),",")
    IND[0]+=1
    return TL
IN_TXT=input("Input the data FileName: ")
with open(IN_TXT,"r",encoding="utf-8")as Infile:
    INdata=Infile.readlines()
    IND=[0]
    TL0=TL(IND,INdata)
    N_ele   =int(TL0[0])
    N_node  =int(TL0[1])
    N_F_node=int(TL0[2])
    N_F_ele =int(TL0[3])
    xy=mat.zeros((2,N_node))
    for I in range(N_node):
        TL0=TL(IND,INdata)
        xy[0,I]=float(TL0[0])
```

```
        xy[1,I]=float(TL0[1])
    IJ=mat.zeros((2,N_ele),int)
    EA=mat.zeros(N_ele)
    EI=mat.zeros(N_ele)
    for I in range(N_ele):
        TL0=TL(IND,INdata)
        IJ[0,I]=   int(TL0[0])-1
        IJ[1,I]=   int(TL0[1])-1
        EA[I]   =float(TL0[2])
        EI[I]   =float(TL0[3])
    code=mat.zeros((3,N_node),int)
    for I in range(N_node):
        TL0=TL(IND,INdata)
        for J in range(3):
            code[J,I]=int(TL0[J])
    NN=mat.max(code)
    Fnode=mat.zeros((3,N_F_node))
    for I in range(N_F_node):
        TL0=TL(IND,INdata)
        for J in range(3):
            Fnode[J,I]=float(TL0[J])
    FEle=mat.zeros((4,N_F_ele))
    for I in range(N_F_ele):
        TL0=TL(IND,INdata)
        for J in range(4):
            FEle[J,I]=float(TL0[J])
    ele=[]
    for M in range(N_ele):
        atr=[]
        L=((xy[0,IJ[1,M]]-xy[0,IJ[0,M]])**2+(xy[1,IJ[1,M]]-xy[1,IJ
[0,M]])**2)**0.5
        atr.append(T(xy,L,IJ,M))
        atr.append(LV(code,IJ,M))
        atr.append(EK(EA[M],EI[M],L))
        atr.append(P(L,M,N_F_ele,FEle))
        ele.append(atr)
    TK=mat.zeros((NN,NN))
```

```
    F=F(Fnode,NN,code,N_F_node)
    for M in range(N_ele):
EKT=mat.matmul(mat.matmul(mat.transpose(ele[M][0]),ele[M][2]),ele[M][0])
        for i in range(6):
            for j in range(6):
                if ele[M][1][i]>0 and ele[M][1][j]>0:
                    TK[ele[M][1][i]-1,ele[M][1][j]-1]+=EKT[i,j]
            FO=-mat.matmul(mat.transpose(ele[M][0]),ele[M][3])
            for i in range(6):
                if ele[M][1][i]>0:
                    F[ele[M][1][i]-1]+=FO[i]
        D=mat.linalg.solve(TK,F)
        OU_TXT=input("Input a txt FileName for OUTPUT: ")
        with open(OU_TXT,'w') as OU:
            for I in range(N_node):
                DN=mat.zeros(3,mat.float16)
                for J in range(3):
                    if code[J,I]>0:DN[J]=D[code[J,I]-1]
                OU.write("\n\nNode("+str(I+1)+") displacement:\n")
                OU.write(','.join(str(tt) for tt in DN))
            for M in range(N_ele):
                D_ele=mat.zeros(6)
                for i in range(6):
                    if ele[M][1][i]>0:D_ele[i]=D[ele[M][1][i]-1]
FF=mat.float16(ele[M][3]+mat.matmul(ele[M][2],mat.matmul(ele[M][0],D_ele)))
                OU.write("\n\nElement("+str(M+1)+") Force:\n")
                OU.write(','.join(str(tt) for tt in FF))
        C=input("PFF exe finished.... Enter to exit")
```

附录 B　部分分析计算题答案

第 11 章　矩阵位移法

11-1　$\bar{k}_{11}^{(1)}=\dfrac{EA}{l}$，$\bar{k}_{23}^{(1)}=\dfrac{6EI}{l^2}$，$\bar{k}_{35}^{(1)}=-\dfrac{6EI}{l^2}$；$k_{11}^{(1)}=\dfrac{12EI}{l^3}$，$k_{23}^{(1)}=0$，$k_{35}^{(1)}=0$。

11-2　$k_{11}=\dfrac{EA}{2l}+\dfrac{12EI}{l^3}$，$k_{21}=0$，$k_{32}=\dfrac{3EI}{2l^2}$。

11-3 略。

11-4 $\boldsymbol{k}^{(1)}$中第3列元素：$\begin{bmatrix}0 & \dfrac{6EI}{l^2} & \dfrac{4EI}{l} & 0 & -\dfrac{6EI}{l^2} & \dfrac{2EI}{l}\end{bmatrix}^{\mathrm{T}}$

$\boldsymbol{k}^{(1)}$中第5列元素：$\begin{bmatrix}0 & -\dfrac{12EI}{l^3} & -\dfrac{6EI}{l^2} & 0 & \dfrac{12EI}{l^3} & -\dfrac{6EI}{l^2}\end{bmatrix}^{\mathrm{T}}$

$\boldsymbol{k}^{(2)}$中第3列元素：$\begin{bmatrix}\dfrac{6EI}{l^2} & 0 & \dfrac{4EI}{l} & -\dfrac{6EI}{l^2} & 0 & \dfrac{2EI}{l}\end{bmatrix}^{\mathrm{T}}$

$\boldsymbol{k}^{(3)}$中第5列元素：$\begin{bmatrix}0 & -\dfrac{EA}{l} & 0 & 0 & \dfrac{EA}{l} & 0\end{bmatrix}^{\mathrm{T}}$

11-5 $\boldsymbol{\lambda}^{(1)}=[1\quad 0\quad 0\quad 2\quad 3\quad 4]^{\mathrm{T}}$，$\boldsymbol{\lambda}^{(3)}=[5\quad 6\quad 7\quad 0\quad 0\quad 9]^{\mathrm{T}}$

$\boldsymbol{\lambda}^{(2)}=[2\quad 3\quad 4\quad 5\quad 6\quad 7]^{\mathrm{T}}$，$\boldsymbol{\lambda}^{(4)}=[5\quad 6\quad 8\quad 0\quad 0\quad 0]^{\mathrm{T}}$

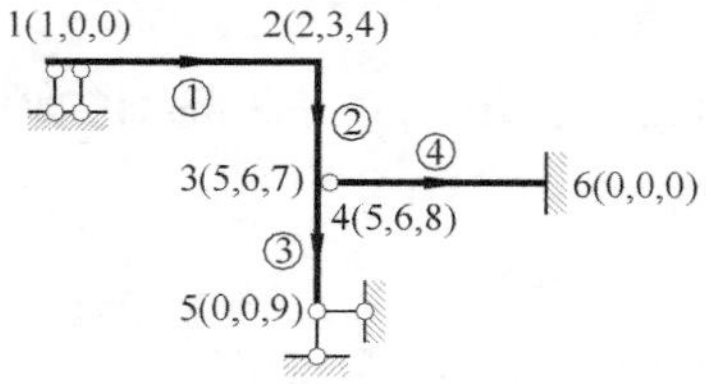

图 B-1 习题 11-5 解答图

11-6 $$\boldsymbol{F}=\begin{bmatrix}0\\ -5\mathrm{kN\cdot m}\\ 0\\ 16\mathrm{kN}\\ 8\mathrm{kN\cdot m}\\ 0\\ 21\mathrm{kN}\\ -3.5\mathrm{kN\cdot m}\\ 9\mathrm{kN}\end{bmatrix}$$

11-7 $$\boldsymbol{K}=10^4\times\begin{bmatrix}2.4\mathrm{kN\cdot m} & 1.2\mathrm{kN\cdot m} & 0.0 & 0.0\\ 1.2\mathrm{kN\cdot m} & 4.0\mathrm{kN\cdot m} & 0.8\mathrm{kN\cdot m} & 0.0\\ 0.0 & 0.8\mathrm{kN\cdot m} & 3.52\mathrm{kN\cdot m} & 0.96\mathrm{kN\cdot m}\\ 0.0 & 0.0 & 0.96\mathrm{kN\cdot m} & 1.92\mathrm{kN\cdot m}\end{bmatrix},$$

$$\boldsymbol{F}=\begin{bmatrix}5.0\mathrm{kN\cdot m}\\ 10.67\mathrm{kN\cdot m}\\ 1.83\mathrm{kN\cdot m}\\ -12.5\mathrm{kN\cdot m}\end{bmatrix}$$

11-8 $$\boldsymbol{K}=10^5\times\begin{bmatrix}4\mathrm{kN\cdot m} & 2\mathrm{kN\cdot m} & 0\\ 2\mathrm{kN\cdot m} & 13\mathrm{kN\cdot m} & 2\mathrm{kN\cdot m}\\ 0 & 2\mathrm{kN\cdot m} & 9\mathrm{kN\cdot m}\end{bmatrix}$$

11-9 $10^4\times\begin{bmatrix} 2.22\text{kN/m} & 0.0 & -2.22\text{kN/m} & 3.33\text{kN} & 0.0 & 0.0 \\ 0.0 & 24.24\text{kN/m} & 0.0 & -1.88\text{kN} & -10\text{kN/m} & 0.0 \\ -2.22\text{kN/m} & 0.0 & 13.16\text{kN/m} & -1.46\text{kN} & 0.0 & 1.88\text{kN} \\ 3.33\text{kN} & -1.88\text{kN} & -1.46\text{kN} & 16.67\text{kN}\cdot\text{m} & 0.0 & 2.5\text{kN}\cdot\text{m} \\ 0.0 & -10\text{kN/m} & 0.0 & 0.0 & 10\text{kN/m} & 0.0 \\ 0.0 & 0.0 & 1.88\text{kN} & 2.5\text{kN}\cdot\text{m} & 0.0 & 5\text{kN}\cdot\text{m} \end{bmatrix}\begin{bmatrix} \nu_1 \\ u_2 \\ \nu_2 \\ \theta_2 \\ u_3 \\ \theta_3 \end{bmatrix}$

$=\begin{bmatrix} 8.0\text{kN} \\ 0.0 \\ 18.0\text{kN} \\ 12.0\text{kN}\cdot\text{m} \\ 0.0 \\ -12.0\text{kN}\cdot\text{m} \end{bmatrix}$

11-10 $\boldsymbol{K}=10^4\times\begin{bmatrix} 0.4608\text{kN/m} & 0.0 & -0.4608\text{kN/m} & -1.152\text{kN} \\ 0.0 & 7.3\text{kN/m} & 0.0 & -1.8\text{kN} \\ -0.4608\text{kN/m} & 0.0 & 8.468\text{kN/m} & 1.152\text{kN} \\ -1.152\text{kN} & -1.8\text{kN} & 1.152\text{kN} & 8.64\text{kN}\cdot\text{m} \end{bmatrix}$

11-11 $\boldsymbol{K}=10^4\times\begin{bmatrix} 19.072\text{kN/m} & 2.304\text{kN/m} & 0.00 & 0.00 \\ 2.304\text{kN/m} & 3.528\text{kN/m} & 0.00 & -0.90\text{kN/m} \\ 0.00 & 0.00 & 9.60\text{kN}\cdot\text{m} & -1.80\text{kN} \\ 0.00 & -0.90\text{kN/m} & -1.80\text{kN} & 0.90\text{kN/m} \end{bmatrix}$

11-12 至少有 46 个零元素。

11-13 $M_{AB}=-10.8\text{kN}\cdot\text{m}$，$M_{BA}=2.4\text{kN}\cdot\text{m}$，$M_{CB}=3.6\text{kN}\cdot\text{m}$，$M_{DC}=13.2\text{kN}\cdot\text{m}$。

11-14 $M_{AB}=-257.14\text{kN}\cdot\text{m}$，$M_{BA}=-214.2857\text{kN}\cdot\text{m}$。

11-15 $M_{AB}=-14.56\text{kN}\cdot\text{m}$，$M_{BA}=4.56\text{kN}\cdot\text{m}$，$M_{CB}=-2.79\text{kN}\cdot\text{m}$，$F_{NAB}=22.22\text{kN}$，$F_{NBC}=-28.87\text{kN}$。

11-16 $F_{NAB}=19.18\text{kN}$，$F_{NBD}=8.385\text{kN}$，$F_{NCD}=-15.5\text{kN}$，$F_{NAD}=19.4\text{kN}$，$F_{NBC}=-13.98\text{kN}$。

11-17～11-20 略。

第 12 章　结构的动力计算

12-1 a) 2；b) 3；c) 2；d) 4。

12-2 略。

12-3 a) $\sqrt{\dfrac{48EI}{5ml^3}}$；b) $\sqrt{\dfrac{3EI}{5m}}$；c) $\sqrt{\dfrac{49EI}{ml^3}}$；d) $\sqrt{\dfrac{7EI}{ml^3}}$；e) $\sqrt{\dfrac{3EI}{4ml^3}}$；f) $\sqrt{\dfrac{15EI}{8ml^3}}$。

12-4 a) $\omega=\sqrt{\dfrac{12EI}{5ml^3}}$；b) $\omega=\sqrt{\dfrac{15EI}{ml^3}}$。

12-5 a) $2\pi\sqrt{\dfrac{7ml^3}{12EI}}$；b) $2\pi\sqrt{\dfrac{1138m}{3EI}}$。

12-6 $\xi=0.046$，$\beta=10.9$。

12-7 $y(t)_{\max}=3.525\times10^{-3}$m。

12-8 $A=0.0179$m。

12-9 (1) $\theta=8.85\text{s}^{-1}$；(2) $A=112.8\times10^{-3}$m；(3) $\varphi=\dfrac{\pi}{2}$。

12-10 $y(t)_{\max}=0.01$m。

12-11 $A=\dfrac{5ql^4}{192EI}$。

12-12 a) $\omega_1=1.2192\sqrt{\dfrac{EI}{ml^3}}$，$\omega_2=8.2199\sqrt{\dfrac{EI}{ml^3}}$，$\boldsymbol{A}^{(1)}=\begin{bmatrix}1\\10.429\end{bmatrix}$，$\boldsymbol{A}^{(2)}=\begin{bmatrix}1\\-0.096\end{bmatrix}$

b) $\omega_1=0.796\sqrt{\dfrac{EI}{ml^3}}$，$\omega_2=1.538\sqrt{\dfrac{EI}{ml^3}}$，$\boldsymbol{A}^{(1)}=\begin{bmatrix}1\\-0.731\end{bmatrix}$，$\boldsymbol{A}^{(2)}=\begin{bmatrix}1\\2.731\end{bmatrix}$

c) $\omega_1=0.9374\sqrt{\dfrac{EI}{ml^3}}$，$\omega_2=2.2630\sqrt{\dfrac{EI}{ml^3}}$，$\boldsymbol{A}^{(1)}=\begin{bmatrix}1\\1.4142\end{bmatrix}$，$\boldsymbol{A}^{(2)}=\begin{bmatrix}1\\-1.4142\end{bmatrix}$

d) $\omega_1=0.2654\sqrt{\dfrac{EA}{m}}$，$\omega_2=0.5503\sqrt{\dfrac{EA}{m}}$，$\boldsymbol{A}^{(1)}=\begin{bmatrix}1\\-3.8240\end{bmatrix}$，$\boldsymbol{A}^{(2)}=\begin{bmatrix}1\\0.2615\end{bmatrix}$

e) $\omega_1=2.6513\sqrt{\dfrac{EI}{ml^3}}$，$\omega_2=6.4008\sqrt{\dfrac{EI}{ml^3}}$，$\boldsymbol{A}^{(1)}=\begin{bmatrix}1\\1.4142\end{bmatrix}$，$\boldsymbol{A}^{(2)}=\begin{bmatrix}1\\-1.4142\end{bmatrix}$

12-13 $M_A=33.90\text{kN}\cdot\text{m}$，$M_A=29.44\text{kN}\cdot\text{m}$。

12-14 $A_1=-0.202$mm，$A_2=-0.206$mm，$M_1=6.06\text{kN}\cdot\text{m}$，$M_2=0.084\text{kN}\cdot\text{m}$。

12-15 略。

12-16 (1) $\dfrac{4.4138}{l^2}\sqrt{\dfrac{EI}{\overline{m}}}$；(2) $\dfrac{4.3944}{l^2}\sqrt{\dfrac{EI}{\overline{m}}}$。

12-17 略。

第13章 结构的稳定计算

13-1 a) $F_{\text{Pcr}}=\dfrac{kl}{3}$；b) $F_{\text{Pcr}}=\dfrac{1}{2}kl$；c) $F_{\text{Pcr}}=\dfrac{5}{6}F_{\text{P}}l$。

13-2 $F_{\text{Pcr}}=\dfrac{2k}{l}$。

13-3 a) $F_{\text{Pcr}}=\dfrac{3EI}{l^2}$；b) $F_{\text{Pcr}}=\dfrac{4EI}{Hl}$。

13-4 略。

13-5 a) $\tan\alpha l+\alpha l=0$；b) $\tan\alpha l+\dfrac{1}{4}\alpha l=0$；

c）$\tan\alpha l=\alpha l-\dfrac{(\alpha l)^3}{12}$；d）$\alpha l\tan\alpha l=4$；

e）$\alpha l\tan\alpha l=3/4$。

13-6　$F_{\mathrm{Pcr}}=\dfrac{4.9EI}{l^2}$。

13-7　$F_{\mathrm{Pcr}}=\dfrac{EI}{l^2}$。

13-8　对称失稳 $\tan\alpha l=\dfrac{\alpha l}{1+(\alpha l)^2}$；反对称失稳 $\alpha l\tan\alpha l=3$。

13-9　$(\alpha l)^2\left(\dfrac{\tan\alpha l}{\alpha l}+\dfrac{a}{l}\right)=\dfrac{kl}{EI}$。

参 考 文 献

[1] 龙驭球，包世华. 结构力学教程：Ⅱ［M］. 北京：高等教育出版社，2001.
[2] 李廉锟. 结构力学：下册［M］. 6版. 北京：高等教育出版社，2017.
[3] 杨茀康，李家宝. 结构力学：下册［M］. 4版. 北京：高等教育出版社，1998.
[4] 朱伯钦，周竞欧，许哲明. 结构力学：下册［M］. 2版. 上海：同济大学出版社，2004.
[5] 朱慈勉. 结构力学：下册［M］. 北京：高等教育出版社，2004.
[6] 王焕定，章梓茂，景瑞. 结构力学：Ⅱ［M］. 2版. 北京：高等教育出版社，2004.
[7] 雷钟和，江爱川，郝静明. 结构力学解疑［M］. 北京：清华大学出版社，1996.
[8] 崔恩第. 结构力学：下册［M］. 北京：国防工业出版社，2006.
[9] 张来仪，景瑞. 结构力学：下册［M］. 北京：中国建筑工业出版社，1997.
[10] 张来仪，孙贤. 结构力学：下册［M］. 重庆：重庆大学出版社，1998.
[11] 张来仪. 结构力学［M］. 北京：中国建筑工业出版社，2003.
[12] 赵更新. 结构力学［M］. 北京：中国水利水电出版社，2004.
[13] 赵更新. 结构力学辅导：概念·方法·题解［M］. 北京：中国水利水电出版社，2001.
[14] 刘鸣，王新华. 结构力学（Ⅱ）典型题解析及自测试题［M］. 西安：西北工业大学出版社，2003.
[15] 曾又林，周剑波，蒋寅军，等. 结构力学题解［M］. 武汉：华中科技大学出版社，2005.
[16] 樊友景. 结构力学学习辅导与习题精解［M］. 北京：中国建筑工业出版社，2004.
[17] 重庆建筑大学，中国工程建设标准化协会. 钢筋混凝土连续梁和框架考虑内力重分布设计规程：CECS 51—1993［S］. 北京：中国计划出版社，1994.
[18] 文国治. 结构力学［M］. 重庆：重庆大学出版社，2011.
[19] 文国治. 结构力学辅导［M］. 北京：机械工业出版社，2012.
[20] 李英民，杨涛. 建筑结构抗震设计［M］. 重庆：重庆大学出版社，2011.
[21] 晏致涛，李正良. 重庆菜园坝长江大桥气动弹性模型风洞试验及分析［J］. 桥梁建设，2006（4）：15-17.